计算机软件技术基础

（第三版）

沈被娜　刘祖照　姚晓冬　编著

清华大学出版社

北京

内 容 简 介

本书是计算机基础教材,全书较系统、通俗地介绍了计算机软件技术的基础知识和常用的系统软件。内容包括数据结构、操作系统、数据库系统、计算机网络、软件工程及管理信息系统等共 8 章。每章有基本原理叙述和常用实例介绍,各章后附有习题。

本书适用于非计算机专业的研究生、本科生,也可供从事计算机应用工作的广大科技人员阅读。

图书在版编目(CIP)数据

计算机软件技术基础/沈被娜,刘祖照,姚晓东编著. 3版. —北京:清华大学出版社,2000(2023.8重印)
ISBN 978-7-302-03941-9

Ⅰ.计… Ⅱ.①沈… ②刘… ③姚… Ⅲ.软件－高等学校－教材 Ⅳ.TP31

中国版本图书馆 CIP 数据核字(2007)第 094185 号

责任编辑:王一玲
责任印制:丛怀宇

出版发行:清华大学出版社
   网 址:http://www.tup.com.cn,http://www.wqbook.com
   地 址:北京清华大学学研大厦 A 座   邮 编:100084
   社 总 机:010-83470000   邮 购:010-62786544
   投稿与读者服务:010-62776969,c-service@tup.tsinghua.edu.cn
   质量反馈:010-62772015,zhiliang@tup.tsinghua.edu.cn
印 装 者:三河市龙大印装有限公司
经 销:全国新华书店
开 本:185mm×260mm   印 张:19.5   字 数:447 千字
印 次:2023 年 8 月第 40 次印刷
定 价:49.00 元

产品编号:003941-04/TP

前　言

本书为非计算机专业理工科研究生、本科生教学用书。在总结近几年来教学实践经验并结合当前教学要求的基础上,对第2版作了较大的修改和补充。全书共分8章,内容涉及与计算机软件有关的基础知识和一些常用的系统软件。各章内容简述如下:

第1章　阐述信息时代的特点、计算机软硬件的发展过程、计算机在信息社会中的作用以及作为新世纪建设者所肩负的历史使命。

第2章　讲述软件的基础知识,内容包括常用数据结构的类型、算法及编程技巧,所有算法均采用不依赖于某种固定语言的描述形式,读者可以按照这种描述形式选择自己熟悉的语言编程。本章还结合各类算法选用相应的应用实例,并进行算法评估。

第3章　介绍操作系统的基本功能、主要组成部分,着重介绍在多道程序环境下出现的各类问题及解决方法。随着多处理机、并行处理以及计算机网络的发展,并行设计问题已进入应用程序设计中,为此,在本章中增加并行程序设计的有关概念和方法。

第4章　除了介绍数据库系统的一般概念外,重点介绍关系数据库系统的理论,设计方法以及关系数据库语言——SQL的使用。

第5章　计算机网络及信息高速公路。当前Internet(因特网)已进入千家万户,信息高速公路已引起全世界的重视,而计算机网络是其中不可缺少的部分。本章介绍计算机网络的类型、体系结构、互联方式等基本知识,并对因特网和信息高速公路作简单介绍。

第6章　软件工程技术基础。按照软件工程的方法和规范来开发和管理软件是当今软件工作者普遍遵循的原则。本章介绍有关软件工程的基本原则、常用的软件开发方法、工具以及软件管理技术等问题。

管理信息系统是当前国民经济领域中使用最普遍的计算机应用系统。第7章简要地介绍管理信息系统的结构、开发方法和步骤,以及近年来有代表性的研究技术。从知识结构上看,它是前面各部分知识的综合应用。

第8章　信息及计算机系统的安全保护。利用计算机犯罪、计算机病毒等极大地威胁着信息及计算机系统的安全,这成为全社会关注的问题。软件工作者应对此有足够的认识和一定的防范措施。在第8章,同时也指出作为一个合格的软件工作者应该具备的基本品质和应遵守的道德规范。

上述8章中,以第2,3,4章为重点,因此占有较大篇幅,其他各章主要为扩大知识面,并为后续课程作适当的铺垫。在知识层次上,各章之间有一定的联系,但在内容上都独立成章,因此可以根据学生专业情况、学时安排等,从中选择相应章节重新组合。

本书第1章1.1～1.3节、第8章由刘祖照编写;第1章1.4节、第2,3,4章由沈被娜编写;第5和第7章由刘祖照、沈被娜合写;第6章由姚晓冬编写。书中错误不当之处,请批评指正。

作　者

2000年1月

目　　录

第1章 信息与计算机

在进入新世纪的时候,让我们回过头来看一看,什么是20世纪最重要的技术成果?人们可以列举出许许多多,但是,相信最具一致的看法是:电子计算机堪称20世纪人类最伟大、最卓越、最重要的技术发明之一。人类过去所创造和发明的工具或机器都是人类四肢的延伸,用于弥补人类体能的不足;而计算机则是人类大脑的延伸,它开辟了人类智力解放的新纪元。计算机的出现和迅速发展,不仅使计算机成为现代人类活动中不可或缺的工具,而且使人类的智慧与创造力得以充分发挥,使全球的科学技术以磅礴的气势和人们难以预料的速度在改变着整个社会的面貌。计算机是这样神奇而重要,以至于各类技术人员必须了解有关计算机的知识,掌握计算机应用的技能,否则,将难以立足。

计算机要处理的是信息,由于信息的需要出现了计算机,又由于有了计算机,使得信息的数量和质量急剧增长和提高,反过来则更加依赖计算机并进一步促进计算机技术的发展,信息与计算机就是这样相互依存和发展着。

1.1 信息与信息时代

在人类历史漫长的发展过程中,生产力始终推动着历史的进程。同时,历史也证明:科学技术是第一生产力。每当科学技术有重大突破时,必定伴随着人类社会的重大变革,并极大地影响着人类物质文明和精神文明的发展。在人类历史文明发展的长河中,已经有过三次这样的变革,即狩猎技术、农业技术和工业技术。今天,信息及信息技术作为第四次影响人类社会极大变革的科学技术的重大突破,已经逐渐被人们认同。

20世纪末,全球生产方式发生的一个革命性变化,就是在人类赖以生存的三大资源——材料、能源和信息中,人们越来越把开发和应用的重点转向信息。这是在全球可供利用的材料和能源迅速减少、生态环境急剧恶化条件下的必然选择。人们必须更加集约地利用地球上有限的物质资源,同时,必须掌握更加有效的加工自然物的手段。这些新的手段被称为高新技术,而信息技术一直处于高新技术的核心地位。

随着科学技术的发展、生产技术的进步、商业及旅游业的发达和社会活动的复杂化,各行各业每时每刻都在产生大量的信息。作为社会的单位、个人,我们在日常的生活和工作中也离不开各种各样的信息。特别是进入90年代以来,强大的信息化浪潮席卷全球。世界上众多的发达国家、新兴工业化国家乃至发展中国家都相继制定了自己的信息化计划。当今世界,发展信息技术、信息产业,实现信息化,已经成为各国参与世界范围的经济、政治、军事竞争,进行综合国力较量的焦点。人们对信息重要性的认识正在发生深刻的变化,信息能力正成为衡量一个国家综合国力的重要标志。在信息时代,谁占有信息优势,谁就可以站在政治、经济、军事的"制高点"上。而这种优势则集中表现在对信息的收集、处理、利用和传播的能力。计算机作为信息处理的工具,在收集、存储、加工和交流传播信息方面扮演了核心的角色。

这一章，我们将简单介绍信息与信息时代、信息与计算机的关系，以求在学习这门课的时候，在这方面有一个较为清晰的概念。

1.1.1 什么是信息

究竟什么是信息（information）呢？信息的广义定义至今争论不休，没有定论。有一些说法或许能帮助我们来理解和体会什么叫做信息："信息是对现实世界中存在的客观实体、现象、关系进行描述的数据"；"信息是消息"；"信息是知识"；"信息是经过加工后并对实体的行为产生影响的数据"，等等。这里，我们想着重解释一下"信息是经过加工的数据"。

数据（data）是现实世界客观存在的实体或事物的属性值，即指人们听到的事实和看到的景象。我们把这些数据收集起来，经过处理后，即得到人们所需要的信息。例如：国家气象局每天从各地气象台站收集到大量有关气象的记录，告知当地温度多高、湿度多大、风力几级、阴晴雨雪等等，有数字也有文字或符号，它们是对各地气象情况的具体描述。如果国家气象局仅仅是把这些记录收集起来，不作任何处理和利用，那么这些记录就是数据。除了上面提到的数字、文字或符号外，数据还可以是声音、语言、图形等。只有当国家气象局对这些记录进行综合处理、分析、判断，作出气象预报的那些数据才是信息。信息对决策或行动是有价值的，例如，人们可以根据气象预报安排生产和生活。我们可以理解为"数据是原料，而信息是原料经过加工后的产品"。在《国家经济信息系统设计与应用标准化规范》中，将信息定义为：构成一定含义的一组数据称为信息。可以认为，信息是一个社会概念，它是人类共享的一切知识及客观加工提炼出的各种消息的总和。

信息与数据的关系可以归纳为
- 信息是有一定含义的数据。
- 信息是经过加工（处理）后的数据。
- 信息是对决策有价值的数据。

我们可以用图 1.1 表示数据和信息之间的关系，图 1.1 是一个信息系统示意图。

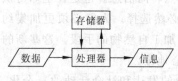

图 1.1　数据与信息的关系

信息具有以下一些基本属性：

（1）事实性　事实是信息的第一和基本的性质，也是信息的中心价值。因为不符合事实的信息不仅没有价值，而且可能导致负价值，害人害己。因此事实性是信息收集时最应注意的性质。

（2）等级性　不同的使用目的要求不同等级的信息，例如有战略信息、策略信息、执行信息等等。对于不同等级的信息，其保密程度、寿命长短、使用频率、精度要求等都有不同。

（3）可压缩性　我们可以对信息作浓缩处理，即进行集中、综合和概括而又不丢失信息的本义。例如可以把大量实验数据总结成一个经验公式、剔除无用信息、减少冗余信息等。压缩信息在实际中是非常必要的，有识之士已经发出"信息这么多，谁有时间工作？生命太短暂，理智地规定纳入量"的呼吁。警告人们不要被淹没在信息的汪洋大海之中而却找不到所需要的信息。

（4）可扩散性　信息可以通过各种渠道和手段向四面八方扩散，尤其是在计算机与网络系统飞速发展的今天，信息的可扩散性得到更加充分的体现。信息的可扩散性存在两面性，它有利于知识的传播，但又会造成信息的贬值以至造成无法弥补的利益损失。因此人们采取了许多办法防止和制约信息的非法扩散，如制定有关法律，研制各种保密技术。

（5）可传输性　信息可以通过多种形式迅速传输，如电话、电报、计算机网络系统、书报杂志、磁带光盘等。信息的可传输性优于物质和能源，它加快了资源传递，加速了社会的发展。

（6）共享性　信息可以被多个用户共享而得到充分的利用。当然，共享信息时应该采取合法手段。

（7）增值性与再生性　信息是有价值的，而且可以增值。信息的增值往往是信息从量变到质变的结果，是在积累的基础上可能产生的飞跃。信息再生使我们还可能在信息废品中提炼有用的信息。

（8）转换性　信息、物质和能源是人类的三项重要的宝贵资源，三位一体而又可以互相转换。现在很多企业利用信息技术大大节约了能源或获得合理的原材料。信息转化的目的是为了实现其价值。

计算机信息系统是由人、计算机及管理规则组成的能进行信息的收集、传递、存储、加工、维护和使用的系统。信息系统把不适合用户使用的数据加工成适合用户使用的信息。一个系统的信息也可能成为另一个系统的原料。例如，各地天气预报的信息就可以成为国家气象局的数据。

根据信息的定义和不同的需求，可以有三种不同层次的信息产品：

· 数据采集—数据　用于事务处理系统（transation processing system），有如采出的矿石，量大而不精，需要作去粗取精的处理。

· 数据处理—信息　用于管理信息系统（management information system），有如零件，是已经经过加工处理过的数据。

· 信息融合—知识　是经过分析与综合的信息，用于决策支持系统（decision support system），有如整机。

信息的三种不同层次如图 1.2 所示。

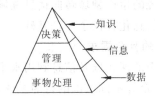

图 1.2　信息的三种不同层次示意图

1.1.2　信息化是社会经济发展的必然结果

信息化之所以成为普遍的社会现象、成为当代社会经济发展中的大趋势，有其深厚的客观基础和历史背景。这些背景可以概括为四个方面。

1. 信息科学的巨大发展

信息科学的发展表现在自然科学领域和社会科学领域两个方面。

自然科学领域在信息科学方面的研究为现代信息处理技术和信息传输技术的进一步发展准备了理论基础,如信息理论、信道理论、系统论等,并由此证明信息和信息过程具有普遍的重要性。

在社会科学领域,通过对信息效用性、稀缺性、成本、价值的研究,人们发现信息已经具有完备的经济属性,从而在理论上确立了信息作为经济资源的重要地位。信息研究与经济研究的交叉已经初步形成了经济信息学和信息经济学,在管理领域发展成为管理信息理论,信息作为决策支持的基础和依据,同时也成为管理者调控的方法和手段。

信息科学的巨大发展构成现代信息化的认识基础,将信息在社会经济中的重要性提到了理论的高度。

2. 信息技术的长足进步

近二十几年,信息处理技术和信息传输技术都取得了巨大发展,令世人瞩目。

信息处理技术领域中新的计算机元器件技术使得计算机在微小型化的同时,性能大幅度提高,成本大幅度降低。计算机正在向智能化、集成化、综合化发展,把原有的管理信息系统(MIS)、决策支持系统(DSS)、各种计算机辅助系统(CDX)、专家系统(ES)等,提高到一个新水平。网络技术、数据库技术、多媒体技术实现了计算机更大范围的资源共享,使计算机可以同时处理图、文、声、像等多种形式的信息。在此基础上形成的超文本(hyper text)、超媒体(hyper media)等功能,使得人们获取信息更加方便与直观。

在通信技术领域,各种物理信道的通信技术和通信方式不断推出和更新,如地面通信、卫星通信、有线通信、无线通信、电缆通信、光纤通信等。宽带、高速、大容量已经成为现代通信信道的主要特征。

信息处理技术和通信技术的发展为当代信息化提供了技术手段和工具,成为当代信息化的基础。

3. 社会生产力的提高

20世纪70年代以来,世界经济发展速度加快,特别是亚太地区、西欧和北美等区域经济活跃,经济高速增长反映了社会生产力的空前提高。社会经济资源,包括资金、原料、人力、智力等资源,有可能从传统的生产领域转向信息领域。

生产力水平的提高为当代信息化提供了经济基础。

4. 信息需求已经成为普遍的社会需求

随着人们对信息重要性认识的深化以及信息利用水平的提高,在社会、经济、文化、军事等各领域,以及政府、企业、公众等不同层次的行为主体,对信息和信息技术的需求都有很大的增长。

上述四个方面作为当代信息化的认识基础、技术基础、经济基础和社会基础,都说明了信息时代到来的必然性,它是社会经济发展到一定阶段的必然结果。

同时,信息时代必将促进社会经济更加迅速发展,因为信息化本身就是社会经济发展的一部分,世界正在加速从工业化向信息化过渡。

信息时代还有如下一些特点:

· **市场环境变化巨大**　信息时代世界市场发生了重大变化,由过去相对稳定型的市场,演变成动态的、突变型的市场,同行业之间、跨行业之间相互渗透、相互竞争非常激烈。竞争进一步加剧,导致合作的进一步扩大与深入。与此同时,技术进步日新月异,特别是以计算机软件和通信为主要内容的信息技术,给人们以有力的支持。信息时代的企业环境是一种不断变化,可形容为不可预测的湍流(turbulent)和混沌(chaos)的环境。

· **机遇与挑战并存**　信息时代对每一个国家、地区,每一个单位和企业既提出了新的挑战,也提供了高速发展的机遇。特别是对处于经济高速发展期的中国和大多数发展中国家,这个机遇是难得的,其挑战也是严峻的。

· **风险与效益并存**　信息技术的发展需要看准方向,同时要有体制的保证和政策的激励,要有大量掌握高新技术的高质量人才,还需要巨大的资金投入。这些对于经济还不够发达、资金紧缺的发展中国家的确是有很大风险。如果方向正确,充分利用发展中国家自身的优势,信息高技术产业的高回报也为我们经济的高速度高效益发展提供了广阔前景。

· **多媒体、全球互联网络、信息高速公路**　是信息时代信息革命浪潮中的三大主干技术。

1.1.3　信息与计算机应用

信息技术(information technology,缩写为 IT)主要由计算机硬件技术、软件技术和通信技术三大部分组成。它包含了信息的产生、检测、变换、存储、传递、处理、显示、识别、提取、控制和利用等具体内容。

计算机自 20 世纪 40 年代诞生以来,经过 50 多年的发展,其应用已经遍及世界各地,深入到人类活动的各个领域,它的意义是巨大的。计算机为什么那么有用呢?是因为信号在计算机中的传送速度接近于光的速度,计算机就是以这种速度进行每秒成千上万次的运算,巨型机运算速度可达每秒几十亿次。为了度量它们的速度,我们不得不用毫秒甚至以微秒等来表示。

计算机最主要的特点是:

(1) 高速自动的操作功能　计算机的操作包括运算、比较、逻辑判断和数据传送等,这些操作速度的快慢是评价计算机性能价值的关键因素。现代巨型机运算速度可达每秒几十亿次。而且上述这些操作运算都是自动控制进行的,即用户输入程序后,计算机在程序控制下,自动完成一系列的运算及输出结果等操作。

(2) 具有记忆的能力　可以把原始数据、中间结果、操作指令等大量信息存储起来,以备调用。

(3) 可以进行各种逻辑判断　根据判断结果决定后续命令的执行,如图 1.3 所示。

(4) 精确高速的计算能力　计算机最突出的一个特点是"它不像人那样由灵性和肉体组成,因而有时表现出某种虚弱性。它不会对繁杂的重复性工作感到厌烦、疲倦和分心。如果计算机必须计算 100 万个数,则它计算最后一个数时,和计

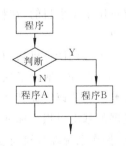

图 1.3　计算机的逻辑判断

算第一个数时一样地专注勤奋。"可以看出,速度、信息的存储和检索以及它执行任务时专心程度和精确性等这样一些特点是计算机的精华所在,也正是这些特点使人们日益依赖计算机。

由于计算机的上述特点,使得计算机自诞生以来,得到迅速的发展,使人类从生产到生活都发生了巨大的变化。以计算机为核心的信息技术作为一种崭新的生产力,正在向社会的各个领域渗透,其应用已经遍及世界各地,深入到人类活动的各个领域。尤其是在进入信息时代的今天,计算机已经深入到人类社会活动的方方面面,成为许多领域中不可或缺的组成部分。

计算机科学与技术的划时代的意义是为人类提供了"通用智力工具"。有关专家预言:计算机将是继自然语言、数学之后而成为第三位的,对人类一生都有很大用处的"通用智力工具",用还是不用这个工具,对人的智能的发挥和发展是大不一样的。

在美国,商务人员使用计算机的比例已经接近50%;通信网络的使用率达55%;有线电视普及率达96%;入网率达65%。

在我国,经过十几年的研究,计算机的生产和应用也正以极快的速度发展着。特别是在应用方面,正在广泛深入和普及。我们应该紧紧抓住这个机遇与挑战并存的机会,将有关信息科学的知识和计算机应用能力的培养纳入到学生的知识结构中来,这是提高人材素质的重要组成部分,是落实"科教兴国"战略的一项重要内容。

1.2 计算机发展简史

1.2.1 计算机发展的几个重要阶段

第一代计算机大约从20世纪40年代起到50年代末期。这一时期计算机的主要特点是:硬件系统采用电子管作为开关元件;存储设备小而落后;运算速度仅为每秒几千至几万次;输入输出装置速度很慢;软件系统只有机器语言或汇编语言,即所有的指令与数据都用"1"和"0"表示,或用汇编语言的助记码表示。

第二代计算机约在50年代末至60年代前期。其特征是用晶体管代替电子管,使得计算机体积缩小、成本降低、功能增强、可靠性提高;主存与外存均有改善,普遍采用了磁芯存储器作主存;计算速度为每秒几十万次;软件已经出现了FORTRAN,COBOL,AL-GOL等高级语言,建立了批处理管理程序并出现了最初的操作系统。此时,计算机已不仅仅用于军事目的,在科学计算、数据处理、工程设计、实时过程控制等方面也开始使用计算机。

第三代计算机从60年代中期到70年代初期。此时,硬件已经用集成电路(integrated circuit,IC)取代了晶体管;半导体存储器淘汰了磁芯存储器,其存储容量大幅度提高;计算机运算速度提高到每秒几百万次;系统软件与应用软件也有很大发展,这一时期软件发展的基本思想是标准化、模块化、通用化和系列化,出现了结构化和模块化程序设计方法;操作系统在规模与复杂性方面发展很快、功能日益完善。

第四代计算机的特点是:超大规模集成电路(very large scale integration,简称 VL-

SI)取代普通的集成电路;微型计算机(microcomputer)异军突起,席卷全球,触发了计算技术由集中向分散转化的大变革,许多大型机的技术垂直下移进入微机领域,出现了工作站(workstation)、微主机(micromainframe)、超小型机等体积小、功耗低、成本低、性能价格比高的微型计算机系列;计算速度可达每秒上亿次至十几亿次;输入输出设备和技术有很大发展,如光盘、条形码、激光打印机已经普遍使用;在系统结构方面发展了分布式计算机系统、并行处理与多处理机技术、计算机网络;软件方面发展了数据库系统、分布式操作系统、高效率高可靠性的高级语言及软件工程等;计算机技术与通信技术相结合改变了世界技术经济面貌,广域网、城域网和局域网正把世界紧密联系在一起。

从应用的角度,也可以将计算机的发展简单归纳为

60 年代是大型机时代,这和当时计算机硬件技术水平有限以及重大项目的集中管理趋势相一致。

70 年代是小型机时代,计算机开始为更多产业的大型生产和国家管理提供有效服务。

80 年代是个人机时代,以 IBM PC 为代表的个人计算机作为事实上的工业标准横扫全球,进入中小企业和几乎一切工作领域。

90 年代将是全球网络的时代,并面临着一场新的数字化信息革命。

数字化信息的特点是:① 容易交换,只要有传输媒体,即可以畅通无阻,无处不达;② 可以大容量、高速度传输以满足人们对信息的需求;③ 稳定性高,传输途中不受干扰,可以原原本本还其本来面貌。

1.2.2 计算机应用的领域

计算机的出现是人类智力解放之路的里程碑,它的应用领域是非常广泛的。社会发展到今天进入了信息时代,特别是诸多高新技术革命,如生命科学、空间技术、材料科学、能源开发技术等,都与计算机的应用和发展密不可分。可以说计算机已经渗透到人类活动的方方面面,成为不可或缺的智能工具。而且计算机应用不断上升和扩展的趋势还在加剧。

若以学科划分,计算机的应用领域主要有以下几个方面:

(1) 科学研究与科学计算　包括各种算法研究。特别是在高新技术领域,如核能研究中的模拟和计算、带有放射性研究工作的控制与操作、新材料的研究和生产、分子生物学的深入研究与数据处理、空间技术的发展等等。

(2) 事务处理　如办公自动化(OA),包括电子文件系统、电子邮件(E-mail)系统、远距离会议系统、OA 网络等,管理信息系统(MIS)及决策支持系统(DSS),工厂自动化,社会自动化如商业系统、金融系统、医疗卫生系统、刑侦,家庭事务处理等。

(3) 计算机辅助功能　如计算机辅助设计(CAD)、辅助制造(CAM)及计算机集成制造系统(computer integrated manufacturing system,简称 CIMS)等。

(4) 生产过程控制　主要用于制造业,如用于处理连续生产系统的过程控制,像石油化工、能源的生产过程;用于监控和调度生产线操作的生产控制;用于机械加工中心按规定自动生产的数字控制等。

(5) 人工智能　包括机器人、专家系统(ES)等。

（6）计算机网络通信。

（7）计算机教育　包括计算机辅助教学、远程教育、计算机辅助教学管理等。

（8）多媒体　如，影像处理与传输、交互式学习、工程设计、建筑设计、音乐作曲与编辑、医疗卫生等。

上述各领域中的计算机应用仍在迅速发展，且每一领域都已经发展成专门的学科方向。这些领域涵盖了几乎人类所有的活动，可说是无所不在了。

1.2.3　计算机在现代人类活动中的地位和作用

微软公司总裁比尔·盖茨（Bell Gates）在他著名的《未来之路》中，说了一句被广泛引证的名言："事情才刚刚开始。"可以这样说，计算机加全球互联网络是迄今为止人们共同制造出来的一台最大的机器，它将再一次改变人类的生活和工作方式，再一次出现新的经济增长期。

美国国家信息基础设施（NII）计划提出，信息革命每年将给产业增加至少3 000亿美元的新销售额。据美国《商业周刊》1996 年预测，到 2000 年，信息行业收入将达到 1 万亿美元。这场新的信息革命已经发展到世界各个国家，世界又将进入一个新的经济高增长期。

人类的工作方式，再一次从集中走向分散化。此前，人类曾经历了数千年男耕女织的分散劳动，又经历了大约 300 年以大机器为中心的工厂式的集中劳动。信息时代的到来，将再一次使人们走向更高层次的分散劳动。据统计，1995 年，美国已经有 1 200 万人全天在家里工作，部分在家里工作的已达5 400 万人。同时，信息技术极大地推动了制造业进入集成制造阶段，并且使制造过程非物质化，生产车间无人化。越来越多的人从事信息工作，一种新的办公概念 SOHO 正在兴起。所谓 SO(small office) 是指小办公室，2～5 人，在住宅附近的小办公室办公；HO(home office) 指家庭办公室。二者都很受欢迎。

信息革命最终将导致人类发生一次新的社会转型——从工业时代转向信息时代，从工业社会转向知识社会。借助多媒体计算机，每个劳动力年劳动时间可以缩短到 1 000 小时。换句话说，即每周工作不到三天。那么，多数人用多数时间来干什么呢？回答是，生产知识！这就是人类将从工业社会进入"知识社会"。知识将是这种社会的核心，"智力资本"将成为企业最重要的资本。而以创造、整理、储存和传输知识的新工具——信息数字化革命形成的新产业，将成为新经济的基础。经济全球化、全球信息化的步伐正在加快，我们一定要紧紧抓住这个机遇。

1.2.4　计算机的现在与未来

据统计，计算机的处理速度大约每 18 个月提高 1 倍。有人预测，到 2001 年家庭计算机也将进入全网络化，其他硬件环境也会有很大发展。例如，目前作为主流的奔腾微处理器最高工作频率是 200MHz，每秒约执行 3 亿条指令。预计到 2001 年，处理器的时钟速度将达到 700MHz，执行速度可达每秒约 20 亿条指令，性能提高 5～7 倍。目前以 16MB内存为主力，预计到 2001 年会开发出容量达 1 000MB 的超级内存。新一代计算机系统无论在硬件或软件方面都将有很大的改观。它将具有更高级的体系结构，把并行处理与分布处理用于大型信息处理系统;更加完美的人机接口,包括语音、图像、自然语言理解以及交互作用原理;通过重视系统工程的开发与技术转换,缩短研究与实用间的差距;知识工程将集中开发出基于知识的实时系统;基于传感器的系统将为传感器、信号处理以及与控制系统建立一个统一的结构。

近二十年来,新的计算机元器件技术使得计算机在微小型化的同时,性能有了大幅度的提高。同时,计算机系统正向智能化、集成化、综合化发展,把原有的管理信息系统、决策支持系统、各种计算机辅助系统、专家系统,提高到了一个新的水平。新的网络技术和数据库技术实现了硬件、软件、信息资源更好更快捷的共享,实现了更大范围的信息综合协同处理。多媒体技术的诞生,使得计算机可以处理图、文、声、像等多种形式的信息。以多媒体技术为支撑形成的超文本(hyper text)、超媒体(hyper media)等功能,使得人们获取信息更为方便、直观。由于技术的进步,使得设备处理能力更为强大,设备价格大幅度降低,体积缩小,运行费用减少,普及更容易。在硬件技术发展的同时,软件技术也在迅猛发展。软件的开发和积累几乎使各个领域都具有现成的功能强大、界面友好、操作方便的应用软件。

计算机和信息技术的未来发展,可以概括为我们面临着的四个挑战:

(1) 建立未来的应用　未来的应用包括所有的多媒体技术:声频、视频、高质量图像生成和三维动画。

(2) 管埋企业的应用　这里"企业"指的是所有产业单位。管理企业的应用包含了信息技术基础实践所需要的各种计算平台以及一个彻底的企业管理方案(没有任何硬件或操作系统的倾向性)和集成技术。

(3) 新的电子商务应用　万维网(world wide web)网现在很热,已经有超过 200 万个主页(home page)在运行。因特网具有很大的潜力。

(4) 解决人机文化差异问题　计算机需要更人格化、更带有人类文化色彩,如果做不到这一点,就会减缓信息技术发展的进度。

1.3　计算机与计算机系统

1. 系统的定义

从技术的角度看,可以给出如下定义:为完成特定任务而由相关部件或要素组成的有机整体称为系统。

2. 系统的特点

· 整体性　系统是一个有机整体,不是各部件简单相加,它具有各部件所没有的功能。

· 层次性　系统不可能单独存在,它具有包含关系。

· 适应性　系统能使自身保持一定的状态,起到维持现状的作用(自稳定性)。当系统受到内外影响而不能维持现状时,应能产生适应性变化(自组织性)。

计算机可以模拟人的大脑解决问题的思维过程和部分功能,因此它又被人们称为电脑。它的结构特点与人脑也有许多相似之处,应该具有接收(输入信息)、记忆(存储信息)、分析和处理(各种运算和判断)、按正确顺序逐步去做(控制)和得出结果(输出)这五部分功能以及实现这五部分功能的物质基础。

计算机的结构越来越复杂,其应用越来越广泛。因此,在学习和研究计算机时,应该从一开始就建立正确的系统观点。

1.3.1　计算机系统的组成

"计算机系统"这一术语,一般有三种说法。

1. 硬件系统说

几乎所有的计算机都至少包括可完成上述五部分功能的电子器件:运算器、控制器、存储器、输入设备和输出设备。其中,运算器与控制器又合称为中央处理器(CPU);存储器又分为内存储器(memory,又称主存)和外存储器(storage,又称辅存)。

所谓硬件(hardware),泛指实际存在的物理设备,包括计算机本身及其外围设备。计算机硬件系统的基本组成如图 1.4 所示。

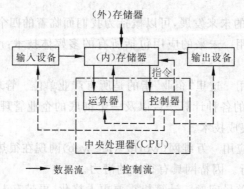

图 1.4　计算机硬件系统

但是,只有硬件系统的计算机称为裸机,是无法使用的。因此,将计算机硬件系统称为计算机系统是不合适的。

2. 硬件与软件结合说

这种说法认为计算机系统是由硬件和软件两部分组成。

所谓软件(software)是指"计算机程序、方法、规则的文档以及在计算机上运行它时所必须的数据。"这一定义深刻阐述了软件的实质,也充分表明了软件与程序的区别。软硬件间的界面并不是固定不变的,它们之间的转换经常进行。例如,早期的硬件没有乘除法器,乘除法指令要借助软件方法完成,但后来的计算机都有了乘除法器硬件,乘除法指令就用硬件直接实现了。在软硬件结合说法中,计算机系统的示意图如 1.5 所示。我们用虚线表示软硬件之间的界面,以示它们之间是在不停地进行转换。

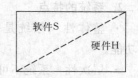

图 1.5　计算机系统示意图

软硬件结合的说法是相当流行的,也是基本正确的。我们称它为计算机系统的狭义说法。

3. 广义系统说

随着计算机科学技术的发展和广泛应用,对计算机系统的前述两种说法似乎都不够全面。现在有一种"计算机广义系统"的提法:"计算机系统是由人员(people)、数据(data)、设备(equipment)、程序(program)、规程(regulation)五部分组成。只有把这五部分有机地结合在一起,计算机才能完成它所承担的各种任务。"

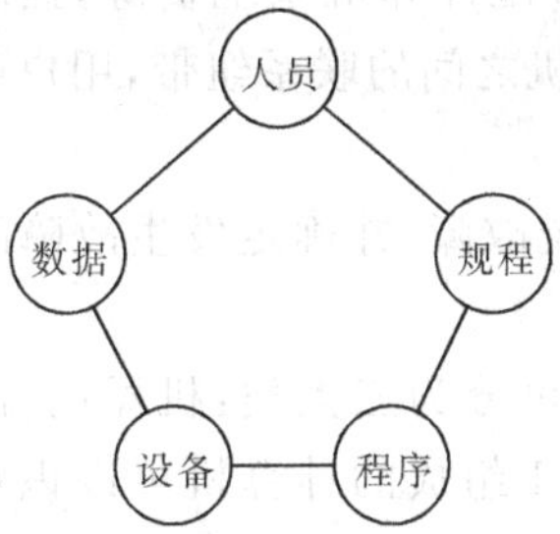

我们称这种提法为计算机系统的广义说法,其结构示意图如图1.6所示。

人在这个系统中起着主导作用,计算机系统作用发挥得好与不好,很大程度上取决于使用计算机的人员素质如何。

这里的**数据**是指将人们看到和听到的数据收集起来,以计算机可读的形式输入,经计算机处理后又以人可读的形式输出,这就得到了人们所需要的信息。

规程可以理解为使用计算机的人员必须共同遵循的规章(可以做什么和不可以做什么)和程序(该做什么,怎样做,先做什么,后做什么)。这里的**设备**和**程序**是指计算机硬件和各种软件。

图 1.6　计算机广义系统

1.3.2　计算机的硬件与软件

1. 微型计算机的硬件系统

一般讲,微型计算机硬件系统包括:主机、外存储器、输入设备、输出设备、微机的系统总线。

(1) 微型计算机的主机主要由中央处理器和内存储器两大部分组成。

• 中央处理器(CPU)主要由控制器和运算器组成(另外还有一些寄存器),见图1.4。其中,控制器是微机的指挥与控制中心,主要作用是控制管理微机系统。它按照程序指令的操作要求向微机的各个部分发出控制信号,使整个微机协调一致地工作。运算器是对数据进行加工处理的部件,负责完成各种算术运算和逻辑运算、进行比较等。CPU 的性能主要决定于它在每个时钟周期内处理数据的能力和时钟频率(主频)。

• 内存储器是 CPU 可以直接访问的存储器。

(2) 外存储器,如磁盘、光盘等,一般用来储存需要长期保存的各种程序和数据。外存不能为 CPU 直接访问,其存储的信息必须先调入内存储器。

(3) 输入设备是向计算机中输入信息的设备,有如人的感官与大脑的关系。微机常用输入设备有键盘、鼠标、图形扫描仪、光笔等。

(4) 输出设备负责把计算机处理数据完成的结果转换成用户需要的形式送给人们,或传送给某种存储设备保存起来备用。微机常用输出设备有显示器、打印机、绘图仪等。

(5) 微机系统总线是微机系统中 CPU、内存储器和外部设备之间传送信息的公用通道。包括:

• 数据总线(data bus)　用于在 CPU,存储器和输入输出间传递数据。

• 地址总线(address bus)　用于传送存储单元或输入输出接口地址信息。

• 控制总线(control bus)　用于传送控制器的各种信号。

2. 微型计算机的软件系统

计算机软件系统可以分为系统软件和应用软件。

(1) 系统软件是控制和协调微机及其外部设备、支持应用软件的开发和运行的软件。一般包括操作系统、编译程序、诊断程序、系统服务程序、语言处理程序、数据库管理系统和网络通信管理程序等。

·操作系统是一些程序的集合，它的功能是统一管理和分配计算机系统资源，提高计算机工作效率；同时方便用户使用计算机。它是用户与计算机之间的联系纽带，用户通过操作系统提供的各种命令使用计算机。

·诊断程序是计算机管理人员用来检查和判断计算机系统故障，并确定发生故障的器件位置的专用程序。

·语言处理程序是用于编写计算机程序的计算机语言。可分为三大类：机器语言、汇编语言和高级语言。机器语言是用二进制代码指令（由 0 和 1 组成的计算机可以识别的代码）来表示各种操作的计算机语言；汇编语言是一种用符号表示指令的程序设计语言；高级语言是接近于人类自然语言和数学语言的程序设计语言，它是独立于具体的计算机而面向过程的计算机语言。用后两种语言编制的程序，必须通过相应的语言处理程序（编译系统），将它转换成机器语言，才能执行。

·数据库管理系统是一套软件，它是操纵和管理数据库的工具。

·网络通信管理程序是用于计算机网络系统中的通信管理软件，其作用是控制信息的传送和接收。

(2) 应用软件是直接服务于用户的程序系统，一般分为两类。一类是为特定需要开发的实用程序，如订票系统、辅助教学软件等；另一类是为了方便用户使用而提供的软件工具，如图形处理软件 AUTOCAD，字表处理软件 EXCEL、超强图文混排软件 WORD，组合式软件 LOTUS 1-2-3，用于系统维护的 PCTOOLS 和 NORTON 等，这一类软件目前发展很快，并以群件和软件开发平台的形式提供给用户极大的方便。

3. 计算机硬件与软件的关系

计算机硬件与软件的关系主要体现在以下三个方面：

(1) 互相依存 如前所述，计算机硬件与软件的产生与发展本身就是相辅相成、互相促进的，二者密不可分。硬件是软件的基础和依托，软件是发挥硬件功能的关键，是计算机的灵魂。在实际应用中更是缺一不可，硬件与软件，缺少哪一部分，计算机都是无法使用的。许多硬件所能达到的功能常常需要通过软件配合来实现，如中断保护，既要有硬件实现中断屏蔽保留现场，又要求有软件来完成中断的分析处理。又如操作系统诸多功能的实现，都需要硬件支持。

(2) 无严格界面 虽然计算机的硬件与软件各有分工，但是在很多情况下软硬件之间的界面是浮动的。计算机某些功能既可由硬件实现，也可以由软件实现。随着计算机技术的发展，一些过去只能用软件实现的功能，现在可以用硬件来实现，而且速度和可靠性都大为提高。

(3) 相互促进 无论从实际应用还是从计算机技术的发展看，计算机的硬件与软件之间都是相互依赖、相互影响、相互促进的。硬件技术的发展会对软件提出新的要求，促进软件的发展;反之,软件发展又对硬件提出新的课题。

1.3.3　多媒体计算机

1. 什么是多媒体计算机

计算机领域"媒体"的概念可分为两部分:其一是存储信息的实体,如磁带、磁盘、光盘、半导体存储器等;其二是表现信息形式的载体,如数值、文字、图形、图像、视频、声频等。

"多媒体计算机"是以计算机为核心,可以综合处理数值计算、文本文件、图形、图像、声频、视频等多种信息的计算机系统。

多媒体是 20 世纪 90 年代计算机发展的新领域,它是计算机技术与图形、图像、动画、声频和视频等领域尖端技术相结合的产物,它将人机交互的信息从单纯的视觉(如文字、图形等)扩大到两个以上的媒体信息(如图形、图像、视觉和听觉)。

2. 多媒体的基本要素

多媒体的基本要素包括:

- 文本　各种文字性信息。
- 图形　由计算机绘制的各种几何图形。
- 图像　由摄像机或图形扫描仪等输入设备获得的实际场景的静止画面。
- 动画　由一系列静止画面组成,按一定顺序播放,从而产生活动画面的感觉。
- 声频　数字化的声音,可以是解说、背景音乐或各种声响。
- 视频　由各种输入设备获取的活动画面。

可以看出,它是电脑、电视、游戏机、录放像机、传真机和电话机的综合体。

3. 多媒体计算机的基本配置

多媒体计算机的基本配置应包括硬件配置和软件配置两方面。

- 硬件配置　包括:80386 以上的 CPU;8MB 以上内存储器(RAM);100MB 以上硬盘容量;1.2MB＋1.44MB 软盘驱动器;CD-ROM 光盘驱动器,目前 8 倍速的已经比较普遍;键盘和鼠标器;视频卡和显示器(应选用彩色方式);声卡和音响设备。

- 软件配置　最主要的是支持多媒体的操作系统(MPCOS),目前广泛使用是 Windows 系列的操作系统,如 Windows98,Windows NT 等。

1.4　计算机软件技术发展过程

在计算机出现的初期,人们主要着力于计算机硬件的研制,仅用机器指令来编制可运行的程序,程序只是作为硬件的附属品存在。随着硬件的发展以及使用范围的扩大,为使系统正常工作且能充分发挥硬件的效率和潜力,必须配备完善的软件系统,软件技术作为一个独立的分支得到迅速发展。从狭义上理解,软件即是程序设计;从广义上讲,软件应包括程序、相应的数据(数据库)以及有关的知识(人工智能)和文档三个方面。因此软件技术是随着硬件的发展而发展的,而软件的发展与完善又促进硬件技术的新发展,硬件和软件相互依存,组成一个骨肉相依、相互促进的有机整体——计算机系统。

我们将 20 世纪 60 年代高级语言出现至今 30 余年时间中软件技术的发展分为三个阶段:60 年代为高级语言阶段,70 年代为结构程序设计阶段,80 年代至今为自动程序设计阶段,旨在说明三个时期的基本特征及其相互联系,从而进一步说明技术发展的内在规律及今后的动向。

1.4.1 高级语言阶段

20 世纪 50 年代末,John Backus 首先完成 FORTRAN 的编译系统,此后十年中,针对不同的应用领域出现了 ALGOL60,COBOL,LISP 等高级语言。直到 60 年代末出现的 PL/1 和 ALGOL68 对这一时期的语言特征作了一次总结。这一时期中,编译技术代表了整个软件技术,软件工作者追求的主要目标是设计和实现在控制结构和数据结构方面表现能力强的高级语言。如为了避免语句的二义性,提出语义形式化要求,1959 年 Backus 提出一种描述高级语言语法和语义的方法(BNF)。1960 年 K. Samelsen 与 F. L. Bauer 提出用先进后出的栈的技术实现表达式翻译。1963 年 R. W. Floyd 提出优先算子法,引入优先顺序概念,它与栈的技术结合起来可以实现高级语言的语法分解。但在这一时期内,编译系统主要是靠手工编制,自动化程度很低。

1.4.2 结构程序设计阶段

20 世纪 70 年代是计算机技术蓬勃发展的时代。由于磁盘的问世,操作系统迅速发展;商业数据处理等非数值计算应用的发展,使数据库成为独立发展的领域;通信设备的完善,又促成计算机网络的发展;同时由于大规模集成电路的飞速发展,硬件造价的下降,计算机应用范围的扩大,使软件的规模增大,软件的复杂性增加,由此产生了软件可靠性差的问题,许多耗资巨大的软件项目由于软件的错误导致巨大的经济损失,从而出现了所谓"软件危机"。在这样的背景下,一些软件工作者对从程序设计基础到软件生产过程的各个方面提出了质疑,从而产生和发展了程序设计方法学和软件工程学,主要有以下几方面。

1. 程序的正确性

自从高级语言出现以来,人们曾片面地追求语言的表现能力,但实践证明,程序的正确性比程序语言的表现能力更为重要,由此引出了以正确性为目标的关于各种语言成分的研究。

为提高程序的可靠性,首先应使程序具有简明的控制结构与数据结构,语言简明,适于阅读,为此必须对程序结构和风格加以必要的限制,从而提出结构化程序设计思想。它将程序的结构限制为顺序、选择和循环三种基本结构(图 1.7),即以这三种基本结构的组合来表现程序,每一个基本结构只有一个入口和一个出口,因此各控制结构之间接口简单,容易理解。

1968 年 Dijkstra 指出 GOTO 语句的危害性,引出对 GOTO 语句的讨论。GOTO 语句在早期高级语言程序设计中是应用极为频繁的控制语句,但 GOTO 语句的使用破坏了程序中语句顺序执行的可能,造成程序静态结构与动态结构的不一致,使程序的流程时而向前,时而向后,令阅读者眼花缭乱,顾此失彼,如图 1.8 所示。结构化程序设计要求人们尽量不使用 GOTO 语句,在非用不可时也要十分谨慎。

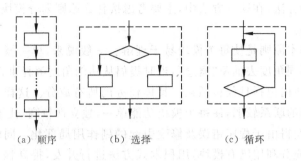

（a）顺序　　　　　　（b）选择　　　　　　（c）循环

图 1.7　程序的三种基本结构

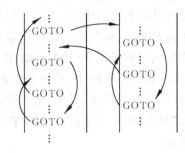

图 1.8　具有 GOTO 语句的程序

以三种基本结构为主流的程序控制结构,大大改善了程序的清晰度,提高了程序的可读性。在结构程序思想流行的十年中,出现了许多设计思想与 60 年代语言不同的结构化语言,如具有结构化数据结构与控制结构的 PASCAL,C 语言,具有优良模块结构的 Simula,Modula 语言等。这一潮流一直发展到 Ada,它对结构化语言作了一次全面的总结。

与程序语言发展有关,还有一部分软件工作者从事语义形式化的研究,即用数学符号严格地按照一定规则形式地表达某种程序语言,以达到语义的精确化和编译自动化。

2. 程序设计方法论

程序设计是把复杂问题的求解转换为计算机能执行的简单操作过程。在程序设计过程中往往出现人的思维与问题的复杂性不相适应的情况,因此需要合理地组织复杂性与人的思维,使两者统一起来。程序设计方法论的研究主要有以下两方面:

· 由顶向下法

"由顶向下、逐步细化"是结构程序设计的一种方法,由 Dijkstra 首先提出,由 Wirth 具体化。即在设计一程序时,首先定出一般性的目标,然后再逐步将此目标往下分解成子目标并予以具体化,最后得到可执行的程序模块。这一方法符合人们解决复杂问题的普遍规律,可以显著提高程序设计效率。同时,采用先全局后局部、先整体后细节、先抽象后具体的逐步细化过程设计出的程序具有清晰的层次结构,因此容易阅读和理解。

· 自底向上的方法

这一方法强调程序设计的模块化。它是把一个大程序按照人的思维能理解的大小规模进行分解的一种方法,在这一方法中,主要考虑按什么原则划分模块以及如何组织处理各模块之间的联系。

模块划分的基本原则是使每个模块易于理解。一般说来,单一概念的事物容易被理解。人们可以从不同角度去抽象"概念",当时提倡从功能角度解释事物,即按功能划分模块,希望在一个模块内包括且仅包括某一具体任务的所有成分。这样得到的模块内部联系较强而模块之间的联系较弱,使每个模块功能单一,独立性较高,便于单独编程、调试及验证其正确性,并使得由于程序错误及修改引起的副作用局部化。同时在扩充系统或建立新系统时,可以充分利用已有模块,用积木式方法进行开发,提高程序的可重用性。由于程序各模块之间接口关系简单,这种程序的可读性及可理解性较好。事实上,自 FOR-TRAN 及 ALGOL60 起,子程序、分程序及过程等都是程序模块很成功的形式。

结构化程序设计要求按层次结构来组织模块,一般上层模块是对系统整体功能的抽象,它指出系统"做什么",而不涉及"怎么做",然后逐层分解,把"做什么"逐渐细化,直到得到单一功能的模块为止。在最底层的模块才对"怎么做"作精确的描述。以图1.9的工资管理系统为例,图中每个矩形框表示一个模块,系统总任务是"工资管理",它可分解为"输入数据"、"计算"及"报表打印"三个子任务,其中"输入数据"中又包括"读入"、"编辑"和"合法性检验"三项工作。在"报表打印"中又包括"打印表头"、"打印表体"两项工作,而这两项又都需要调用"打印"模块。

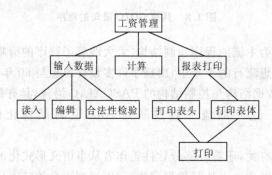

图 1.9 工资管理系统的层次结构

事实上,不论自底向上或由顶向下方法都各有优点和不足,最合理的途径是将这些方法结合起来,如用由顶向下方法设计程序,再用自底向上方法编制和调试程序。

3. 软件生产管理

由于程序规模增大,程序设计已是一个人难以独立完成的工作,而是需要多人分工、共同协作来完成,同时在开发一个大型软件时,对所有参与人员来说,必须有共同约定的规范,还必须为运行维护人员提供维护说明。这些规范和说明均以文档形式提供,因此程序设计的概念逐渐被软件开发所取代。软件生产作为一种工程就需要某种合理管理的体制。在此期间,先后提出了一系列软件开发与维护的概念、方法和技术。最常用的是软件生命周期法,即把软件生产分为可行性研究、需求分析、设计、编码、测试和运行维护等几个阶段,从而构成软件生存期的瀑布模型,如图1.10所示。其中每一阶段都有严格的文档要求和评审制度,以保证软件的生产质量(详见第6章)。当时人们用严格规定的程序报表进行信息管理,但这一工作非常耗费程序员的时间与精力,因此单纯以劳动密集的形式来支持软件生产,不能适应社会生产的要求。如何使这部分工作用计算机来承担,则是80年代软件工程界普遍感兴趣的问题,与软件开发方法的研究相结合,提出了"软件开发环境"这一新的研究方向。

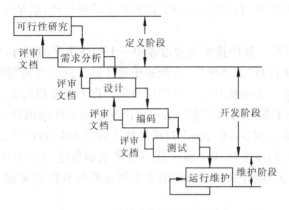

图 1.10   软件生存期的瀑布模型

1.4.3   自动程序设计阶段

20 世纪 80 年代集成电路的迅速发展以及高分辨率终端的出现,为个人计算机发展提供了条件,再加上人工智能、专家系统研究的进展,使程序技术进入成熟期。这一时期软件领域总的趋势是由分走向合,即向集成化、一体化方向发展,具体有以下几方面。

1. 软件工程支撑环境

个人计算机与软件工程结合出现了软件开发环境,它把过去分散编制的软件开发工具,集成为整体性的系统,称为软件工程支撑环境,也称为 CASE(computer aided software engineering)。它支持软件开发和维护的全过程,即从用户需求定义、功能规格说明、设计规格说明、直到可执行代码的全部开发过程,最大程度地借助计算机系统自动进行。它具有良好的用户界面及专家知识,使用者通过交互操作生成所需的软件,因此是一个计算机自动管理的巨型系统,这是二十多年来软件工作者追求的自动程序设计的最高形式,也可以说是这一阶段程序理论与技术发展的总结性工作。

2. 程序设计基本方法的进一步改进

近二十年来,软件工程的概念已为人们所接受,但软件研制仍然是一个复杂和耗费劳动力的过程。传统的软件工程方法仍不能有效地解决日益严重的软件堆积问题,尤其是随着应用范围的扩大,应用软件的堆积更加严重,软件供需矛盾进一步恶化。人们发现传统软件开发方式仍存在着难以克服的弊病:

·传统开发方法要求开发者有一定的计算机专业知识和程序设计经验,因此一般计算机的最终用户无法参与设计和开发工作。

·软件开发的各阶段缺少反馈,因此系统功能的实现是在开发阶段的最后期,而有些在分阶段中出现的问题不能及时发现,以致造成大返工,影响软件生产的质量和效率。

为克服以上的弊病,一部分软件工作者的注意力重又集中到程序设计的基本方法上,提出了一些新观点,主要有:

(1) 快速原型法　这种方法是从其他工程学科中借鉴而得,即先用短时间制作一个可运行的样机,它实现系统的主要框架,便于设计者与使用者之间更好地交流意图,可使用户早日看到设计的实物,得到反馈信息,以便验证其可行性,满足用户要求,提高软件开发效率。

(2) 甚高级语言法　程序技术发展过程中一个始终贯穿的目标和趋势是如何在更大程度上以"做什么"来代替"怎么做"。传统程序设计过程只有当问题明确、解法选定、算法确定后才选用某种语言来描述算法。其所用语言称作面向过程的语言,从 FORTRAN 直到 Ada 均属此类,它必须对每件事怎样去完成准确地给出详细的命令。由于高级语言程序中仍包含了大量算法细节,随着程序规模的增大及其结构的日趋复杂,软件变得难读、易错、难查、难改。人们越来越认识到应该用更抽象的描述语言来代替算法语言书写程序,这种语言只需告诉"做什么",而算法的实现则由系统软件去完成,称为非过程化语言或甚高级语言。

(3) 软件可重用法　这种方法的基本思想是仿照硬件或其他制造业中的情形,把一些基本部件预加工好,当产品开发时,可选用合适的基本部件来组装。这样可以避免重复开发,提高效率,降低成本。

第四代语言和面向对象程序设计的出现从不同方面体现了上述观点。

(1) 第四代语言

第四代语言(4GL)是在数据库技术成熟的基础上迅速发展起来的,其主要目的是为数据管理方面的应用开发提供一个综合的、一体化的开发环境,所以它是为解决数据处理领域中的软件危机为目标的。

第四代语言这一名词最初出现在软件厂商的广告中,因此并没有确切的定义,但由于这类软件具有友好的用户界面,比传统编程语言易学,且能极大地提高软件生产率,所以受到用户的欢迎。当它占领了部分市场后,才引起软件界专家学者的重视,由此进入计算机科学研究范畴,成了一个新兴的、引人注目的领域。

计算机语言自 20 世纪 40 年代起经历了几次更新换代,一般从出现时间、功能、对用户友好程度以及提高生产率等方面考虑,可以划分为几个语言代,见表 1.1。

表 1.1　语言代的划分

语言代	出现年代	语言类别
第一代语言	1946—1950	机器语言
第二代语言	1950—1960	汇编语言
第三代语言	1960—1980	过程化编程语言
第四代语言	1980—1995	非过程化高级语言
第五代语言	1995	应用程序开发用专家系统

从使用角度衡量,用第四代语言来生产软件,其生产效率将比第三代语言提高 10 倍

以上；而对最终用户来说，仅需几天就能学会，并能编出高质量的程序。

第四代语言综合使用了许多软件研究的理论和技术上的成果，应该说它是先进软件技术集成的结果，对用户提供一个友好统一的界面。它和其他软件技术的关系如图1.11所示。

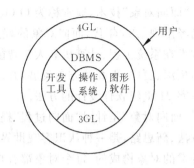

图1.11 第四代语言和其他软件技术的关系

① 与数据库的关系：数据库是4GL的基础，几乎所有功能完善的4GL均依赖某一个数据库管理系统(DBMS)。

② 与第三代语言(3GL)的关系：在4GL系统中有一个应用程序生成器，它实现应用程序开发的自动化功能，通过它将用户输入的4GL翻译生成3GL的源程序代码，然后再由3GL的编译程序生成可执行的机器代码程序。因此4GL在很大程度上依赖某一种3GL，其工作示意图见图1.12。

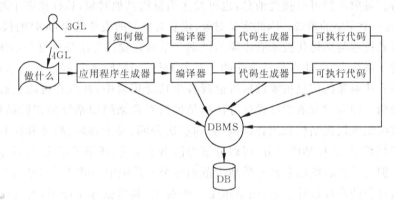

图1.12 第四代语言工作示意图

③ 与图形软件的关系：人类通过图形获取信息的能力，比通过文字获取信息的能力要强得多。在软件开发中使用图形表达，是人们追求的形式。计算机硬件的发展，可见视屏、光笔和鼠标器的广泛应用以及多功能作图软件为软件设计、开发中使用图形提供了良好的物质基础。

从近几年的发展情况来看，已有几百种4GL产品出现，例如以建立过程模块为主的NATURAL，EMIS等；用图形作为应用系统描述的USE，IT等；用菜单选择与对话形式的APPLICATION，FACTORY等；在国内建立在微机数据库dBASE，FOXBASE基础上的应用程序生成系统等，说明它具有强大的生命力。但另一方面也出现大部分4GL产品生存期短、推广难的问题，主要是因为它对硬件和有关软件的依赖性太强，用户界面差异太大，使开发的程序缺乏可移植性，影响使用。因此有必要对4GL的语法文本作更深一步的研究、设计，使之能具备较统一的用户界面，并独立于机器的硬件环境。从长远看，吸收人工智能的成就，包含知识库，具有相应的专家系统是第四代语言向第五代语言过渡的必然趋势。

（2）面向对象程序设计

"面向对象"技术，通常称为 O-O(object-orinted)技术，它的基本概念在 20 世纪 70 年代已经出现。80 年代，面向对象的程序设计（OOP）方法得到了很快的发展，并使面向对象技术在系统工程、计算机和人工智能等领域得到广泛应用。进入 90 年代，面向对象技术向更深、更广、更高的方向发展，并逐渐被系统分析、设计人员所认识和接受。因此它将是主宰 21 世纪软件设计的方法。

"面向对象"是针对"面向过程"提出的，是从本质上区别于传统的结构化方法的一种新方法、新思路，是一种认识客观世界的世界观。这种世界观将客观世界看成是由许多不同种类的对象构成的，每个对象都有自己的自然属性和行为特性，不同的对象之间相互联系、相互作用构成了完整的客观世界。

用 OOP 开发程序是将客观世界的对象经过抽象映射到计算机系统中，用来模拟客观世界。在计算机系统中，用数据及数据的操作（方法）来描述对象的属性和行为，其中数据是其静态特性，方法是其外在表现行为。如果向对象发送一个消息，对象就根据消息自动产生行为。对象不但可以接受消息，也可发送消息给其他对象，这样使多个对象之间协调工作，构成一个完整的系统。因此定义对象、建立对象间的关系成为 OOP 的核心问题。

面向对象技术与结构化技术有本质的区别。结构化设计方法是将复杂系统按功能划分成简单的子系统，它的缺点是过分强调了对象的行为特征，而忽视了它的结构特征，这样有可能使有些对象的信息被零散地拆散到各个功能模块中，甚至有可能会破坏自然存在的实体结构。面向对象的程序设计方法则是根据对象来组织系统的逻辑结构，对象和对象之间被组织成层次结构和组合结构，做到层次分明，易于理解、验证和控制。例如一个图书馆管理系统，若按功能划分，可以分解为借书子系统、还书子系统、统计子系统和催还子系统。但有关读者的信息被零散地拆散到各个子系统中而破坏了自然存在的实体结构。用面向对象的程序设计方法，图书馆是一个对象，其数据即是图书，其方法是出借图书和收回图书；读者是一个对象，其数据是借书证，其方法是借书和还书。读者借书时发送借书消息给图书馆，图书馆接到借书消息后，决定是否出借图书。因此用 OOP 方法进行开发工作，一旦定义好各个对象，组织好各个对象之间的联系，那么要实现这个系统，只要把各个对象进行组装，把相应的信息送给相应的对象即可，这为实现快速原型提供可能。OOP 方法的优点还在于对象的继承性和封装性。继承性是指一个对象可以从另一个对象（称为父类）派生出来，它继承其父类的数据和方法，再加上它自己的数据和方法。最基本的对象称为基类，它是一些经过精心编写、具有高质量代码、经过实践验证是完全正确的对象。若干基类的集合构成类库，这样在进行软件开发时只需用类库来派生新的对象，从而大大提高软件的开发效率及可重用性。封装性是一种信息隐蔽技术，我们在使用一个对象时，只需看到其外在特性，即公共的数据和方法，而其私有数据和方法对使用者是隐蔽的，称为封装。使用者不必知道对象行为实现的细节，这给程序设计提供了方便。

80 年代以来出现了很多面向对象程序设计语言，如 Smalltalk，Actor，Eiffel，C++和 OOPACAL 等。其中以 C++应用最为广泛。C++是 C 语言的一个超集，它保留了 C 语言中几乎全部优点，并在此基础上加上了面向对象的特性。用 C 语言编写的程序可以不加任何修改运行在 C++上，因此 C++已成为面向对象语言的主流。Java 是一种面向对象、可在因特网上分布执行的程序设计语言,它由 C＋＋发展而来,保留了大部分 C＋＋内容。它的重要特性是可在任何一个硬件、软件平台上运行,具有分布性、可移植性、稳定性、安全性等特点。

进入 90 年代,在全球性信息浪潮推动下,对计算机硬件和软件的要求也越来越高,例如如何应用电脑及多媒体再现人的听觉、视觉和触觉的虚拟现实功能;如何实现模仿大脑活动的程序和芯片,使计算机能进行学习思考并像有机物一样自我进化等,因此可以说全球信息化将成为世纪之交的一场影响深远的变革。

习　题

1.1　什么是信息? 信息与数据的区别和联系在何处?

1.2　信息有哪些基本属性?

1.3　计算机的主要特点是什么

1.4　你的工作领域是否需要计算机? 用在什么方面?

1.5　完整的计算机系统应该包括哪几部分?

1.6　什么是计算机硬件? 什么是计算机软件?

1.7　计算机软件有哪几类? 试举例说明。

1.8　软件技术发展的几个阶段各有什么特点? 它与硬件的关系如何?

1.9　什么是多媒体计算机? 多媒体的基本要素包括哪几项。

参 考 文 献

1. 梁莹等. 计算机文化基础. 北京:清华大学出版社,1993

2. 陈宇. 信息技术与人力开发政策. 中国计算机报,1996-12-9

3. 张琪. 高举"联合"、"服务"的旗帜 为推进国家信息化而奋斗. 中国计算机报,1996-8-26

4. 陈玉龙,刘强. 信息化——社会经济发展的必然. 计算机世界报,1996-12-23

5. 袁正光. 迎接数字化信息革命. 中国计算机报,1996-10-14

6. 姜岩. 世纪工程——"信息高速公路". 北京晚报,1994-6-20

7. 刘瑞挺. 计算机系统导论. 北京:高等教育出版社,1993

8. 王嘉廉. 信息技术的未来. 中国计算机报,1996-9-16

9. 刘晓林等. 微电脑使用基础. 北京:京华出版社,1995

10. 唐雅松. 程序技术研究三十年. 计算机科学,1988,3

11. 仲萃豪,孙富元,李兴芬. 关于第四代语言的看法. 计算机科学,1988,3

12. 刘玉梅. 第四代语言与软件技术的集成. 小型微型计算机系统,1988,5

13. 王珊. 应用生成器和第四代语言. 软件产业,1988,2

14. 张鹏. 面向对象的程序设计技术. 中国计算机报,1995-6-20

15. 王建中. 面向对象技术简介. 中国计算机报,1995-3-7

16. 王志坚. 瞿成祥,徐家福. 面向对象基本概念之探讨. 计算机科学,1992,4

17. 郑明. 从 C 到 C＋＋到 Java. 中国计算机报,1996-12-16

第2章 常用数据结构及其运算

2.1 概述

2.1.1 什么是数据结构

数据结构是计算机应用方面的基础课程之一。事实证明,要想有效地使用计算机,仅掌握计算机语言而缺乏数据结构和算法的有关知识是难以应付众多复杂的应用课题的。

早期的计算机主要用于解决数值计算问题,通常是用分析数学的方程式来建立数学模型,以此为加工对象的程序设计称为数值型程序设计,其特点是涉及的操作对象比较简单,一般为整型、实型和布尔型数据。随着计算机应用领域不断扩大,解决非数值性问题越来越引起人们的关注,如文献检索、金融管理、商业系统数据处理、计算机辅助设计和制造以及以图论为基础的图像模式识别等,这类问题重点在于数据处理,即对数据集合中的各元素以各种方式进行运算,如插入、删除、查找、更新等。在数据处理领域中,数据类型比较复杂,而且数据元素之间具有各种特定的联系,人们最感兴趣的是了解数据集合中元素之间的关系以及如何组织和表示这些数据以提高处理效率。数据结构就是研究非数值运算的程序设计问题。

2.1.2 有关数据结构的基本概念和术语

为了便于后面学习的需要,先介绍有关数据结构的基本概念和术语。

1. 数据

数据(data)是信息的载体,它可以用计算机表示并加工,如数、字符、符号等的集合。

2. 数据元素

数据元素(data element)是数据集合中的一个个体,是数据的基本单位。例如数据集合 $N=\{1,2,3,4,5\}$ 中整数 1 至 5 均为数据元素。

数据元素不一定是单个的数字或字符,它本身也可能是若干个数据项的组合。如表2.1 中学生成绩登记表,其中每一个学生的全部信息组成一个数据元素,它由学号、姓名、班级、成绩 4 个数据项组成。

表 2.1 学生成绩登记表

学号	姓名	班级	成绩
900425	张勇	电 02	85
910225	李军	建 13	90
930443	赵红	计 31	92
940112	刘明	制 42	80
...	...	...	...

数据元素有时也称为结点(node)或记录(record)。

3. 数据对象

具有相同性质的数据元素的集合称为数据对象(data object)。

4. 数据结构

数据结构(data structure)是指同一数据对象中各数据元素间存在的关系。用集合论方法定义数据结构为

$$S = (D, R)$$

数据结构 S 是一个二元组,其中 D 是一个数据元素的非空有限集合,R 是定义在 D 上的关系的非空有限集合。这种抽象的定义可以用来描述广泛的数据结构问题。例如一个 n 维向量,$x = (x_1, x_2, \cdots, x_n)$ 它的数据元素集合为 $D = \{x_1, x_2, \cdots, x_n\}$,$D$ 上的关系 $R = \{\langle x_1, x_2 \rangle, \langle x_2, x_3 \rangle, \cdots, \langle x_{n-1}, x_n \rangle\}$,这种关系在数据结构中称为线性表。其他复杂的数据结构也可以用这种形式表示,我们将在后面有关部分分别说明。

5. 逻辑结构与物理结构

数据的逻辑结构研究数据元素及其关系的数学特性;数据的物理结构是逻辑结构在计算机中的映象,也就是具体实现,通常用高级语言中各种数据类型来描述这种实现。以后简称数据的逻辑结构为数据结构,数据的物理结构为存储结构。

6. 数据类型

数据类型(data type)是指程序设计语言中允许的变量类型。程序中出现的每一个变量必须与一个且仅与一个数据类型相联系,它不仅规定了该变量可以设定的值的集合,而且规定了这个集合上的一组运算。各种语言都规定了它所允许的数据类型。

数据类型分为基本数据类型和结构数据类型两类。基本数据类型如整型、实型、布尔型等,它们变量的值是不可再分的;而结构类型如数组、结构体等,它们变量的值是可再分的,或者说它们是带结构的数据。

7. 数据结构与算法

算法是解决某一特定类型问题的有限运算序列,算法的实现必须借助程序设计语言中提供的数据类型及其运算。一个算法的效率往往与数据的表示形式有关,因此数据结构的选择对数据处理的效率起着至关重要的作用。它是算法和程序设计的基本部分,它对程序的质量影响很大。我们将结合各种数据结构介绍相应的算法。

2.1.3　算法描述语言

算法必须通过算法语言来表达,即选用某一种高级语言编成程序才能在计算机上实现。为了教学需要,我们在这里采用一种算法描述语言来描述各种算法,它不直接用于计算机,主要为了能简单明了地描述算法本身。鉴于读者在学习数据结构前均已具备一定的高级语言基础,因此本算法描述语言基本采用高级语言表达形式,但省略了高级语言形式化的类型说明、变量说明等,代之以较自由的自然语言作非形式化描述,有些部分增加必要的注释(用//……//表示),以增加算法的可读性。每一种算法均以函数(过程)的形式表示,即

算法名(参量表)

例如：INSERTLIST(V,i,n,x)//顺序表的插入//

读者在理解算法的基础上能方便地改写成相应的高级语言程序，上机操作。

2.1.4　算法分析技术初步

一个可执行的算法不一定是一个好的算法，算法分析是一个复杂的问题，通常用计算机执行时在时间和空间资源方面的消耗多少作为评价该算法优劣的标准。

1. 时间复杂度

在时间消耗方面，固然可以用事后统计方法得出执行该算法的具体时间，但这一方法与计算机软硬件的环境因素关系很大，有时甚至会因此掩盖算法本身的优劣，因此人们时常对算法进行事前估算。这里用频度与时间复杂度这两个概念进行估算，并用一个矩阵相乘的例子来说明。设对一个 $n \times n$ 矩阵 A 自乘后送入矩阵 B，其算法步骤为

```
1. for  i=1 to n
2.       for  j=1 to n
3.           B[i,j]←0
4.           for k=1 to n
5.               B[i,j]←B[i,j]+A[i,k] * A[k,j]
6.           end (k)
7.       end(j)
8. end(i)
```

在上述算法中，语句 3 重复次数为 n^2，语句 5 重复次数为 n^3。若语句 3 执行 1 次时间为 t_1，语句 5 执行 1 次时间为 t_2，忽略其他控制语句的执行时间，此算法耗用的时间近似为

$$T(n) = t_1 n^2 + t_2 n^3$$

当 n 很大时，有

$$\lim_{n \to \infty} \frac{T(n)}{n^3} = \lim_{n \to \infty} \frac{t_1 n^2 + t_2 n^3}{n^3} = t_2$$

表示当 n 充分大时，$T(n)$ 和 n^3 的比值是常数，即 $T(n)$ 与 n^3 是同阶的，记作 $T(n) = O(n^3)$。我们称 $T(n)$ 是上述算法的时间复杂度。n^2，n^3 分别是语句 3 和语句 5 的频度，记作 $F(n)$。因此时间复杂度是以算法中频度最大的语句来度量的，记作 $T(n) = O(F(n))$。

频度与时间复杂度虽不能精确地确定一个算法的具体执行时间，但可以评估一个算法的时间增长趋势。我们把表征问题规模的参量称为问题的尺寸，如矩阵的阶数、字符串的长度、数据元素的个数等，通常用 n 表示。因此频度和时间复杂度均是 n 的函数。

较常见的时间复杂度有

$O(1)$：常量型

$O(n)$，$O(n^2)$，$\cdots$，$O(n^k)$：多项式型

$O(\log_2 n)$，$O(n\log_2 n)$：对数型

$O(2^n)$，$O(e^n)$：指数型

图 2.1 表示各种时间复杂度的增长率。

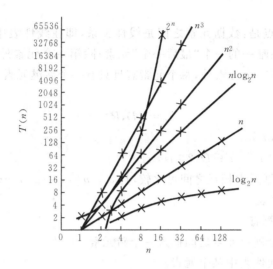

图 2.1   各种时间复杂度的增长率

2. 空间复杂度

空间复杂度的概念与时间复杂度相似,它是指在算法中所需的辅助空间单元,而不包括问题的原始数据占用的空间(因为这些单元与算法无关)。在上述例子中,辅助空间为变量 i,j,k,因为它们与问题尺寸 n 无关,因此其空间复杂度 $S(n)=O(1)$。

时间与空间是一对矛盾,要节约空间往往就要消耗较多时间,反之亦然,而目前由于计算机硬件的发展,一般都有足够的内存空间,因此我们在今后分析中着重考虑时间的因素。

2.2   线性表

在数据处理中,大量数据均以表格形式出现,称为线性表,它是一种最简单也是最常见的数据结构。线性表有两种存储结构——向量和链表。线性表的主要运算有插入、删除、查找和排序。

2.2.1   线性表的定义和运算

线性表是数据元素的有限序列,在日常生活中能找出很多例子,如

(1)人民币面值构成线性表(1 分,2 分,5 分,1 角,2 角,5 角,1 元,2 元,5 元,10 元,50 元,100 元),其中每一面值为一个数据元素。

(2)一年由 4 个季节(春,夏,秋,冬)构成,每一季节为数据元素。

(3)一个 n 维向量 $x=(x_1,x_2,\cdots,x_n)$,其中每一个分量是数据元素。

(4)在表 2.1 中每一个学生为一个数据元素。

现实中客观存在的实体经过数学抽象后都可用线性表的一般表示形式表示:
$$L=(a_1,a_2,\cdots,a_n)$$
其中 L 为线性表,$a_i(i=1,\cdots,n)$ 是属于某数据对象的元素,$n(n\geqslant0)$ 为元素个数称为表

长，$n=0$ 为空表。

线性表的结构特点是：数据元素之间是线性关系，即在线性表中必存在唯一的一个"第一个"元素；必存在唯一的一个"最后一个"元素；除第一个元素外，每个元素有且只有一个前趋元素；除最后一个元素外，每个元素有且只有一个后继元素。由此可以得出线性表的定义：

$$L=(D,R)$$

其中：$D=\{a_1,a_2,\cdots,a_n\}$

$R=\{\langle a_{i-1},a_i\rangle\,|\,a_{i-1},a_i\in D,2\leqslant i\leqslant n\}$

若线性表中的数据元素相互之间可比较，且 $a_i\geqslant a_{i-1},i=2,3,\cdots,n$，则称该线性表为有序表，否则称为无序表。

线性表的基本运算有

（1）插入：在两个确定元素之间插入一个新元素。

（2）删除：删除线性表中某个元素。

（3）查找：按某种要求查找线性表中的一个元素，需要时可以进行更新。

（4）排序：按给定要求对表中元素重新排序。

在不同问题中的线性表，需要进行的运算也不同，在实际应用中还可能涉及建立线性表、修改元素数值等运算，但基本上可以由上述 4 种运算组成。

不同的存储结构具有不同的运算方法，我们将结合各种不同的结构介绍相应的插入、删除运算，而查找和排序运算则放在最后专门讨论。

2.2.2 顺序存储线性表

1. 顺序存储结构

这是一种最常用也是最简单的线性表结构，它是用一组地址连续的存储单元存放线性表的数据元素，称为线性表的顺序存储结构，也称为向量式存储结构，用高级语言中一维数组类型表示。数组中的分量下标即为元素在线性表中的序号。例如用一维数组 $A[1:n]$ 来存储线性表 $(a_1,a_2,\cdots,a_n)$，它在内存中存放形式如图 2.2 所示。

设：已知线性表中每个元素占 l 个单元，且线性表在内存中的首地址为：$\mathrm{adr}(a_1)=b$，则线性表中第 i 个元素的存储地址为

$$\mathrm{adr}(a_i)=\mathrm{adr}(a_1)+(i-1)l$$

这种存储结构只要知道元素序号就很容易找到第 i 个数据元素，且无论序号 i 为何值，找到第 i 个元素所需时间相同。故这种存储结构亦称为随机存储结构。

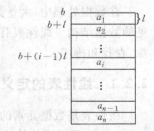

图 2.2 顺序存储线性表的存储形式

2. 顺序存储结构的插入、删除运算

（1）插入

设长度为 n 的线性表 $(a_1,a_2,\cdots,a_n)$，若要在第 $i-1$ 与第 i 个元素之间插入一个新元素 x，则必须将第 n 至第 i 个元素依次向后移动一个位置，然后进行插入，插入后得到长

度为 $n+1$ 的线性表 $(a_1', a_2', \cdots, a_{n+1}')$。插入过程见图 2.3 所示。

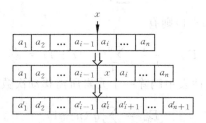

图 2.3　顺序存储线性表的插入过程

设在长度为 n 的线性表中第 i 个元素前插入一个元素 x，其中存放线性表的向量为 $V[1:m](m>n)$，算法如下：

INSERTLIST(V,n,i,x)

1. if (i<1) OR (i>n+1) then {参数错 return}

2. for j=n to i step(-1)

3. 　　V[j+1]←V[j]

4. end (j)

5. V[i]←x

6. n←n+1

7. return

（2）删除

若要在长度为 n 的线性表中删除第 i 个元素，相当于将表 $(a_1, a_2, \cdots, a_n)$ 中的 a_i 除去，而将 a_i 以后元素 $a_{i+1}, \cdots, a_n$ 依次向前移动一个位置，表长由 n 改为 $n-1$。删除过程如图 2.4 所示。

删除算法如下：

DELETELIST(V,n,i)

1. if (i<1) OR (i>n) then {参数错 return}

2. for j=i to n-1

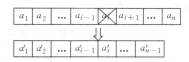

图 2.4　顺序存储线性表的删除过程

3. 　　V[j]←V[j+1]

4. end (j)

5. n←n-1

6. return

3. 运算的时间分析

从上述的插入、删除运算中可以看出，在顺序存储的线性表中，插入和删除元素的运算时间主要消耗在移动元素上。所需移动元素的个数与线性表的长度 n 和被插入或删除元素在线性表中的位置 i 有关。我们用平均移动次数来分析它们的平均性能。

设 p_i 是在第 i 个元素前插入一个元素的概率，则在长为 n 的表中插入一个元素所需的平均移动次数为

$$E_{in} = \sum_{i=1}^{n+1} p_i(n-i+1)$$

在等概率情况下，$p_i = 1/(n+1)$则有

$$E_{in} = \frac{1}{n+1}\sum_{i=1}^{n+1}(n-i+1) = \frac{n}{2}$$

同理,在长度为 n 的线性表中删除一个元素所需移动次数的平均值为

$$E_{de} = \sum_{i=1}^{n} q_i(n-1)$$

其中 q_i 是删除第 i 个元素的概率。在等概率情况下,$q_i = 1/n$,则有

$$E_{de} = \frac{1}{n}\sum_{i=1}^{n}(n-1) = \frac{n-1}{2}$$

从上述分析可以看出,无论是插入或删除一个元素,平均需要移动表中一半元素,这在表长 n 较大时是相当可观的,因此这种存储结构仅适用于不常进行插入、删除运算,表中元素相对稳定的场合。

2.2.3 线性链表

1. 链式存储结构

由于顺序存储线性表在作插入、删除运算时要移动大量元素,而且由于顺序存储结构要求一组连续的存储单元来存放数据元素,当线性表的长度是可变的时,必须按其最大长度预先分配存储空间,这就可能造成一部分空间长期闲置不用;也可能由于估计不足使表长超出预分配空间而造成溢出。线性链表能有效地克服上述缺点。

链式存储结构不需要一组连续的存储单元,它的数据元素可以分散存放在存储空间中。为了使线性表在逻辑上保持连续,必须在每个元素中存放其后继元素的地址,如图 2.5(a)所示。这样由 n 个结点组成的序列便构成一个链表,称为线性表的链式存储结构,如图 2.5(b)所示。

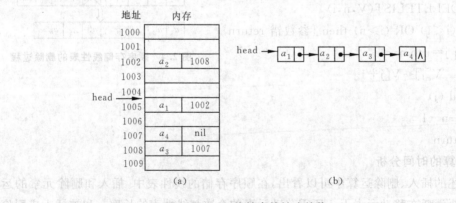

图 2.5 线性表的链式结构

在链式存储结构中,每一数据元素由两部分组成:一部分是存放元素的值,称为数据域;另一部分为存放后继元素的存储地址,称为指针域。指示链表中第一个结点地址的指

针称为头指针(head),最后一个结点的指针为空指针,用"nil"或符号"∧"表示。

在 PASCAL 或 C 语言中均有存放地址的指针数据类型,在本书采用的算法描述语言中,指针类型结构表示为

设地址为 a 的结点由数据域 data 和指针域 next 组成,在运算中分别用 data(a)和 next(a)表示其数据域和指针域内容。

2. 线性链表的基本运算

从线性链表的存储结构中可以看出,当要对线性链表进行插入、删除运算时,不必移动元素,其主要工作是修改指针的指向和动态生成或回收链表的结点。因此在讨论线性链表的插入、删除算法前先对一些基本操作作一介绍,而插入、删除运算应是这些操作的组合。

(1) 基本操作

设 p,q,s 均为指针类型变量,指向数据域为 data,指针域为 next 的结点,表 2.2 表示线性链表的几项基本操作。

表 2.2　线性链表的基本操作

操作内容	操作描述	操作前	操作后
指针赋值	s←p q←next(p)		
指针移动	p←next(p)		
后插	next(s)←next(p) next(p)←s		
前插	q←head while(next(q)≠p)do {q←next(q)} next(q)←s next(s)←p		

(2) 结点的动态生成及回收

由于线性链表的存储空间是在程序执行过程中动态分配的,因此每当要插入一个新结点时,要求程序能动态提供一个存放该结点数据的存储空间;而当进行删除运算时,能回收被删除结点的存储空间,以便能再次使用。通常可用一个空白链表来实现,而这个空白链表可供所有具有相同数据类型的链表共享,这样使得存储空间能得到充分利用。

设具有数据域 data,指针域 next 的空白链表,其头指针为 av。

从空白链表中获取一个结点,由指针 P 指向,其算法为

    GETNODE(P)

1. p←av

2. av←next(av) //修改空白链表头指针//

3. return

回收一个由 P 指针指向的结点,放回空白链表的算法为

    RET(P)

1. next(P)←av

2. av←P

3. return

以上分配和回收结点算法在 PASCAL 和 C 语言中均有标准过程或函数供用户直接调用。

(3) 插入运算

若要在头指针为 head 的链表中,在值为 a 的结点前插入一个值为 b 的结点。如果当时链表中无元素(空表),则 b 为头结点,如果表中无 a 元素,则将 b 插入链表的末尾,其示意图如图 2.6 所示。

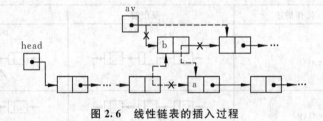

图 2.6　线性链表的插入过程

算法如下:

    INLINKST(head, a, b)

1. GETNODE(p);data(p)←b; //取得一个新结点 p//

2. if(head=nil)then{head←p;next(p)←nil;return}

    //空表情况//

3. if (data (head)=a)then{next(p)←head;head←p;return}

    //a 为头结点//

4. LOOKFOR(head, a, q)//寻找元素 a 之前的结点 q//

5. next(p)←next(q);next(q)←p

6. return

其中 LOOKFOR(head,a,q)为在非空链表中寻找包含指定元素 a 之前的结点 q 的算法:

    LOOKFOR(head, a, q)

1. q←head

2. while (next(q)≠nil)and (data(next(q))≠a)do

3. q←next(q)//如果表中无 a 结点,则 q 指向链表最后一个结点//

4. return

（4）删除运算

在头指针为 head 的线性链表中删除元素 a 的结点示意图如图 2.7 所示。

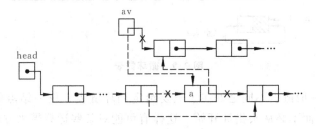

图 2.7 线性链表的删除过程

算法如下：

DELINKST(head,a)

1. if(head=nil)then{空表 return}//空表情况//

2. if (data(head)=a)then{s←next(head);RET(head);

    head←s;return}//a 为头结点//

3. LOOKFOR(head, a, q)

4. if (next(q)=nil)then{无此结点 return}

5. p←next(q);next(q)←next(p)

6. RET(p)

7. return

有时我们可以在链表的第一个结点之前附加一个头结点,该结点的结构和链表中其他结点相同,只是它的数据域中不存放线性表的元素,它的指针域指向线性表的第一个元素。当表空时只有一个头结点,它的指针域为空,如图 2.8 所示。

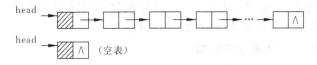

图 2.8 具有头结点的线性链表

在链表中附加一个头结点后可使算法在形式上得以简化,例如以上的插入运算中,当表空时因尚有头结点存在,因此头指针非空,这与表中不存在 a 元素的算法相同;当 a 为表中第一个元素时,因有头结点存在,则在 a 结点之前插入一元素时不必修改头指针。读者可以根据这一思想,重新改写插入算法。

3. 线性链表的其他形式

根据实际需要,线性链表还可以循环链表或双向链表等其他形式出现。

（1）循环链表

循环链表是另一种链式存储结构,它的特点是表中最后一个结点的指针域不为空,而是指向表头,整个链表形成一个环,图 2.9 中分别表示具有头结点的非空循环链表和空表。

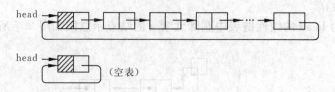

图 2.9　循环链表

循环链表与一般链表不同之处在于只要给定循环链表中任一结点的地址,就可以查遍表中所有结点,而不必从头指针开始。这样有可能对某些运算带来方便。

（2）双向链表

在本节以前所谈的链表都是单向链表,它们只能单方向地寻找表中的结点,若要寻找前趋结点,则需从表头指针出发或向后循环一周,当表长为 n 时执行时间为 $O(n)$。为克服单向链表的单向性缺点,可采用双向链表。

在双向链表的结点中有两个指针域,一个指向直接后继,一个指向直接前趋,如图 2.10 所示。

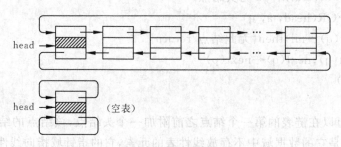

图 2.10　双向链表

由于双向链表具有对称性,从表中某一给定的结点可随意向前或向后查找。但在作插入、删除运算时,需同时修改两个方向上的指针。

4. 应用实例——一元多项式相加

多项式的操作是表处理中经常出现的操作,我们以一元多项式相加为例,说明线性链表在实际中的应用。一个一元多项式 $P_n(x)$ 可以表示为

$$P_n(x) = P_0 + P_1 x + P_2 x^2 + \cdots + P_i x^i + \cdots + P_n x^n$$

其中每一项由系数 P_i 及 x 的指数 i 组成。若多项式按升幂排列,则它由 $n+1$ 个系数唯一确定,因此可以用一个线性表 P 表示:

$$P = (P_0, P_1, \cdots, P_i, \cdots, P_n)$$

其指数 i 隐含在系数 P_i 的序号内。

一元多项式的存储结构可以采用顺序存储结构也可以用链式存储结构,这要取决于作何种操作。如果只求多项式的值,无需修改多项式的系数和指数,则采用顺序结构为宜。但在作多项式相加时,通常要改变多项式的系数和指数,而且在实际问题中,时常会

出现多项式的次数很高但又存在大量的零系数项,如
$$P(x) = 5 + 12x^{1500} + 2x^{2300}$$
这时采用顺序结构会浪费大量的存储空间,一般采用链式结构。

用链式结构表示多项式是把每一个非零系数项构成链表中的一个结点,结点由两个数据域和一个指针域构成,如图 2.11(a)所示。其中 EXP(i)表示该项的指数,称为指数域;COEF(i)表示该项的系数,称为系数域;next(i)指向下一个非零系数的结点,称为指针域。整个多项式 $P_n(x)$ 如图 2.11(b)所示。

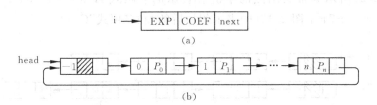

图 2.11　一元多项式的链式结构

设有一元多项式 $A(x)$ 和 $B(x)$,现要求其相加结果 $C(x) = A(x) + B(x)$。其运算规则为:将两个多项式中指数相同的项对应系数相加,若和不为零,则构成 $C(x)$ 中的一项;$A(x)$ 和 $B(x)$ 中所有指数不相同的项均复抄到 $C(x)$ 中。

用带有头结点的线性链表表示多项式 $A(x)$,$B(x)$,设指针 h_A,h_B 分别为指向多项式链表 $A(x)$,$B(x)$ 的头指针,指针 p,q 的初始位置分别指向 $A(x)$,$B(x)$ 中第一项,则求 $A(x) + B(x)$ 的运算过程为:比较 p,q 所指结点中的指数项,若 EXP(p) < EXP(q),则 p 所指的结点为 $C(x)$ 中的一项,令 p 指针后移一个结点;若 EXP(p) > EXP(q),则 q 所指的结点为 $C(x)$ 中的一项,将 q 结点插入 p 结点之前,并将 q 指针后移一个结点;若 EXP(p) = EXP(q),则将两个结点中的系数相加,当和不为零时,修改 p 结点中的系数,回收 q 结点;否则删去 p 结点,同时回收 p,q 结点。这一方法实际上是将 $B(x)$ 加到 $A(x)$ 中,最后形成 $C(x)$,因此 $C(x)$ 中的结点不需要重新生成。算法描述如下:

ADD—POLY (h_A,h_B)

1. p←next(h_A); q←next(h_B)

2. p_{re}←h_A; h_c←h_A//p_{re} 指向 p 的前趋,h_c 为 c(x)头指针//

3. while (p≠nil) AND (q≠nil) do

4. case

5. EXP(p) < EXP(q):

6. {p_{re}←p; p←next(p)}

7. EXP(p) = EXP(q):

8. {X←COEF(p)+COEF(q);

9. if (x≠0)then {COEF(p)←x; pre←p}

10. else {next (p_{re})←next(p); RET(p)}

11. P←next(pre); u←q; q←next(q); RET(u)}

12. EXP(p)＞EXP(q)：

13. {u←next(q);next(q)←p;next(pre)←q;pre←q;q←u}

14. end(case)

15. end(while)

16. if (q≠nil) then next (p$_{re}$)←q

17. RET(h$_B$) //释放多项式 B(x)的头结点//

18. return

图 2.12(a)所示为带头结点的单链表表示的多项式 $A(x)=5-3x+13x^5$，$B(x)=3x+8x^4-6x^5+7x^8$，图 2.12(b)表示相加后的"和多项式"$C(x)$。

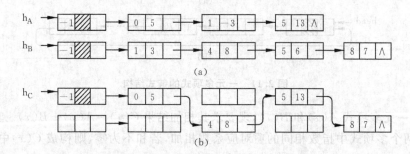

图 2.12　用链式结构进行多项式求和

2.2.4　向量和链表的比较

向量和链表由于存储结构不同,因此具有各自的优缺点,在实际应用时应根据具体问题来选用,一般可有以下几方面比较。

1. 线性表的长度是否固定

由于向量的存储空间是静态分配的,因此在执行过程中上下界是固定的,如果执行过程中表长要发生变化,则需留出足够空间而造成空间浪费,又可能由于空间不够而产生表溢出。而线性链表的存储空间是在执行过程中动态分配的,因此在表长不固定时采用线性链表较好。

2. 线性表的主要操作是什么

由于向量是连续存放的,可随机存取表中任何记录,因此适用于频繁查找操作的表;但作插入、删除运算时则要移动将近一半元素,尤其当记录长度很长时,移动元素的时间开销就很大。由于线性链表只能顺序存取,即在查找时要从头指针找起,查找的时间复杂度为 $O(n)$;在作插入、删除运算时,不需要移动元素,只要修改指针,但如果进行"前插"时,由于要查找前趋结点,查找时间复杂度为 $O(n)$。线性链表的每一个结点较向量增加一个指针空间,它相当于一个整型变量,因此在作插入、删除运算时它是以空间代价换取时间。

3. 采用的算法语言

线性链表要求所使用的语言工具提供指针类型变量。

2.3 栈与队

栈和队是两种特殊的线性表,它们的运算规则较一般线性表有更多的约束和限制,因此又称作限定性数据结构。在这一节中我们将分别讨论栈和队的结构特点、基本运算及应用。

2.3.1 栈的结构和运算

1. 栈的定义

栈是限定只能在表的一端进行插入和删除操作的线性表。允许插入或删除的一端称为栈顶(top),另一端称为栈底(bottom),如图2.13所示。

设栈 $s=(a_1,a_2,a_3,\cdots,a_n)$,称 a_1 为栈底元素,a_n 为栈顶元素。栈中元素按 $a_1,a_2,\cdots,a_n$ 次序入栈,又按 a_n,$\cdots,a_2,a_1$ 次序退栈。若 $n=0$,则称为空栈。因此栈又称为"后进先出"(LIFO, last in first out)线性表。

图 2.13 栈结构

栈的存储结构也有顺序与链式两种,称为顺序栈与链式栈。

2. 顺序栈

顺序栈用向量作为栈的存储结构,它可用高级语言中的一维数组 $s[1:m]$ 来表示。其中 m 表示栈允许的最大容量,通常设置一个简单变量 top 用来指示栈顶位置,称为栈顶指示器。top$=0$ 表示栈空,top$=m$ 表示栈满。因此顺序栈的插入、删除运算很容易实现:把 top 的初始值置为"零",凡元素进栈,先令 top 加"1",再将元素送入 $s[top]$ 中;退栈时只要将 top 减"1"。当 top$=m$ 时再有元素进栈,栈将溢出,称为"上溢";反之,当栈空时要作退栈运算,栈也将溢出,称为"下溢",图 2.14 表示栈的工作状况。

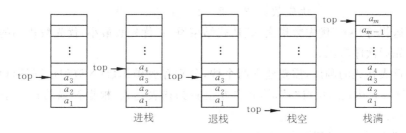

图 2.14 栈的插入与删除

设有顺序栈 $s[1:m]$,top 为栈顶指示器,其插入(进栈)和删除(退栈)运算如下:

  PUSH(s,m,top,x)//将元素 x 入栈//

1. if (top$=$m)then{"上溢",return}
2. top$\leftarrow$top$+1$
3. s[top]$\leftarrow$x
4. return

POP(s,top,y)//退栈,将栈顶元素送入 y 中//

1. if (top＝0) then{"下溢",return}
2. y←s[top]
3. top＝top－1
4. return

3. 链栈

当栈的最大容量事先不能估计时,可以用链表作为栈的存储结构,称为链栈,如图 2.15 所示。其中 top 为栈顶指针,指示栈顶元素位置,若 top＝nil,则表示栈空。链栈一般不会出现"上溢",除非内存中已不存在可用空间。链栈的入栈和出栈运算容易实现,由读者自行完成。

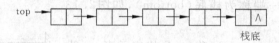

图 2.15 链栈

4. 栈的应用

栈的应用很广泛,最初用于高级语言的编译程序中,如表达式求值、程序的嵌套和递归调用等,以后在各类回溯求解问题中得到应用。下面通过几个实例来说明栈的应用。

（1）表达式求值

高级语言中存在大量的表达式,它是用人们较熟悉的公式形式书写的,编译系统则要根据表达式的运算顺序将它翻译成机器指令序列。因此编译过程要解决运算顺序和机器指令的编制两个问题。

为解决运算顺序,把运算符分成若干等级,称为优先数,优先数大的运算符优先进行处理,我们以算术表达式的运算符为例来说明:

$$运算符:\quad ** \quad / \quad * \quad + \quad - \quad ;$$
$$优先数:\quad 3 \quad 2 \quad 2 \quad 1 \quad 1 \quad 0$$

其中乘幂运算符"**"优先数最大,表达式结束符";"优先数最小,优先数相同的运算符则按出现的先后次序考虑。

为进行表达式的翻译,需要建立两个栈,分别存放操作数(NS)和运算符(OS)。首先在 OS 中放入表达式结束符";",然后自左至右扫描表达式,根据扫描的每一个符号作如下不同处理:

① 若为操作数,将其压入 NS 栈。

② 若为运算符,需看当前 OS 的栈顶元素:

· 若当前运算符的优先数大于 OS 栈顶运算符,则将当前运算符压入 OS 栈。

· 若当前运算符的优先数不大于 OS 栈顶运算符,则从 NS 栈中弹出两个操作数,设为 x,y,再从 OS 中弹出一个运算符,设为 θ,由此构成一条机器操作指令:$x\theta y \rightarrow T$,并将结果 T 送入 NS 栈。

· 若当前运算符为";",且 OS 栈顶也为";",则表示表达式处理结束,此时 NS 栈顶元素即为此表达式值。

设表达式 A/B＊＊C＋D;它的求值过程如图 2.16 所示。

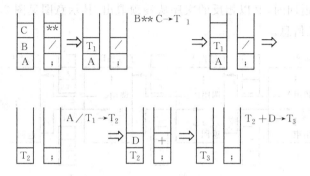

图 2.16　表达式求值过程

表达式求值的算法如下:

EXP(OS,top O,NS,top N)//top O,top N 为 OS,NS 栈顶指示器,初态为零//

1. PUSH(OS,top O,";")

2. t←0　//t＝0　表示扫描下一个符号//

3. while(t≠2)do

4.　if (t＝0) then Read (w) //w 中存放当前读入符号//

5.　if (w 为操作数)then PUSH (NS,top N,w)

6.　else

7.　{TOP(OS, top O,q)//查看当前 OS 栈顶元素 q//

8.　if (w＞q) then {PUSH(OS,top O,w),t←0}

9.　else if(q＝";") and (w＝";")then

10.　{POP(NS,top N,z), t←2}//t＝2 表示处理结束//

11.　else

12.　{POP(NS,top N,x); POP(NS, top N,y);

13.　POP(OS,top O,q); x←y q x;//构成一条机器指令//

14.　PUSH(NS,top N,x); t←1}//t＝1 表示继续处理当前符号//

15.　}

16.　end (while)

17.　return

其中 TOP(OS,top O,q)为读栈顶元素,算法如下:

TOP(s,top,x)

1. if (top＝0)then{"栈空",return}

2. x←s[top]

3. return

（2）过程嵌套和递归调用

过程嵌套和递归调用是程序设计中很重要的应用。当过程调用子过程时,必须把断点的信息及地址保留起来,当子过程执行完毕返回时,取用这些信息,找到返回地址,从此断点继续执行。当程序中出现多重嵌套调用时,必须开辟一个栈,将各层断点信息依次入栈,当各层子过程返回时,又以相反的次序从栈顶取出,其示意图见图 2.17,其中 r,s,t 分别表示各层的断点信息。

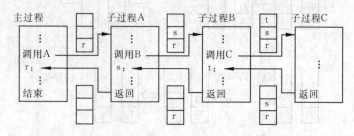

图 2.17　过程嵌套调用示意图

某些高级语言具有过程递归调用功能,也就是一个过程可以通过过程调用语句,直接或间接地调用自己。为了每次调用能正确保留断点信息并返回断点地址,同样需要建立一个工作栈。现以递归形式计算 Fibonacci 序列为例:

Fib(n)

1. if (n＝1) or (n＝2) then Fib←1

2. else Fib←Fib(n－1)＋Fib(n－2)

3. return

图 2.18(a)表示当 $n＝5$ 时递归调用过程,(b)表示每次调用中栈的变化情况。栈中 d_i 为返回地址,1～5 表示进入下一层递归调用时,存入本层的参数 n 的值。从图中可以看出,当 $n＞2$ 时每调用一次,将引起两个新的调用,n 愈大,递归调用深度愈深,开辟的栈也愈大。

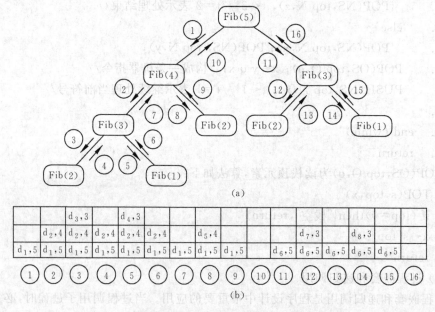

图 2.18　过程递归调用示意图

· 38 ·

（3）回溯求解算法

在实际工作中，某些问题的求解过程是采用试探方法，当某一路径受阻时，需要逆序退回，重新选择新路径，这样必须用栈记下曾经到达的每一状态。我们用求解背包问题为例来说明。

设有 n 件体积分别为 $w_1, w_2, \cdots, w_n$ 的物品和一个能装载总体积为 T 的背包，要求从 n 件物品中挑选出若干件物品，其体积之和恰好装满背包，即 $w_{i_1} + w_{i_2} + \cdots + w_{i_k} = T$（$i_1, i_2, \cdots, i_k$ 为入选物品的序号）。若能，则背包问题有解，否则无解。

求解这一问题的方法为：先将 n 件物品顺序排列，依次装入背包，每装入一件即检查当时包内物品体积是否超过 T，若装入该件物品后不超过背包容量 T，则装入，否则弃之取下一个，直到装满背包为止。若在装入若干物品后背包未满，但又无其他物品可选时，说明已装入背包内的物品组合不合适，需从背包中取出最后装入的物品，继续在其他未装入物品中挑选，如此重复直到装满背包(有解)或无合适物品可选(无解)。

在算法实现中，设一维数组 $W[1:n]$ 用来存放 n 件物品的体积，栈 $S[1:n]$ 用来存放放入背包内物品的序号，T 为背包能容纳的体积，i 为待选物品序号。每进栈一件物品，就从 T 中减去该物品的体积，若 $T-W[i] \geq 0$，则该物品可选，若 $T-W[i] < 0$，则该物品不可选，若 $i > n$，则需退栈，若此时栈空，则说明无解。算法如下：

PACK(T,n,W,S,top)

1. top←0; i←1

2. while (T>0) and (i≤n) do

3.　　if(T−W[i]=0)or (T−W[i]≥0)and (i<n) then
　　　　{top←top+1; s[top]←i; T←T−W[i]}
　　if (T=0)then {"背包有解"return}
　　else { if(i=n) and (top>0)then//取出栈顶物品//
　　　　　{i←s[top];top←top−1, T←T+W[i]}
　　　　　i←i+1 //准备挑选下一件物品//}

4. end (while)

5. "背包无解" return

图 2.19 表示当 $T=10, W=(4,7,3,5,4,2)$ 时，执行过程中栈的状态变化情况。

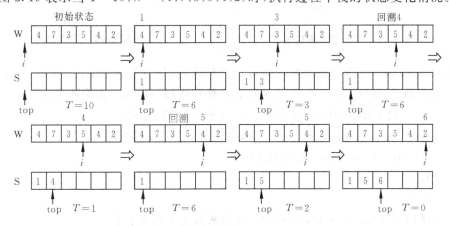

图 2.19　求解背包问题时栈的变化状况

回溯求解结果可能有解也可能无解，而且也可以有多个解，因此有时可以从中挑选满足某约束条件的最优解，这些问题由读者进一步考虑。此外，回溯算法不易进行算法分析，因为求解成功的时间不仅与问题本身的尺寸有关，而且与初始数据的分布状况有关。如上例中若 $W=(4,4,2,7,3,5)$ 时将不需回溯就能得一组解。

2.3.2 队的结构和运算

1. 队的定义

队是不同于栈的另一种特殊的线性表，它只允许在一端进行插入，在另一端进行删除。这和日常生活中的排队现象是一致的。允许插入的一端称为队尾，通常用一个队尾指示器(rear)指向队尾元素；允许删除的一端称为排头，用一个排头指示器(front)指向排头元素，用移动 rear 与 front 指示器来进行插入和删除。显然，在队列中，最先插入的元素将被最先删除，因此又称队为先进先出 (FIFO，first in first out)线性表，如图 2.20 所示。

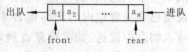

图 2.20 队结构

从存储结构看，队也有顺序队与链队两种。

2. 顺序队

用一维数组 $Q[1:m]$ 连续存放队列元素，其中 m 为队列允许的最大容量。初始状态 front＝rear＝0，队空，入队时 rear 增 1，出队时 front 增 1，当 front＝rear 时队空，当 rear ＝m 时无法再继续入队，但此时队中空间并不一定满(只有当 rear－front＝m 时才真正满)，这种现象称为"假溢出"，见图 2.21 所示。

为避免上述现象发生，我们假想把存放队列的数组形成一个头尾相接的环形，如图 2.22 所示，称为循环队列。

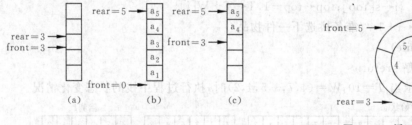

图 2.21 队的假溢出现象   图 2.22 循环队列

设 CQ$[0:m-1]$ 表示最大容量为 m 的循环队列，其中头、尾指示器(front,rear)均按顺时针方向前进，rear＝front＝$n-1$ 为初态。循环队列的插入和删除算法如下：

ADDCQ(CQ,m,front,rear,x)//将 x 插入队列 CQ 中//

1. rear←(rear+1)mod m//mod 为模除运算，保证 rear 循环计数//
2. if (front＝rear)then{″队满″return}
3. CQ[rear]←x
4. return

DELCQ(CQ,m,front,rear,y)//删除队首元素送入 y 中//

1. if(front=rear)then{"队空"return}

2. front←(front+1)mod m

3. y←CQ[front]

4. return

读者必须注意,循环队列的插入是先找到插入位置,然后进行判断;而删除时则是先判断,然后再找删除位置。这主要是由于在插入和删除运算中均用 front=rear 作为队满或队空的判据。还有一点须注意的是,在循环队列中永远会空一个位置,这也是为了辨别队满还是队空所造成的。例如当 rear=5,front=6 时,若再要插入一元素,按上述算法 rear←rear+1=6,发出"队满"信号,但实际上当时 CQ[6]还是空的。如果不愿牺牲一个单元,则可专设一个单元作为队满或队空的标志,读者可自行写出相应的算法。

3. 链队

当队的容量无法预先估计时,可以采用链表作存储结构,称为链队,如图 2.23 所示。

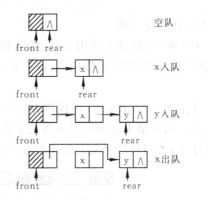

图 2.23 链队

在链队中我们设一个头结点,头指针 front 始终指向头结点,尾指针 rear 指向队尾元素,rear=front 表示队空。链队的插入、删除算法如下:

ADDLINK(rear,front,x)//在链队中插入 x 结点//

1. GETNODE(p)

2. data(p)←x; next(p)←nil   //设置新的队尾元素//

3. next(rear)←p; rear←p   //设置新的队尾指针//

4. return

DELLINK(front,rear,y)//删除排头元素赋给 y//

1. if (rear=front)then {"队空"return}

2. y←data(next(front)); next(front)←next(next(front))

//删除排头结点,把头结点链向下一个结点//

3. if (next(front)=nil) then rear←front

4. return

4. 队的应用

队的操作满足 FIFO 原则,常被应用在模拟排队的一类问题中。下面列举一些这方面应用的例子。

(1) 多道程序中的 CPU 管理

队列操作在操作系统中有着重要用途,例如在只有一个 CPU 和一个内存条件下,多个用户同时使用计算机,这就需要在多个用户之间合理地分配使用计算机资源。队列在实现合理分配 CPU 中起重要作用。设有三个用户甲、乙、丙,同时要求使用计算机,它们申请 CPU 的次序以及请求 CPU 的时间周期如表 2.3 所示。

表 2.3   甲、乙、丙用户要求使用计算机情况

申请 CPU 的次序	用户名	请求 CPU 的时间周期
0	甲	4,8,3
1	乙	2,1,2,2
2	丙	4,6,1

根据上述情况,操作系统作如下处理:

① 当一个用户请求 CPU 时,它就进入使用 CPU 的队列,如图 2.24 所示。

② 在此队列首部的用户是当前 CPU 的使用者,并且在整个 CPU 时间周期内继续留在队列的首部。

③ 当一个用户完成了他的现行请求 CPU 时间周期后,就出此队列,并在形成下一个请求时间周期之前不再进队。两次请求之间的时间称为延迟周期。

本例中在三个用户条件下,各用户的时间分配情况如图 2.25 所示。

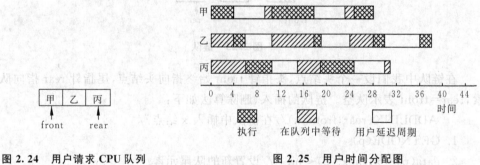

图 2.24   用户请求 CPU 队列   图 2.25   用户时间分配图

通常称这种调度原则为"先来先服务"原则。

类似情况,我们也可以此来模拟人们在日常生活中各种活动,称为离散事件模拟。例如银行系统、各种票证出售系统、汽车加油站等等,通过不同的窗口数、客流量、用户排队时间的模拟,从中得出最佳的设计方案。

(2) 缓冲区的设计

在多道程序系统中,往往会出现运行中的多道程序需要对一公共数据区进行数据存取的情况。即有的程序随机向数据区存放数据,有的程序需向公共数据区取用数据,存取的原则是先存入的先取出。我们有时把这一公共数据区称为公共缓冲区。

此外,在计算机系统中由于高速的主机与慢速的外设之间速度不匹配,致使主机要停

下来等待外设完成输入、输出操作,这样使主机效率大大降低,利用缓冲区是解决这种矛盾的方法之一。当计算机要向外部设备传送数据时,先把信息送到缓冲区,然后外部设备依次从缓冲区中取出这些数据进行具体操作。这样,主机就不必等待外部设备工作完就可以继续做其他工作。

通常,上述的缓冲区都用循环队列来实现。

2.4　数组

数组已广泛应用于各种高级语言中,是我们比较熟悉的一种数据类型。从结构上看,它是线性表的推广。

本节主要介绍数组的逻辑结构定义以及存储方式,着重介绍特殊形式数组——稀疏矩阵的存储结构及其相应的运算。

2.4.1　数组的定义

我们先以二维数组为例。数学中的矩阵,生活、生产中的各种报表都可以用二维数组表示,它们中的所有元素构成横成行、竖成列的矩形表。例如一个 m 行 n 列的数组可以表示为

$$A_{m,n} = \begin{bmatrix} a_{11} & a_{12} & a_{13} & \cdots & a_{1n} \\ a_{21} & a_{22} & a_{23} & \cdots & a_{2n} \\ \cdots & \cdots & \cdots & & \cdots \\ a_{m1} & a_{m2} & a_{m3} & \cdots & a_{mn} \end{bmatrix}$$

从逻辑结构上看,二维数组含有 $m \times n$ 个元素,每个元素都受行和列两个关系的约束。也就是说,二维数组中的每一行是一个线性表,同一行中元素间的关系满足线性表的关系,即 a_{11} 是 a_{12} 的"行前趋", a_{12} 是 a_{11} 的"行后继"。同样,每一列也是一个线性表,列内元素也满足线性表的关系。若把每一行看作一个数据元素,则可看成长度为 m 的线性表,同时若把每一列看作一个数据元素,它又可以看作是长度为 n 的线性表,因此二维数组是一个复杂的线性表。用线性表的一般表示形式定义二维数组为

$$B = (K, R)$$

其中 K 由 $m \times n$ 个结点组成:

$$K = \{K_{ij} \mid 1 \leqslant i \leqslant m, 1 \leqslant j \leqslant n\}$$

R 由以下两种关系组成:

$$\text{ROW} = \{(K_{ij}, K_{ij+1}) \mid 1 \leqslant i \leqslant m, 1 \leqslant j \leqslant n-1\}$$
$$\text{COL} = \{(K_{ij}, K_{i+1j}) \mid 1 \leqslant i \leqslant m-1, 1 \leqslant j \leqslant n\}$$

由上述二维数组的结构可以推广到三维数组以及 n 维数组中去,我们在这里主要讨论二维数组,通过类推可以得出对 n 维数组的结论。

数组的运算通常是在给定一组下标的情况下存取或修改相应的数组元素,一般不对数组作插入或删除运算。数组的存储结构对存取数组元素的时间有直接影响,以下我们将对不同结构形式的数组的存取算法进行讨论。

2.4.2　数组的顺序存储结构

由于计算机的存储单元是一维结构,而数组是多维结构,要用一维连续单元存放数组元素,就有一个存放次序的约定问题。例如一个 $m \times n$ 的数组,在计算机内只能将它存放在 $m \times n$ 个地址连续的单元中,根据不同的存放形式可以分为按行优先和按列优先顺序存放。

1. 按行优先顺序存放

按行优先顺序存放对二维数组来说就是按行切分,如上述的 $A_{m,n}$ 数组,若 $m=2, n=3$,按行切分如图 2.26(a)所示,它在内存中的存储方式如图 2.26(b)所示。

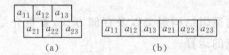

图 2.26　二维数组按行优先顺序存放

假设每个元素仅占一个单元地址,则元素 a_{ij} 的存储地址可以通过以下关系式计算:

$$\mathrm{Loc}(a_{ij}) = \mathrm{Loc}(a_{11}) + (i-1) \times n + (j-1)$$
$$(1 \leqslant i \leqslant m, 1 \leqslant j \leqslant n)$$

对于三维数组来说,按行优先顺序存放是以左下标为主序的存储方式,即先排右下标,最后排左下标。设三维数组 $A_{l,m,n}$,其中 $l=2, m=3, n=4$,则按图 2.27(a)的方式切分,其在内存中的存储方式如图 2.27(b)所示。

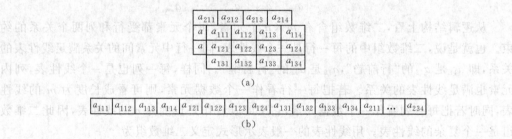

图 2.27　三维数组按行优先顺序存放

元素 a_{ijk} 的存储地址,可通过下列关系式计算:

$$\mathrm{Loc}(a_{ijk}) = \mathrm{Loc}(a_{111}) + (i-1) \times m \times n + (j-1) \times n + (k-1)$$
$$(1 \leqslant i \leqslant l, 1 \leqslant j \leqslant m, 1 \leqslant k \leqslant n)$$

在某些高级语言中,如 BASIC,PASCAL 和 C 语言等,数组元素是以行为主顺序存放的。

2. 按列优先顺序存放

如果数组按列切分,就得到按列优先顺序存放方式。仍以 $A_{m,n}(m=2, n=3)$ 为例,图 2.28(a)为切分方式,图 2.28(b)为存储方式。

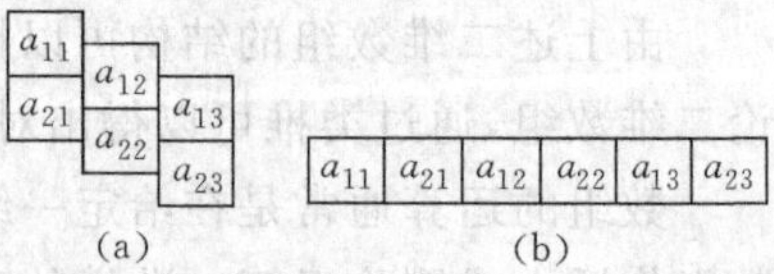

图 2.28　二维数组按列优先顺序存放

元素 a_{ij} 的地址计算公式为
$$\text{Loc}(a_{ij}) = \text{Loc}(a_{11}) + (j-1) \times m + (i-1)$$
$$(1 \leqslant i \leqslant m, 1 \leqslant j \leqslant n)$$

在三维情况下,对应的存储方式是以右下标为主序的存放方式。设三维数组 $A_{l,m,n}$($l=2, m=3, n=4$),其切分方式如图 2.29(a),存储方式如图 2.29(b)所示。

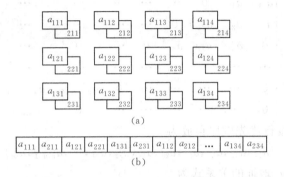

(a)

a_{111}	a_{211}	a_{121}	a_{221}	a_{131}	a_{231}	a_{112}	a_{212}	...	a_{134}	a_{234}

(b)

图 2.29　三维数组按列优先顺序存放

元素 a_{ijk} 地址计算公式为
$$\text{Loc}(a_{ijk}) = \text{Loc}(a_{111}) + (k-1) \times l \times m + (j-1) \times l + (i-1)$$
$$(1 \leqslant i \leqslant l, 1 \leqslant j \leqslant m, 1 \leqslant k \leqslant n)$$

在高级语言中,FORTRAN 采用以列为主序的数组存储方式。

3. 特殊矩阵的存放方式

上述的两种数组存放方式,对于绝大部分元素值不为零的数组较合适,但是,如果数组中有很多元素值为零时,采用上述存放方式会造成大量存储单元的浪费,因此对于某些特殊矩阵,必须考虑只存储非零元素的压缩存储方式。在这里我们仅讨论下三角阵和三对角阵两种特殊矩阵的存储方式,另一种特殊矩阵——稀疏矩阵的存储方式,将在下一节中讨论。

(1) 下三角阵的存储方式

设下三角阵 $A_{n,n}$ 为
$$A_{n,n} = \begin{bmatrix} a_{11} & 0 & \cdots & & 0 \\ a_{21} & a_{22} & 0 & \cdots & 0 \\ \cdots & \cdots & & & \cdots \\ a_{n1} & a_{n2} & a_{n3} & \cdots & a_{nn} \end{bmatrix}$$

若将其中非零元素按行优先顺序存放为
$$\{a_{11}, a_{21}, a_{22}, a_{31}, a_{32}, \cdots, a_{n1}, a_{n2}, \cdots, a_{nn}\}$$
从第 1 行至第 $i-1$ 行的非零元素个数为
$$\sum_{k=1}^{i-1} k = \frac{i(i-1)}{2}$$
因此求取其中非零元素 a_{ij} 的地址可按下列公式计算:

$$\text{Loc}(a_{ij}) = \text{Loc}(a_{11}) + \frac{i(i-1)}{2} + (j-1)$$

$$(1 \leqslant j \leqslant i \leqslant n)$$

（2）三对角阵的存储方式

设 $A_{n,n}$ 为三对角阵：

$$A_{n,n} = \begin{bmatrix} a_{11} & a_{12} & 0 & \cdots & \cdots & \cdots & \cdots & 0 \\ a_{21} & a_{22} & a_{23} & 0 & \cdots & \cdots & \cdots & 0 \\ 0 & a_{32} & a_{33} & a_{34} & 0 & \cdots & 0 & 0 \\ \cdots & & & & & & & \cdots \\ 0 & \cdots & \cdots & \cdots & 0 & a_{n-1,n-2} & a_{n-1,n-1} & a_{n-1,n} \\ 0 & \cdots & \cdots & \cdots & \cdots & 0 & a_{n,n-1} & a_{nn} \end{bmatrix}$$

若将其中非零元素按行优先顺序存放为

$$\{a_{11}, a_{12}, a_{21}, a_{22}, a_{23}, a_{32}, a_{33}, a_{34}, \cdots, a_{n,n-1}, a_{nn}\}$$

求取其中非零元素 a_{ij} 地址的关系式为

$$\text{Loc}(a_{ij}) = \text{Loc}(a_{11}) + 2(i-1) + (j-1)$$

$$(i=1, j=1,2 \text{ 或 } i=n, j=(n-1), n \text{ 或 } 1<i<n, j=i-1, i, i+1)$$

以上几种顺序存储方式只要确定了数组的维数和各维的界偶（下标的上、下界），便可为数组元素分配存储空间，同时只要确定了第一个元素的地址，便可求得其中相应元素的存储地址。因此它与顺序存储的线性表相似，数组元素的存储位置是其下标的线性函数，存取数组中任一元素的时间是相等的，我们称这种存储结构为随机存储结构。

2.4.3 稀疏矩阵

矩阵在科学运算中应用十分广泛，而且随着计算机应用的发展，出现大量高阶矩阵，其阶数有高达几十万阶，上亿个元素，这远远超出了计算机的内存容量。然而在大量的高阶问题中，绝大部分元素往往是零值，我们称这种含有大量零元素的矩阵为稀疏矩阵。压缩这种零元素占用的空间，不但能节省内存空间，而且能避免由大量零元素进行的无意义的运算，大大提高运算效率。但由于一般稀疏矩阵中零元素的分布是没有规律的，因此非零元素的存储要比规则矩阵复杂。本节将介绍稀疏矩阵的几种顺序存储结构及相应的运算方法。

矩阵的顺序存储结构是基于顺序线性表结构，这种结构的特点是适于对矩阵元素作存取及修改运算。因为这类运算前后一般不改变矩阵的稀疏程度。在这里主要介绍对矩阵元素的访问以及矩阵转置运算。而对于运算前后要改变矩阵的稀疏程度的运算，例如矩阵相加或相乘运算，我们将在下一节数组的链式结构中解决。

1. 三元组表示

按照压缩存储的概念，只存储稀疏矩阵中的非零元素，那么除了存储非零元素的值之外，还必须同时记下它所在的行、列位置。三元组表示法是用一个具有三个数据域的一维数组表示稀疏矩阵，每一行由三个字段组成，分别为该非零元素的行下标、列下标和值，按行优先顺序排列。例如稀疏矩阵 A 为

$$A = \begin{bmatrix} 3 & 0 & 0 & 0 & 7 \\ 0 & 0 & -1 & 0 & 0 \\ -1 & -2 & 0 & 0 & 0 \\ 0 & 0 & 0 & 0 & 0 \\ 0 & 0 & 0 & 2 & 0 \end{bmatrix}$$

用三元组表示为

行	列	值
1	1	3
1	5	7
2	3	-1
3	1	-1
3	2	-2
5	4	2

若行下标、列下标与值均占一个存储单元,非零元素个数为 tu,那么这种存储方式需要 $3tu$ 个存储单元。由于是按行优先顺序存放,因此行下标的排列是递增有序的。在访问数组元素时可用对分查找方法(见 2.7.3 节)。这时查找一个元素的时间为 $O(\log_2 tu)$。

转置是一种最简单的矩阵运算,一般 $(m \times n)$ 矩阵的转置运算用双重循环,执行时间为 $O(m \times n)$。由于稀疏矩阵中非零元素个数 $tu \ll m \times n$,因此用上述方法显然不经济,用三元组实现矩阵转置方法如下:

设 A,B 分别为某稀疏矩阵转置前后的三元组表,i 为行下标,j 为列下标,v 为元素值。变量 m 为稀疏矩阵行数,n 为稀疏矩阵列数,tu 为非零元素个数。本算法要求把 A 中的行下标、列下标交换后送到 B 中,并且使 B 中行下标仍按递增顺序存放。

```
    TRANSMAT(A,B)
1.  if(tu≠0) then
2.  { q←1 //q 为转置以后 B 的行号//
3.     for col=1 to n
4.        for p=1 to tu //p 为转置前 A 的行号//
5.          if A[p].j=col then
6.            {B[q].i←A[p].j; B[q].j←A[p].i;
7.             B[q].v←A[p].v;q←q+1}
8.          end(p)
9.        end (col)}
10.    return
```

本算法主要为 col 与 p 两重循环,算法执行时间为 $O(n \times tu)$,当 $tu \ll n \times m$ 时,此算法较经济,但当 tu 与 $m \times n$ 相当时,算法执行时间为 $O(m \times n^2)$。这时用三元组表示节省了空间,但增加了执行时间。

2. 带辅助向量的三元组表示

为了便于通过三元组访问稀疏矩阵元素,通常还附设两个向量 POS 和 NUM,称为行辅助向量,它们满足下列关系:

POS(1)=1

POS(i)=POS($i-1$)+NUM($i-1$),2$\leqslant i \leqslant m$

其中 POS(i)表示稀疏矩阵中第 i 行的第一个非零元素在三元组中的行号;NUM(i)表示稀疏矩阵中第 i 行的非零元素个数。如与上述稀疏矩阵 **A** 对应的 POS 与 NUM 向量值如下:

i	1	2	3	4	5
POS	1	3	4	6	6
NUM	2	1	2	0	1

构造 POS 与 NUM 向量的算法如下:

POSNUM(B,tu,m,POS,NUM) //B 为稀疏矩阵的三元组//

1. for p=1 to m   NUM (p)←0 //初始化 NUM 向量//

2. for p=1 to tu   NUM[B[p].i]←NUM[B[p].i]+1 //i 为 B 中的行下标//

3. POS[1]←1

4. for p=2 to m   POS(p)←POS(p-1)+NUM(p-1)

5. return

有了 POS 与 NUM 向量后,可以高效地访问稀疏矩阵中的任一非零元素。

设对应某稀疏矩阵的三元组为 B,其中数据项 i 为行下标,j 为列下标,v 为元素值,则访问稀疏矩阵中 x 行 y 列元素的算法为

SRPN(x,y,B,POS,NUM,S)

1. S←0

2. k←POS(x)

3. while (k<POS(x)+NUM(x)) and s=0 do

4.   { if (B[k].j=y)then S←B[k]. v

5.   k←k+1}

6. end (while)

7. return

用这一方式的存储量为 $3tu+2m$,在查找时先根据行下标 x 找到本行第一个非零元素的起始地址,然后用顺序或对半查找方法在一行范围内找出需要访问的元素。假设每行中非零元素个数最多为 d,用顺序查找时间为 $O(d)$,用对半查找时间为 $O(\log_2 d)$。比三元组中 $O(tu)$ 或 $O(\log_2 tu)$ 节省时间。

如果希望提高以三元组表示的稀疏矩阵转置运算的效率,则需增设两个列辅助向量 NUN 和 POT:

POT[1]=1

$$POT[j]=POT[j-1]+NUN[j-1](2\leqslant j\leqslant n)$$

其中 POT[j] 表示稀疏矩阵中第 j 列的第一个非零元素在转置后三元组中的位置；NUN[j] 表示稀疏矩阵中第 j 列非零元素个数。

设 A,B 分别为某稀疏矩阵转置前后的三元组表，POT，NUN 为列辅助向量，n,tu,i,j,v 的含义同上例，则稀疏矩阵的转置算法如下：

TRANSMATP(A,B)

1. if tu≠0   then
2. {for col=1 to n {NUN[col]←0} //初始化 NUN 向量//
3.   for t=1 to tu {NUN[A[t].j]←NUN[A[t].j]+1}
                //求矩阵中每一列非零元素个数放入 NUN 中//
4.   POT[1]←1
5.   for col=2 to n {POT[col]←POT[col-1]+NUN[col-1]}
                //求第 col 列中第一个非零元素在 A 中序号//
6.   for p=1 to tu
7.   col←A[p].j; q←POT[col]
8.   B[q].i←A[p].j; B[q].j←A[p].i;
9.   B[q].v←A[p].v; POT[col]←POT[col]+1
10. end (p)
11. return

本算法共分两部分，前面三个并列的循环是构造向量 NUN 和 POT，第四个循环进行矩阵转置运算。这四个循环是并列的单循环，循环次数分别为 n 或 tu，因此算法的时间复杂度为 $O(n+tu)$。当矩阵中非零元素个数 tu 和 $m\times n$ 相当时，时间复杂度上升为 $O(m\times n)$。这时和用双重双循转置算法的时间复杂度相同。

在三元组中增加了行辅助向量或列辅助向量后可以提高运算速度，它们都是以空间代价换取时间。

2.4.4　数组的链式存储结构

如果在运算过程中，数组中非零元素的位置或个数经常发生变动，若采用顺序存储三元组结构，则要进行元素的插入或删除，这将带来诸多不便，这时采用链表结构更为恰当。数组的链式存储结构有多种。

1. 带行指针向量的单链表

本方法是设置一个行指针向量，向量中每一个元素为一指针，指向本行矩阵的第一个非零元素结点，若本行无非零元素，则指针为空。矩阵中每一个非零元素由三个数据域组成，即列、元素值以及指向本行下一个非零结点的指针，同一行的非零元素构成一个单链表，如图 2.30 所示。

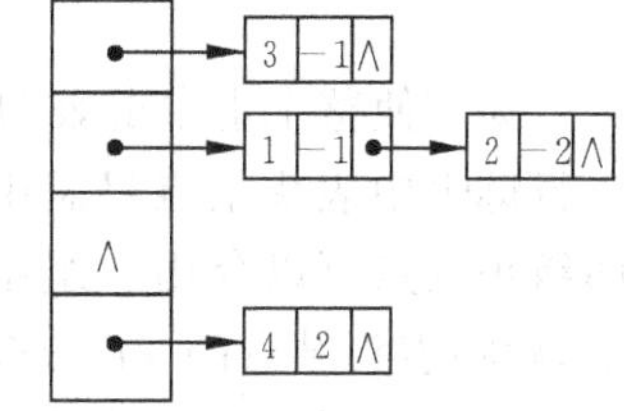

若矩阵行数为 m，非零元素个数为 tu，则它的存储容量

图 2.30　带行指针向量的单链表

为 $3tu+m$,若每一行中非零元素个数不超过 d,则存取元素的时间复杂度为 $O(d)$。

同理也可以构造带列指针向量的单链表。

2. 十字链表结构

十字链表结构是一种动态存储结构,在十字链表中,每一个非零元素用一个结点表示,每个结点由五个数据域组成,如图 2.31 所示。图中:

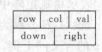

图 2.31 十字链表中元素结点组成

row,col,val:分别表示元素的行、列、数值;

down(下域):链接同一列中下一个非零元素指针;

right(右域):链接同一行中下一个非零元素指针。

每一行的非零元素链接成带表头结点的循环链表,同一列的非零元素也链成带表头结点的循环链表,因此每一个非零元素是行循环链表中的一个结点,又是列循环链表中的一个结点,故称之为十字链表。对应前述的稀疏矩阵 $A(5 \times 5)$ 的十字链表结构,如图 2.32 所示。

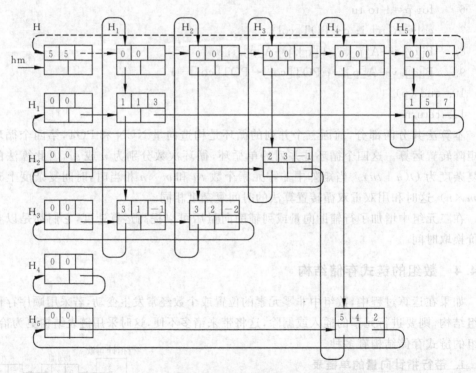

图 2.32 十字链表

为了使整个十字链表的结构一致,表头结点的结构与非零元素的结构基本相同。由于行链表中表头结点只需用 right 域,而列链中表头结点只需用 down 域,因此实际上这两组头结点可以合用一组结点。为了将所有的表头结点($H_1 \sim H_5$)也链成一个循环链表,就将表头结点的 val 域改为指针类型(next),再加上一个总的头结点 H,H 中的 row,col 分别存放稀疏矩阵的行数和列数,而所有的头结点中 row 与 col 值均为 0。h_m 为头指针,指向总的头结点 H。这样,只要给定 h_m 的指针值,便可取得矩阵中全部元素信息了。

我们用矩阵相加运算作为十字链表的应用实例。矩阵相加可以看作在线性链表中实现一元多项式相加运算的扩充。由于十字链表是二维空间,因此在进行元素的插入或删除时比较复杂。

设稀疏矩阵 A,B 具有相同的行、列数,现要进行 $A+B$ 运算,并将结果送回 A 矩阵中,算法步骤为

(1) 从 A,B 矩阵的第 1 行第 1 个非零元素开始,分别由指针变量 p_a,p_b 指向。若 B 阵中该行无非零元素结点(即 $col(p_b)=0$),则将 p_a,p_b 指向下一行的开始。

(2) 若 B 中有非零元素,则可能有下述三种情况:

① 若 $col(p_a)<col(p_b)$,且 $col(p_a)\neq0$,则将 p_a 指向下一个非零结点。

② 若 $col(p_a)>col(p_b)$,或 $col(p_a)=0$,则在 p_a 前插入 p_b 指向的结点,并修改插入列的列指针。

③ 若 $col(p_a)=col(p_b)$ 则将 B 中的对应值加入 A 阵中,即 $val(p_a)\leftarrow val(p_a)+val(p_b)$。

此时若 $val(p_a)\neq0$ 则指针 p_a,p_b 分别指向下一个非零元素结点;若 $val(p_a)=0$,则删除 A 中该结点。p_a,p_b 分别指向下一个非零结点。

重复步骤(2)当 B 中本行无非零元素,然后转向下一行,直到所有行都进行完为止。

本算法整个运算过程是对 A,B 阵逐行扫描,其循环次数主要取决于 A,B 阵中的非零元素个数 t_a 和 t_b,因此算法的时间复杂度为 $O(t_a+t_b)$。

矩阵相乘运算可以分解为多次相加运算,由读者自行推导。

2.5 树与二叉树

树型结构是一类很重要的非线性数据结构,在这类结构中,元素结点之间存在明显的分支和层次关系。树型结构在客观世界中广泛存在,例如家族关系中的家谱、各种社会组织机构、一本书中的章节划分等都可以形象地用树结构表示。在计算机软件技术中,树结构也得到广泛的应用,例如操作系统中的多级目录结构,高级语言中源程序的语法结构等。本节中主要讨论树及二叉树的定义及其存储结构,重点讨论二叉树的特性以及应用。

2.5.1 树的定义及其存储结构

1. 树的定义和术语

树是由 n 个($n\geq0$)结点组成的有限集合 T,其中有且仅有一个结点称为根结点(root),其余结点可以分为 $m(m\geq0)$ 个互不相交的有限集合 $T_1,T_2,\cdots,T_m$,其中每一个集合 T_i 本身又是一棵树,称为根结点 root 的子树。当 $n=0$ 时称为空树。

这是一个递归的描述,即在描述树时又用到树本身这个术语。图 2.33 所示为一棵树,A 为根结点,其余结点分为三个不相交的子集 T_1,T_2,T_3,它们均为根结点 A 下的

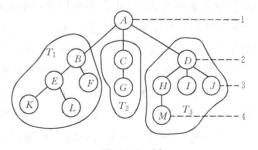

图 2.33 树

三棵子树,而这三棵子树本身也是树。

用二元组关系来定义树为

$$\text{Tree}=(T,R)$$

数据结构树(Tree)由数据元素集合 T 及 关系 R 组成,其中 T 是具有相同类型的数据元素集合 $T=\{x_1,x_2,\cdots,x_n\}$。若 T 为空集($T=\varnothing$),则 $R=\varnothing$,称为空树;否则 R 是 T 上某个二元关系 H 的集合,即 $R=\{H\}$。H 的描述如下:

(1) 在 T 中存在唯一的称为根的元素 root,它在 H 关系下无前趋。

(2) 若 $T-\{\text{root}\}\neq\varnothing$,则存在 m 个子集 $T_1,T_2,\cdots,T_m(m>0)$,对任意的 $j\neq k(1\leqslant j,k\leqslant m)$,有 $T_j\bigcap T_k=\varnothing$。且存在唯一的数据元素 $x_i\in T_i(1\leqslant i\leqslant m)$,满足 $\langle\text{root},x_i\rangle\in H$。

(3) 对应于 $T_1,T_2,\cdots,T_m,H-\{\langle\text{root},x_1\rangle,\cdots,\langle\text{root},x_m\rangle\}$ 划分为 m 个子集 $H_1,\cdots,H_m(m>0)$,对任意的 $j\neq k(1\leqslant j,k\leqslant m)$ 有 $H_j\bigcap H_k=\varnothing$,$H_i$ 满足在 T_i 上的二元关系。因此 $(T_i,\{H_i\})$ 也是一棵符合本定义的树,称为根 root 的子树。

树结构中常用的术语有

• 结点(node):表示树中的元素。

• 结点的度(degree):结点拥有的子树数,如图 2.33 中结点 A 的度为 3,C 的度为 1。一棵树中最大的结点度数为这棵树的度,图 2.33 中树的度为 3。

• 叶子(leaf):度为零的结点,又称端结点。

• 孩子(child):除根结点外,每个结点都是其前趋结点的孩子。

• 双亲(parents):对应上述孩子结点的上层结点称为这些结点的双亲。例如图 2.33 中,D 是 A 的孩子,A 是 D,C,B 的双亲。

• 兄弟(sibling):同一双亲的孩子。

• 结点的层次(level):从根结点开始算起,根为第一层,根的直接后继结点为第二层,其余各层依此类推。例如图 2.33 中共分 4 层。

• 深度(depth):树中结点的最大层次数。图 2.33 中树的深度为 4。

• 森林(forest):是 $m(m\geqslant 0)$ 棵互不相交的树的集合。

• 有序树:树中结点在同层中按从左至右有序排列、不能互换的称为有序树,反之称为无序树。

2. 树的存储结构

树的存储结构根据应用可以有多种形式,在这里我们只讨论链式存储结构。因为树是多分支非线性表,因此需要采用多重链表结构,即每个结点设有多个指针域,其中每一个指针指向一棵子树的根结点。对于每一个结点的结构类型可以有两种形式,一种是根据每个结点的子树数设置相应的指针域,由于树中每个结点的度数不尽相同,则一棵树中各结点的结构形式也不同,称为结点异构型。这种结构形式虽能节省存储空间,但对运算不便。

另一种是采用同构型,即每个结点的指针域个数均为树的度数。这种形式运算方便,但会使链表中出现很多空链域,浪费空间,如图 2.34 所示。

假设有一棵具有 n 个结点的 k 叉树,则有 nk 个指针域,其中有用的指针域为 $n-1$ 个,因此空链域个数为 $nk-(n-1)=n(k-1)+1$ 个。

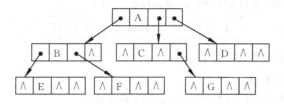

图 2.34　树的链式结构

我们对不同的 k 值进行比较:

$$\lim_{k \to \infty} \frac{n(k-1)+1}{nk} = 1$$

$$k=3: \frac{n(k-1)+1}{nk} = \frac{2n+1}{3n} \approx \frac{2}{3}$$

$$k=2: \frac{n(k-1)+1}{nk} = \frac{n+1}{2n} \approx \frac{1}{2}$$

由此可见,当 k 愈大则空链域所占比例也愈高,其中 $k=2$ 时空链域的比例最低,这就是我们后面要着重讨论的二叉树结构。

2.5.2　二叉树及其性质

1. 二叉树定义及其存储结构

二叉树是 $n(n \geq 0)$ 个结点的有限集合,它或为空树($n=0$),或由一个根结点和两棵分别称为左子树和右子树的互不相交的二叉树构成。

用二元组关系定义二叉树 B_T 为

$$B\_T = (D, R)$$

其中 D 为相同类型元素的集合 $D=\{x_1, x_2, \cdots, x_n\}$,若 D 为空集($D=\varnothing$),则 $R=\varnothing$,称为空二叉树;若 $D \neq \varnothing$,则 R 是 D 上某个二元关系 H 的集合,即 $R=\{H\}$。H 的描述如下:

(1) 在 D 中存在唯一的称为根的元素 r,它在 H 关系下无前趋。

(2) 若 $D-\{r\} \neq \varnothing$,则 $D-\{r\}=\{D_L, D_R\}$ 且 $D_L \cap D_R \neq \varnothing$。

(3) 若 $D_L \neq \varnothing$,则在 D_L 中存在唯一元素 X_L,满足 $\langle r, x_L \rangle \in H$,且存在 D_L 上关系 $H_L \in H$;若 $D_R \neq \varnothing$,则在 D_R 中存在唯一元素 x_R,满足 $\langle r, x_R \rangle \in H$,且存在 D_R 上关系 $H_R \in H$;因此,$H=\{\langle r, x_L \rangle, \langle r, x_R \rangle, H_L, H_R\}$。

(4) (D_L, H_L) 是一棵符合本定义的二叉树,称为根 r 的左子树;(D_R, H_R) 是一棵符合本定义的二叉树,称为根 r 的右子树。

和树的定义一样,二叉树也是递归定义。应该引起注意的是,二叉树的结点的子树有明确的左、右之分。图 2.35(a) 为二叉树的逻辑结构图。

通常用具有两个指针域的链表作为二叉树的存储结构,其中每个结点由数据域(da-

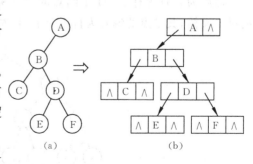

图 2.35　二叉树

ta)、左指针域(L child)和右指针域(R child)组成,即

L child	data	R child

二叉树的链表结构如图 2.35(b)所示。

2. 二叉树的基本性质

(1) 二叉树的第 i 层上至多有 $2^{i-1}(i \geqslant 1)$ 个结点。

证明:用归纳法:

$i=1$,则结点数为 $2^{1-1}=1$ 为根结点。

若已知第 $i-1$ 层上的结点数至多有 $2^{(i-1)-1}=2^{i-2}$ 个,由于二叉树中每一个结点的度数最大为 2,因此第 i 层上结点数至多为第 $i-1$ 层上结点数的 2 倍,即 $2 \times 2^{i-2} = 2^{i-1}$。证毕。

(2) 深度为 h 的二叉树中至多含有 2^h-1 个结点。

证明:利用性质(1)的结论可得,在深度为 h 的二叉树中至多含有结点数为

$$\sum_{i=1}^{h}(i \text{ 层上结点最大数}) = \sum_{i=1}^{h} 2^{i-1} = 2^h - 1, \text{证毕}。$$

(3) 在任意二叉树中,若有 n_0 个叶子结点,n_2 个度为 2 的结点,则必有:$n_0 = n_2 + 1$。

证明:设 n_1 为度为 1 的结点数,则总结点数 n 为

$$n = n_0 + n_1 + n_2 \tag{2.1}$$

在二叉树中,除根结点外,其他结点都有一个与其双亲相连的指针,因此指针数 b 满足

$$n = b + 1 \tag{2.2}$$

指针数 b 又可以看作由度为 1 和 2 的结点与它们孩子之间的联系,因此 b 和 n_1, n_2 之间满足:

$$b = n_1 + 2n_2 \tag{2.3}$$

由(2.2),(2.3)可得

$$n = n_1 + 2n_2 + 1 \tag{2.4}$$

由(2.1),(2.4)可得

$$n_0 = n_2 + 1 \tag{2.5}$$

3. 几种特殊形式的二叉树

(1) 满二叉树

深度为 h 且含有 2^h-1 个结点的二叉树为满二叉树。图 2.36 所示为一棵深度为 4 的满二叉树,其结点的编号为自上至下,自左至右。

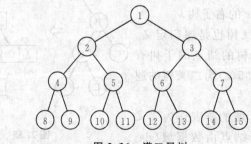

图 2.36 满二叉树

（2）完全二叉树

如果一棵有 n 个结点的二叉树，按与满二叉树相同的编号方式对结点进行编号，若树中 n 个结点和满二叉树 $1 \sim n$ 编号完全一致，则称该树为完全二叉树，如图 2.37(a)所示；而图 2.37(b)就不是完全二叉树。

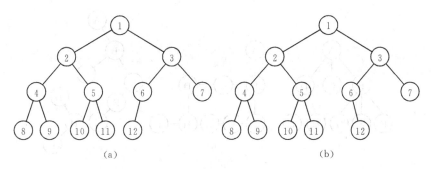

图 2.37 完全二叉树与非完全二叉树

（3）平衡二叉树

平衡二叉树又称 AVL 树，它或者是一棵空树，或者是具有下列性质的二叉树：它的左子树和右子树都是平衡二叉树，且左子树和右子树的深度之差的绝对值不超过 1。我们把结点的左子树深度减去它的右子树深度定义为结点的平衡因子，因此平衡二叉树上所有结点的平衡因子只可能是 -1，0 和 1。只要二叉树上有一个结点的平衡因子绝对值大于 1，则该二叉树就是不平衡的。图 2.38 中(a)为平衡二叉树，(b)为不平衡二叉树。

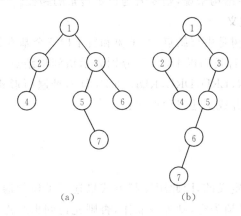

图 2.38 平衡二叉树与非平衡二叉树

4. 一般树转换为二叉树

为了使一般树也能像二叉树一样用二叉链表表示，必须找出树与二叉树之间的对应关系，这样当给定一棵树时，可以找到唯一的一棵二叉树与之对应，而且这种关系的逆变换也是存在的。在这里只介绍变换的方法，对于变换过程的唯一性不作证明。

对于一般树而言，树中结点的次序没有要求，但为了得到对应该树的二叉树表示，则需要对树中每个孩子结点进行自左至右的排序。

将一般树转换为二叉树的方法为

（1）在兄弟结点之间加一连线；

（2）对每个结点，除了与它的第一个孩子保持联系外，去除与其他孩子的联系；

（3）以树根为轴心，将整棵树顺时针旋转 45°。

图 2.39 中（a）（b）（c）为一般树转换成二叉树的过程。

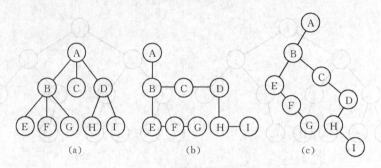

图 2.39　一般树转换为二叉树

由上述转换结果可以看出，任何一棵树转换成的二叉树，其右子树必空。

2.5.3　二叉树的遍历

遍历（traversing）是指循某条搜索路线，依次访问某数据结构中的全部结点，而且每个结点只被访问一次。对于线性表结构来说，遍历很容易实现，只需顺序扫描每个结点元素即可；但是对于非线性结构来说，则要人为设定搜索的路径。

1. 遍历二叉树的定义

由于一棵非空二叉树是由根结点、左子树和右子树三个基本部分组成，遍历二叉树就是依次遍历这三部分。若我们以 D,L,R 分别表示访问根结点、遍历左子树和遍历右子树，则可以有 DLR,LDR,LRD,DRL,RDL 和 RLD 六种遍历形式。若规定先左后右，那么上述六种形式可以归并成下述三种形式：

DLR：先序遍历

LDR：中序遍历

LRD：后序遍历

由于二叉树是递归定义的，因此用递归方式描述二叉树的遍历比较清楚。例如先序遍历可以定义为：若二叉树为空，则为空操作，否则先访问根结点，然后先序遍历左子树，再先序遍历右子树。这里在遍历左、右子树时递归应用了先序遍历的定义。对于中序、后序遍历的定义类同，不再重复。

由上述遍历的定义可知，用不同的遍历方式对同一棵二叉树进行遍历，可以得到不同的结点序列。以图 2.40 中的二叉树为例，分别用三种遍历方式，遍历的结果为

先序：ABCDEFG

中序：CBDAEGF

后序：CDBGFEA

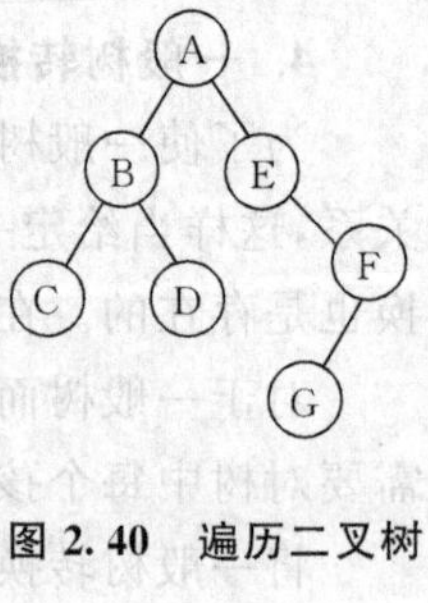

图 2.40　遍历二叉树

2. 遍历算法

由上述遍历的定义,可以写出遍历二叉树的递归算法。算法中参量p是指向当前遍历二叉树的根结点指针。语句 write 表示访问当前遍历的结点。

　　　　PREORDER(p)　　//先序遍历//

1. if (p≠nil)then

2. {write(data(p));//访问根结点//

3. 　　PREORDER (L child(p));//遍历左子树//

4. 　　PREORDER (R child(p))}//遍历右子树//

5. return

　　　　INORDER(p) //中序遍历//

1. if (p≠nil)then

2. {INORDER(L child(p));//遍历左子树//

3. 　write(data(p));//访问根结点//

4. 　INORDER(R child(p))}//遍历右子树//

5. return

　　　　POSTORDER(p) //后序遍历//

1. if (p≠nil)then

2. {POSTORDER (L child(p));//遍历左子树//

3. 　POSTORDER (R child(p));//遍历右子树//

4. 　write (data(p))}//访问根结点//

5. return

遍历是二叉树各种操作的基础,很多二叉树的操作,是在遍历算法上展开的。在这里我们以求二叉树中叶子数为例。

要统计二叉树中的叶子结点数,只要对二叉树进行遍历,并判断被访问的结点是否为叶子结点,若是叶子结点则将计数值加1。这一操作可以用任何一种遍历方式进行,算法如下:

　　　　COUNTLEAF (p,count) //p 指向根结点,count 为计数器,初值为 0//

1. if (p≠nil) then

2. {if(L child(p)=nil)and (R child=nil)

3. 　　then count←count+1

4. 　　COUNTLEAF (L child(p));

5. 　　COUNTLEAF (R child(p))}

6. return (count)

此外还可以用遍历方法对一棵二叉树求结点的双亲、求结点的孩子、判定结点所在的层次、计算二叉树的深度等。

在遍历二叉树的算法中,基本操作是访问结点,因此不论按哪一种次序进行遍历,对

含有 n 个结点的二叉树来说，其时间复杂度均为 $O(n)$，所需辅助空间是遍历过程中栈的最大容量，也就是树的深度，最坏情况下为 n。

2.5.4 二叉树的应用

二叉树是树型结构的一种基本形态，其应用十分广泛。本节以二叉排序树与哈夫曼树作为应用例子，实际上二叉树的应用远不止此，有兴趣的读者可以进一步参考有关数据结构方面的参考书。

1. 二叉排序树

二叉排序树是一种特殊结构的二叉树，它作为一种表的组织手段，通常称为树表，可以作为排序和查找的方法之一。

（1）定义

二叉排序树或是空树，或是具有下述性质的二叉树：其左子树上所有结点的数据值均小于根结点的数据值；右子树上所有结点的数据值均大于或等于根结点的数据值。左子树和右子树又各是一棵二叉排序树。图 2.41 所示就是一棵二叉排序树。

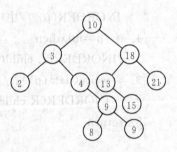

图 2.41 二叉排序树

在二叉排序树中，若按中序遍历就可以得到由小到大的有序序列，如图 2.41 中的二叉排序树，中序遍历可得有序序列{2,3,4,8,9,9,10,13,15,18,21}。

（2）二叉排序树的生成

二叉排序树是一种动态表结构，即二叉排序树的生成过程是不断地向二叉排序树中插入新的结点。

对任意的一组数据元素序列{$R_1, R_2, \cdots, R_n$}，要生成一棵二叉排序树的过程为

① 令 R_1 为二叉排序树的根结点。

② 若 $R_2 < R_1$，令 R_2 为 R_1 的左子树的根结点；否则 R_2 为 R_1 的右子树的根结点。

③ $R_3, \cdots, R_n$ 结点的插入方法同上。

二叉排序树插入的算法如下：

  INSERBET(t,b) //将数值 b 插入根结点指针为 t 的二叉排序树中，此函数返回值为指向根结点 t 的指针//

1. if (t=nil) then //生成一个新结点，其数值域为 b//

2. {GETNODE(t); data (t)←b; L child(t)←nil; R child(t)←nil}

3. else if (b<data(t)) then

4. {L child(t)←INSERBET(L child(t),b)} //插入左子树//

5.   else

6. {R child(t)←INSERBET(R child(t),b)} //插入右子树//

7. return(t)

图 2.42 所示为将序列{10,18,3,8,12,2,7,3}构成一棵二叉排序树的过程。

从以上插入过程可以看出，每次插入的新结点都是二叉排序树上新的叶子结点，因此在进行插入操作时不必移动其他结点。这一特性适用于需要经常插入有序表的场合。

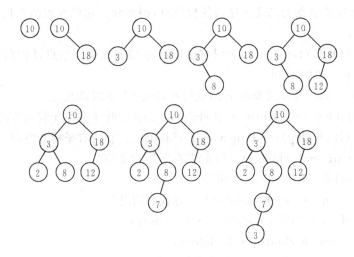

图 2.42 二叉排序树插入过程

（3）删除二叉排序树上的结点

删除二叉排序树上一个结点，也就是要在已排好序的序列中删除一个元素，因此要求删除一个结点以后的二叉树仍是一棵二叉排序树。

删除二叉排序树上结点过程较插入过程复杂，按照被删除结点在二叉排序树中的位置，可以有以下几种情况：

设 p 为指向被删除结点 P 的指针，f 为被删除结点的双亲结点指针。

① 被删除结点是叶子结点，则删除后不会影响整个二叉排序树的结构，因此只需修改它双亲结点的指针即可。

② 被删除结点 P 只有左子树 P_L 或右子树 P_R，此时只要将其左子树或右子树直接成为其双亲结点 F 的左或右子树即可，见图 2.43(a)所示。

③ 若被删除结点 P 的左右子树均非空，这时要循着 P 的左子树的根结点 C，向右一直找到结点 S，要求 S 的右子树为空。然后将 S 的左子树改为结点 Q 的右子树，将 S 结点的数据域值取代 P 结点的数据域值，删除前后如图 2.43(b)(c)所示。

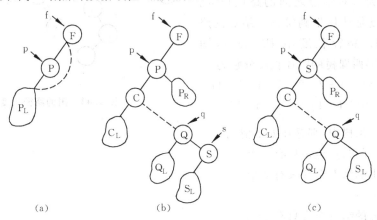

图 2.43 二叉排序树删除过程

④ 若被删除的结点为二叉排序树的根结点,则删除后应修改根结点指针。

算法如下:

DELNODE (t,p,f) //t 为根结点指针,p 指向被删除结点,f 指向其双亲,
    当 p=t 时 f=nil//

1. fag←0 //fag=0 需要修改 F 结点指针,fag=1 不需修改//

2. if (L child(p)=nil)then s←R child(p) //p 为叶子或左子树为空//

3. else if (R child(p)=nil)then s←L child(p) //p 的右子树为空//

4. else{q←p; s←L child(p) //p 的左右子树均非空//

5.   while (R child(s)≠nil)do

6.   {q←s; s←R child(s)} //寻找 s 结点//

7.   if (q=p)then L child(q)←L child(s)

8.   else R child(q)←L child(s)

9.   data(p)←data(s) //s 值代替 p 值//

10.   RET(s); fag←1 //释放 s 结点//}

11. if (fag=0)then   //修改 F 结点指针//

12.   {if (f=nil) then t←s //被删除结点为根结点//

13.   else if (L child(f)=p) then L child(f)←s

14.   else R child(f)←s

15.   RET(p) //释放结点 p//}

16. return

关于二叉排序树在排序和查找中的算法分析和评价将在后面排序和查找部分讨论。

2. 哈夫曼树

哈夫曼树又称最优树,是一类带权路径最短的树,这种树在信息检索中很有用处。

(1) 树的路径长度

从树中一个结点到另一个结点之间的分支数目称为这对结点之间的路径长度。树的路径长度是从树根到每一个结点的路径长度之和。路径长度用 PL 表示,图 2.44 中(a)(b)两棵树的路径长度分别为

(a) $PL=0+1+2+2+3+4+5=17$;

(b) $PL=0+1+1+2\times4+3=13$。

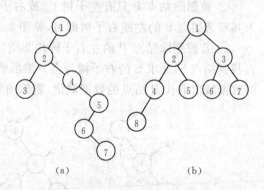

(a)   (b)

图 2.44 树的路径长度

在任何二叉树中,都存在如下情况:

路径为 0 的结点至多只有 1 个;

路径为 1 的结点至多只有 2 个;

    ……

路径为 k 的结点至多只有 2^k 个。

因此，n 个结点的二叉树路径长度满足

$$PL \geqslant \sum_{k=1}^{n} \lfloor \log_2 k \rfloor$$

从上述关系可知，具有最小路径长度 $\left(PL = \sum_{k=1}^{n} \lfloor \log_2 k \rfloor \right)$ 的二叉树为完全二叉树。

（2）树的带权路径长度

现在我们把上述概念进一步推广到一般情况，考虑带权值的结点。结点带权路径长度为从该结点到树根之间的路径长度与该结点上权值的乘积。树的带权路径长度为树中叶子结点的带权路径长度之和，记作

$$WPL = \sum_{k=1}^{n} w_k l_k$$

其中 w_k 为树中每个叶子结点的权值，l_k 为每个叶子结点到根结点的路径长度。WPL 最小的二叉树称作最优二叉树或哈夫曼树。

例如图 2.45 中的三棵二叉树，都有 4 个叶子结点 a，b，c，d，分别具有权值 7，5，2，4，它们带权路径长度分别为

（a）$WPL = 7 \times 2 + 5 \times 2 + 2 \times 2 + 4 \times 2 = 36$；

（b）$WPL = 7 \times 3 + 5 \times 3 + 2 \times 1 + 4 \times 2 = 46$；

（c）$WPL = 7 \times 1 + 5 \times 2 + 2 \times 3 + 4 \times 3 = 35$。

其中以（c）为最小，可以验证（c）为哈夫曼树。

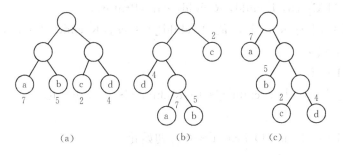

图 2.45　树的带权路径长度

（3）哈夫曼树的构造

由上述的例子可见，加权路径长度最小的树并不是完全二叉树，它的特点是权值愈大的叶子离根结点的距离愈近。下面给出构造哈夫曼树的一般规则及其算法。

① 由给定的 n 个权值 $\{w_1, w_2, \cdots, w_n\}$ 构成 n 棵二叉树的集合 $F = \{T_1, T_2, \cdots, T_n\}$，其中每棵二叉树只有一个权值为 w_i 的根结点，如图 2.46（a）所示。

② 在 F 中选取两棵根结点权值最小的树作为左右子树构造一棵新的二叉树，且置新的二叉树的根结点的权值为其左、右子树上根结点的权值之和，如图 2.46（b）所示。

③ 将新的二叉树加入 F 中，去除原两棵根结点权值最小的树。

④ 重复②，③两步骤，直到 F 中只含一棵树为止。这棵树就是哈夫曼树，如图 2.46

(d)所示。

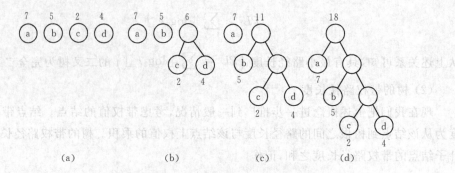

图 2.46 哈夫曼树构造过程

在计算机上实现上述算法,首先要确定存储结构,由于哈夫曼树中没有度为 1 的结点,因此一棵有 n 个叶子结点的哈夫曼树共有 $2n-1$ 个结点。结点采用数组型链表结构,每个结点由 4 个数据域组成,即

data:存放结点权值

L child:左指针

R child:右指针

Prnt:双亲指针

算法如下:

HUFFMAN (n, L child, R child, data, Prnt, w)

//w[1：n]存放 n 个权值,L child[1：m],R child[1：m],data[1：m],Prnt[1：m],m=2n-1//

1. for i=1 to n

2.　data[i]←w[i]; L child[i]←0; R child[i]←0 //初始化//

3. end (i)

4. for i=1 to (2*n-1) Prnt[i]←0 //初始化//

5. end (i)

6. for k=n+1 to (2*n-1)

7.　　SELECT(k-1,i,j) //从 data[1：k-1]中选出双亲为零的两个权值最小的下标 i,j//

8.　　data[k]←data[i]+data[j]

9.　　L child[k]←i; R child[k]←j;

10.　　Prnt[i]←k; Prnt[j]←k;

11. end (k)

12. return

对应图 2.46 中哈夫曼树的存储空间的初始状态为图 2.47(a),最终状态为图 2.47(b)。

	data	Prnt	L child	R child
1	7	0	0	0
2	5	0	0	0
3	2	0	0	0
4	4	0	0	0
5		0		
6		0		
7		0		

(a)

	data	Prnt	L child	R child
1	7	7	0	0
2	5	6	0	0
3	2	5	0	0
4	4	5	0	0
5	6	6	3	4
6	11	7	2	5
7	18	0	1	6

(b)

图 2.47 哈夫曼树的算法实现

（4）哈夫曼树的应用

① 最佳判定算法

在解某些判定问题时,利用哈夫曼树可以得到最佳判定算法。例如要编制一个将学生成绩按分数段分级的程序,如果认为学生各分数段的成绩分布是均匀的,则可以按图 2.48(a)中的二叉树结构来实现,我们把这种结构称为判定树。但实际情况是学生成绩在各分数段的分布是不均匀的,例如分布关系如下表所示:

分数段	0～59	60～69	70～79	80～89	90～100
比例	0.05	0.15	0.40	0.30	0.10

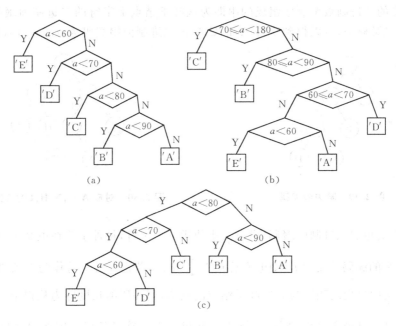

图 2.48 几种不同的判定树

假设有 10 000 个学生成绩输入,若按图 2.48(a)所示的判定过程进行分级,则有 80%的数据需要进行 3 次或 4 次比较,共需进行 31 500 次比较。如果我们以分布的比例为权,构成一棵哈夫曼树,如图 2.48(b)所示,为使程序实现方便,把每一比较框中两次比较改为一次,得到如图 2.48(c)的判定树。如果按此判定树进行分级计算,则有 60%的数据需要进行 3 次比较,40%的数据只需进行 2 次比较。这样若要完成 10 000 个学生成绩分级,共需进行 22 000 次比较。由此可以看出,当输入的数据量很大时,这两种判定过程的效率是不同的。

② 哈夫曼编码

在进行远距离快速通信时,通常是将需要传送的文字转换成由二进制字符组成的字符串,称为电文,每一个文字编码的长度取决于电文中用到的文字的多少。例如若电文中只有 A,B,C,D 四种字符,则只需要用两位二进制字符表示,如 00,01,10,11。在接收电文端需要将电文恢复成原来的文字,称为译码。如果每个字符的编码是等长的,则译码过程很方便。

在实际应用中,总是希望电文的总长度尽可能短,这就需要设计出一种各字符长度不等的编码,并且希望电文中出现次数较多的字符采用尽可能短的编码。但这样做需要解决两个问题,一是译码的唯一性问题,例如我们把 A,B,C,D 四个字符,按其出现次数多少,采用不等长编码:0,00,1,01,如果我们按此编码发送电文"000011010",在接收端译码时会发生困难,因为前面四个字符串"0000"就可以译成"AAAA"或"ABA"或"BB"等,考虑到译码的唯一性,工程上要求任意一个字符的编码都不是另外字符编码的前缀。这种编码称为前缀码。如果用二叉树中的所有叶子结点作为需要编码的字符,且约定所有结点的左分支表示二进制中的"0",右分支表示二进制中的"1",则从根结点到叶子结点的路径上各分支的二进制数字顺序组成的串即为该叶子结点上字符的二进制前缀编码,如从图 2.49 的二叉树中,可以得到字符 A,B,C,D 的二进制前缀编码为 0,10,110,111。

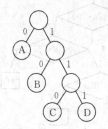

图 2.49　哈夫曼编码

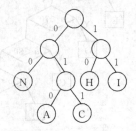

图 2.50　对应 A,C,N,H,I 的哈夫曼树

为获得最短的二进制前缀码,设电文中使用 n 个字符,每种字符在电文中出现频率为 w_i,每种字符的编码长度为 l_i,则电文总长为 $\sum_{i=1}^{n} w_i l_i$。若把 n 种字符作为二叉树的叶子结点,其在电文中出现的频率为对应叶子结点的权值,则编码的长度即为从根结点到叶子结点的路径长度,且电文总长 $\sum_{i=1}^{n} w_i l_i$ 恰为二叉树的带权路径长度。因此设计电文总长最短的前缀编码问题即是设计一棵最优二叉树问题,由此得到的二进制前缀编码称为哈夫

曼编码。

另一个问题是要解决不等长编码电文的译码问题。这时需要接收端在同样的哈夫曼树上从根结点出发,按照电文中的"0"和"1"来确定沿左分支或右分支寻找,直到叶子结点为止,则前面扫描到的子串即是与该叶子结点对应的字符的编码。例如有字符{A,C,N,H,I}相应的权值 w_i 为{1,2,3,4,5},现发送哈夫曼编码电文为"011101100010",接收端译码结果为"CHINA",其对应的哈夫曼树如图 2.50 所示。

2.6 图

图是另一类非线性结构,它比树更复杂、更一般,因此可以把树看作是简单的图。图的应用范围极广,近年来已渗入到各个领域,如语言学、逻辑学、数学、物理、化学、计算机科学以及各种工程学科领域。

2.6.1 图的定义及基本术语

1. 定义

图是由顶点集合 V 和顶点之间关系集合 R 组成,记作

$$G = (V, R)$$

其中 V 是图中顶点的非空有穷集合,$V = \{v_1, v_2, \cdots, v_n\}$;$R$ 是两个顶点之间关系的集合,它是顶点的有序或无序对,记作 $\langle v_i, v_j \rangle$ 或 (v_i, v_j)。

当图中顶点之间关系为无序对时称为无向图。无序对 $(v_i, v_j) = (v_j, v_i)$ 称为边 E (edge)。无向图记作

$$G = (V, E)$$

图 2.51(a)为无向图,可表示为

$$V = \{v_1, v_2, v_3, v_4, v_5\}$$
$$E = \{(v_1, v_2), (v_1, v_4), (v_1, v_3), (v_3, v_5), (v_2, v_3)\}$$

当图中顶点间的关系为有序对时称为有向图。$\langle v_i, v_j \rangle$ 称为有向图中一条弧 A(arc),称 v_i 为弧尾或初始点,称 v_j 为弧头或终端点;$\langle v_i, v_j \rangle$ 和 $\langle v_j, v_i \rangle$ 表示的是不同的弧。有向图记作

$$G = (V, A)$$

如图 2.51(b)为一有向图,可表示为

$$V = \{v_1, v_2, v_3, v_4\}$$
$$A = \{\langle v_1, v_3 \rangle, \langle v_1, v_2 \rangle, \langle v_3, v_4 \rangle, \langle v_4, v_1 \rangle\}$$

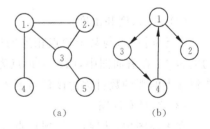

图 2.51 图

若图中每一条边附有一个对应的数,则称之为网,这些数称为权,它可以表示两顶点之间的距离或花费的代价。同样,弧上带权的有向图称为有向网。图 2.52(a)(b)分别表示无向网与有向网。

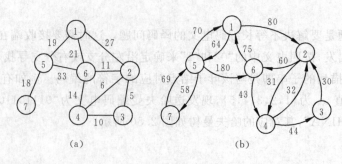

图 2.52　网

2. 有关图的基本术语

（1）子图

设有两个图 G 和 G'：

$$G = (V, E), \ G' = (V', E')$$

如满足　$V' \subseteq V$ 和 $E' \subseteq E$，则称 G' 为 G 的子图。如图 2.53(a) 为图 2.51(a) 的子图，图 2.53(b) 为图 2.51(b) 的子图。

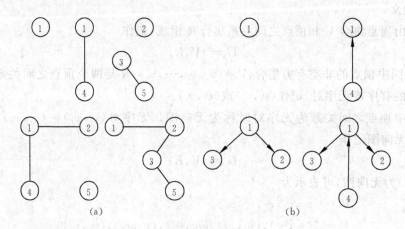

图 2.53　子图

（2）度、入度和出度

在无向图中，与某个顶点相连的边的数目称为该顶点的度。如图 2.51(a) 中顶点 v_3 的度为 3。在有向图中，以某个顶点为初始点的弧的数目称为该顶点的出度，以某个顶点为终端点的弧的数目称为该顶点的入度。如图 2.51(b) 中顶点 v_1 的出度为 2，入度为 1。

（3）路径和回路

在无向图中，从顶点 v_p 到顶点 v_q 的路径是顶点序列 $(v_p, v_{i1}, v_{i2}, \cdots, v_{ik}, v_q)$，且 (v_p, v_{i1})，(v_{i1}, v_{i2})，$\cdots$，(v_{ik}, v_q) 均是 E 中的边。在有向图中，则由顶点的弧组成有向路径。路径上边或弧的数目称为路径长度。网络的路径长度定义为路径上权值的和。除第一个和最后一个顶点外，序列中其余顶点各不相同的路径称为简单路径。第一个顶点和最后一个顶点相同的简单路径称为简单回路。

（4）连通图和连通分量

在无向图中,若从 v_i 到 v_j 存在路径,则称 v_i 和 v_j 是连通的。若在顶点集合 V 中每一对不同顶点 v_i 和 v_j 都连通,则称 G 为连通图。如图 2.54(a)为连通图,而图 2.54(b)为非连通图,但它有三个连通分量 G_1,G_2 和 G_3,连通分量是指无向图中的极大连通子图。

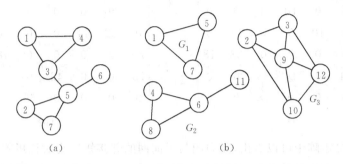

图 2.54　连通图与非连通图

2.6.2　图的存储结构

由于图的结构比较复杂,任意两个顶点之间都可能存在联系,因此无法以数据元素在存储区中的物理位置来表示元素之间的关系,即无法用顺序存储结构表示,但可以用数组类型来表示元素之间的关系。如果用多重链表来表示图,则每一个结点由一个数据域和多个指针域组成,每一个结点表示图中一个顶点,指针域指向其邻接点。但是由于图中各个结点的度数可能相差很大,因此若按最大度数的顶点设计结点结构,则会浪费很多存储单元;反之,若按每个顶点的度数设计不同的结点结构,则会给操作带来不便。因此实际应用中不采用这种结构,而应根据具体的需要,采用恰当的结点结构,常用的为邻接矩阵和邻接表。

1. 邻接矩阵

邻接矩阵在离散数学中又称关系矩阵或关联矩阵。它的定义为:对于 n 个顶点的图 $G=(V,E)$,可用 $n\times n$ 的矩阵来表示,矩阵中每个元素定义为

$$A[i,j]=\begin{cases} 1 & 若(v_i,v_j)\ 或\ \langle v_i,v_j\rangle\ 是\ E\ 中的边或弧 \\ 0 & 反之 \end{cases}$$

若 G 是网,则邻接矩阵中的每个元素定义为

$$A[i,j]=\begin{cases} w_{ij} & 若(v_i,v_j)\ 或\ \langle v_i,v_j\rangle\ 是\ E\ 中的边或弧 \\ 0 & 反之 \end{cases}$$

其中 w_{ij} 为边 (v_i,v_j) 或弧 $\langle v_i,v_j\rangle$ 上的权值。

对应图 2.51(a)(b)的邻接矩阵为

$$\begin{bmatrix} 0 & 1 & 1 & 1 & 0 \\ 1 & 0 & 1 & 0 & 0 \\ 1 & 1 & 0 & 0 & 1 \\ 1 & 0 & 0 & 0 & 0 \\ 0 & 0 & 1 & 0 & 0 \end{bmatrix} \qquad \begin{bmatrix} 0 & 1 & 1 & 0 \\ 0 & 0 & 0 & 0 \\ 0 & 0 & 0 & 1 \\ 1 & 0 & 0 & 0 \end{bmatrix}$$

(a) (b)

对应图 2.52(a)(b)的邻接矩阵为

$$
\begin{bmatrix}
0 & 27 & 0 & 0 & 19 & 21 & 0 \\
27 & 0 & 5 & 6 & 0 & 11 & 0 \\
0 & 5 & 0 & 10 & 0 & 0 & 0 \\
0 & 6 & 10 & 0 & 0 & 14 & 0 \\
19 & 0 & 0 & 0 & 0 & 33 & 18 \\
21 & 11 & 0 & 14 & 33 & 0 & 0 \\
0 & 0 & 0 & 0 & 18 & 0 & 0
\end{bmatrix}
\qquad
\begin{bmatrix}
0 & 80 & 0 & 0 & 69 & 0 & 0 \\
0 & 0 & 0 & 31 & 0 & 60 & 0 \\
0 & 30 & 0 & 0 & 0 & 0 & 0 \\
0 & 32 & 44 & 0 & 0 & 0 & 0 \\
70 & 0 & 0 & 0 & 0 & 180 & 58 \\
75 & 0 & 0 & 43 & 0 & 0 & 0 \\
0 & 0 & 0 & 0 & 69 & 0 & 0
\end{bmatrix}
$$

(a)   (b)

从上述邻接矩阵中可以看出,无向图与无向网的邻接矩阵为对称矩阵。

在高级语言中用二维数组存储邻接矩阵,数组中每一个分量对应矩阵中的一个元素,有 n 个顶点的图其空间复杂度 $s=O(n)$。如果需要存储图中顶点的信息,则需另外再设一个一维数组存放。

2. 邻接表

邻接表是图的一种链式存储结构,在邻接表中,对图中每个顶点建立一个单链表,第 i 个单链表中的结点表示依附于顶点 v_i 的边(在有向图中是以 v_i 为尾的弧)。每个链结点由三个域组成:邻接域(adjvex)指示与顶点 v_i 邻接的点的序号;链域(nextarc)指示下一条边或弧的结点;数据域(data)存储和边或弧相关的信息,如权值等。每个链表上附设一个表头结点,在表头结点中设有链域(firarc)指向链表中第一个结点,根据需要可设数据域(vexdata)存储顶点 v_i 的有关信息,如下图所示:

    表结点   头结点

这些表头结点通常以顺序存储结构(向量)存储,称为邻接向量,以便随机访问任一顶点的链表。图 2.55(a)(b)分别为图 2.51(a)(b)的邻接表;图 2.56(a)(b)分别为图 2.52(a)(b)的邻接表。

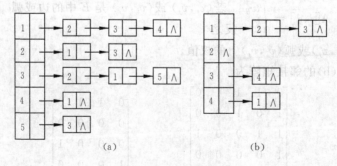

(a)   (b)

图 2.55   邻接表(1)

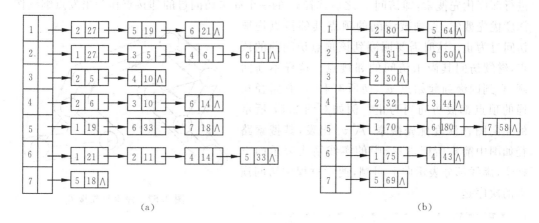

图 2.56 邻接表(2)

对比邻接矩阵和邻接表,邻接表中每个链表对应于邻接矩阵中的一行,链表中结点个数等于一行中非零元素的个数。假设一个无向图有 n 个顶点,e 条边,则邻接表中有 n 个表头结点和 $2e$ 个链表结点。同理,有 n 个顶点 e 条边的有向图,有 n 个表头结点和 e 个链表结点。因此,邻接表的空间复杂度为 $s = O(n+e)$。

邻接矩阵和邻接表各有所用,若无向图中边的数目 $e \ll n^2$,此类图称为稀疏图,显然用邻接表作存储结构较合适;若 e 接近 $n(n-1)/2$,此类图称为稠密图,则应取邻接矩阵作存储结构。有 n 个顶点的无向图至多有 $n(n-1)/2$ 条边,即在任意两个顶点之间都有边相连。具有 n 个顶点和 $n(n-1)/2$ 条边的无向图称为完全图,完全图的邻接矩阵中除对角线元素为"0"之外,其他元素均为"1"。

此外应注意,对于任一确定的无向图,其邻接矩阵是唯一的,矩阵中的行号列号与顶点在图中的编号一致,但邻接表不唯一。这是因为邻接表中每个链表中结点链接的次序和邻接点的编号无关,而取决于建立链表时边的输入次序。

2.6.3　图的遍历

和树的遍历类似,图的遍历也是从某一个顶点出发,沿着某条路径对图中其余顶点进行访问,且每一个顶点仅被访问一次。然而图的遍历要比树的遍历复杂得多,因为任一顶点都可能和其余的顶点相邻接,所以在访问了某个顶点之后,可能沿着某条路径搜索,又回到该顶点上,为了避免同一顶点被访问多次,在遍历过程中必须记下每个已访问过的顶点,为此设一个辅助数组 VISITED $[1:n]$,它的初始值为"false",一旦访问了该顶点 v_i 后,则将 VISITED$[i]$ 置为"true"。

图的遍历是图的基本运算,很多有关图的算法均可通过遍历来实现。通常有两条遍历路径:深度优先搜索和广度优先搜索,它们对有向图和无向图都适用。

1. 深度优先搜索

深度优先搜索(DFS,depth-first search)的基本思想是:从图的某一个顶点 v_0 出发进行遍历,首先访问起始点 v_0,然后选择 v_0 的一个尚未访问过的邻接点 w,从 w 出发继续进行深度优先搜索,即访问 w 之后选择 w 的一个尚未访问过的邻接点作为出发点继续作深度优先搜索,直到被访问的顶点其邻接点均被访问过为止。这时需要回溯到该顶点访问前的顶点,继续访问其尚未访问的邻接点。这样不断回溯,直到回溯到起始点 v_0,使所有和 v_0 有路径相通的顶点都被访问到为止。例如对图 2.57 所示的无向图作深度优先搜索,从 v_3 出发,其搜索路径如图中箭头所标,路径中的实线箭头表示向下搜索,虚线部分表示向上回溯,搜索过程中访问顶点的次序是

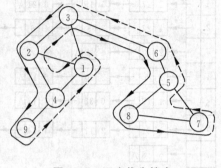

图 2.57　深度优先搜索

$$v_3 \rightarrow v_2 \rightarrow v_4 \rightarrow v_9 \rightarrow v_1 \rightarrow v_6 \rightarrow v_5 \rightarrow v_8 \rightarrow v_7$$

假设以邻接矩阵作为图的存储结构,用递归形式进行图的深度优先搜索,算法如下:

DFS1 (A,n,v) // A[1:n,1:n]为邻接矩阵,v 为起始顶点//

1. VISIT (v) //访问顶点 v//

2. VISITED[v]←true //置顶点已被访问标志//

3. for j=1 to n

4.   if (A[v,j]=1) and (not VISITED[j])

5.   then DFS1 (A,n,j)

6. end(j)

7. return

图 2.58 中展示了图的遍历路径(a)、存储结构(b)及访问标志向量(c)。遍历的起点为 v_2,遍历的顺序为

$$v_2 \rightarrow v_1 \rightarrow v_3 \rightarrow v_5 \rightarrow v_4 \rightarrow v_6$$

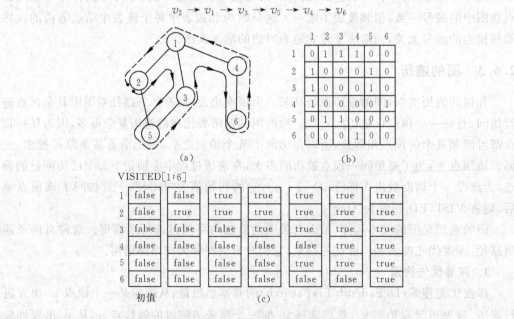

图 2.58　深度优先遍历过程

用邻接表结构形式的深度优先搜索算法由读者自行补上。

2. 广度优先搜索

广度优先搜索(BFS,breadth-first search)的基本思想是在访问了起始点 v_0 之后,首

先依次访问 v_0 的各个邻接点 $v_1,v_2,\cdots,v_k$,然后再
依次访问这些顶点中未被访问过的邻接点,依此
类推,直到所有被访问到的顶点的邻接点都被访
问过为止。如对图 2.59 中的图进行广度优先搜
索,从顶点 v_3 出发依次访问顶点 v_2、v_1 和 v_6,然后
先访问 v_2 的邻接点 v_4,由于 v_1 的邻接点都已被访
问,接着访问 v_6 的邻接点 v_5,依此类推,直到最后
访问 v_4 和 v_5 的邻接点 v_9 和 v_8、v_7,遍历到此结
束。图中实线箭头所指为搜索路径,可以看出这
种搜索是按层次进行的,首先访问距起始点最近

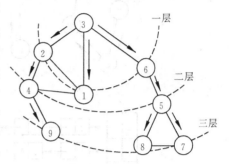

图 2.59　广度优先搜索

的邻接点,然后逐层向外扩展。为了搜索需要,应设置一个队列,存放已被访问过的顶点。

假设以邻接表作为存储结构,广度优先搜索的算法如下:

　　BFS1(ADJLIST,n,v) //ADJLIST[1：n]为图的邻接向量,从顶点 v 出发搜索,
　　CQ[0：n－1]为循环队列,存放被访问顶点//

1. VISIT(v); VISITED[v]←true; //访问起始顶点 v//

2. front←n－1; rear←0 //队列指针初始化//

3. CQ[rear]←v //起始点入队//

4. while (rear≠front) do //队不空时//

5. front←(front＋1)mod n; v←CQ[front]; //访问过的顶点出队//

6. p←ADJLIST[v].firarc //p指向第 1 个邻接点//

7. 　　while (p≠nil)do

8. 　　　　if not VISITED[adjvex(p)] //adjvex为表结点的邻接域//

9. 　　　　then {VISIT(adjvex(p)); VISITED[adjvex(p)]←true;

10. 　　　　　　rear←(rear＋1)mod n; CQ[rear]←adjvex(p)}

11. 　　　　p←nextarc(p) //找下一个邻接点//

12. 　　end (while)

13. end (while)

14. return

图 2.60 表示以邻接表作为存储结构采用广度优先搜索时的遍历路径(a)、邻接表(b)
及队列变化(c)。顶点访问的顺序为

$$v_2 \rightarrow v_1 \rightarrow v_5 \rightarrow v_3 \rightarrow v_4 \rightarrow v_6$$

下面来分析遍历算法的时间复杂度与空间复杂度。

无论是深度优先或广度优先搜索,都需要辅助空间(栈或队),由于每个顶点至多进一
次栈或队,则它们的空间复杂度相同 $s=O(n)$。

遍历图的过程实质上是找邻点的过程,因此算法的时间复杂度仅取决于所采用的存

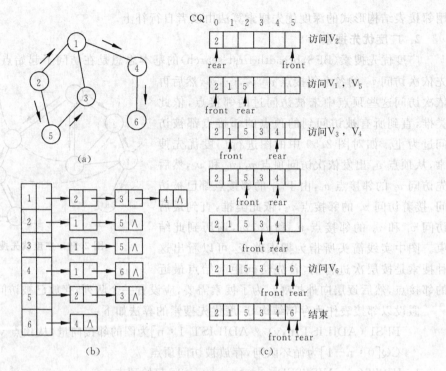

<figure>图 2.60　广度优先遍历过程</figure>

储结构,而与搜索路径无关。当以邻接表作存储结构时,对每个结点考察一遍的时间为邻接表中结点的数目,邻接表中共有 $2e$ 个结点(e 为图中的边的数目)。所以其时间复杂度为 $O(e)$;而以邻接矩阵作存储结构时,对矩阵中每个元素考察一遍的时间为 $O(n^2)$。因此实际应用时采用什么存储结构取决于图的稀疏或稠密程度。

　　上面的讨论都是以无向图为例,但算法本身对有向图也适用。只是要注意由于有向图中弧是有方向的,因此遍历时或从弧尾到弧头,或从弧头到弧尾,自始至终一致。

　　如果一个无向图是非连通图,则从图中任意一顶点出发进行深度优先搜索或广度优先搜索都不能访问到所有顶点,只能访问到起始点所在的连通分量中的所有顶点。要实现对非连通图的遍历,只要多次调用深度优先或广度优先搜索算法,对非连通图上每个顶点进行考察,若未被访问过,则必不属于已遍历过的连通分量,则以该顶点为出发点继续遍历。

2.6.4　图的应用

1. 单源最短路径

　　单源最短路径的问题背景是:从一个给定的城市出发,能否到达其他各城市? 走哪几条公路花费最少? 我们用一有向网表示城市的公路网,顶点表示城市,弧代表公路段,弧上的权值代表两城市间的距离或运输所需的代价。习惯上称给定的出发点为源点,其他的点称为终点。单源最短路径问题的一般提法是:从有向网的源点到其他各终点有否路径? 最短路径是什么? 最短路径的长度是多少?

从源点到终点的路径存在三种情况:(1) 没有路径;(2) 只有一条路径,即为最短路径;(3) 有几条路径,其中有一条为最短路径。以图 2.61(a)为例,设顶点 v_2 为源点,从 v_2 到 v_6 没有路径;从 v_2 到 v_1 只有一条路径(v_2, v_3, v_1),路径长度为 35;从 v_2 到 v_4 有 3 条路径,其中以路径(v_2, v_3, v_4)最短,其路径长度为 30。

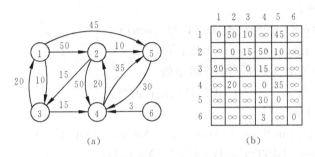

图 2.61 单源最短路径

求最短路径的算法思想为:先找出从源点 v_0 到各终点 v_k 的直达路径$\langle v_0, v_k \rangle$,即通过一条弧到达的路径。从这些路径中找出一条长度最短的路径$\langle v_0, u \rangle$,然后对其余各条路径进行适当调整:若在图中存在弧$\langle u, v_k \rangle$,且$\langle u, v_k \rangle$和$\langle v_0, u \rangle$两条弧上权之和小于弧$\langle v_0, v_k \rangle$的权,则以路径$\langle v_0, u, v_k \rangle$代替$\langle v_0, v_k \rangle$。在调整后的各条路径中,再找长度最短的路径,依此类推。

按上述思想,求从源点到各终点的最短路径的算法描述如下:

(1) 设 $AS[1:n, 1:n]$ 为有向网的带权邻接矩阵,$AS[i,j]$ 表示弧$\langle v_i, v_j \rangle$上的权值,若$\langle v_i, v_j \rangle$不存在,则 $AS[i,j]$ 为 ∞(在计算机中用允许的最大值代替)。例如图 2.61(a)的邻接矩阵为图 2.61(b),S 为已找到从源点 v_0 出发的最短路径的终点集合,它的初始状态为$\{v_0\}$。$DIST[1:n]$ 为各终点当前找到的最短路径的长度,它的初始值为

$$DIST[i] = AS[v_0, i]$$

(2) 选择 u,使得

$$DIST[u] = \min\{DIST[w] \mid w \notin S, w \in V\}$$
$$S = S \cup \{u\}$$

其中 V 为有向图的顶点集。

(3) 对于所有不在 S 中的终点 w,若

$$DIST[u] + AS[u, w] < DIST[w] \text{ 则修改 } DIST[w] \text{ 为}$$
$$DIST[w] \leftarrow DIST[u] + AS[u, w]$$

(4) 重复操作(2)、(3)共 $n-1$ 次,由此求得从 v_0 到各终点的最短路径。

此外为了得到从源点到各终点的最短路径,设置一个路径向量 $PATH[1:n]$。

求以 v_0 为源点的最短路径算法如下:

SHORTPATH (AS, DIST, PATH, n, v_0)

1. for i=1 to n
2.   DIST[i]←AS[v_0, i]
3.   if DIST[i]<MAX then PATH[i]←v_0

4. end(i) //对 DIST[1：n],PATH[1：n]置初值//

5. S←{v₀}; //S 为已找到最短路径的终点集合//

5. $S \leftarrow \{v_0\}$; //S 为已找到最短路径的终点集合//

6. for k=1 to (n−1)

7.   wm←MAX; $u \leftarrow v_0$;

8.   for i=1 to n

9.   if (not i in S)and (DIST[i]＜wm)

10.   then{u←i;wm←DIST[i]}

11.   end(i) //在 DIST[i]中找最小值//

12.   S←S+{u}; //u 为已找到最短路径的终点//

13.   for i=1 to n

14.   if (not i in S)and (DIST[u]＋AS[u,i]＜DIST[i])

15.   then {DIST[i]←DIST[u]＋AS[u,i];

16.   PATH[i]←u}

17.   end (i) //调整 S 集之外各点最短路径//

18. end (k)

19. for i=1 to n //输出结果//

20.   if (i in S)then

21.   {k←i;

22.   while k≠v_0 do {WRITE (k,'←');k←PATH[k]};

23.   WRITE (v_0); WRITE(DIST[i]);} //输出 v_0 到 v_i 最短路径//

24.   else

25.   {WRITE ('no path'); WRITE('max');} //v_0 到 v_i 无路径//

26. end(i)

27. return

图 2.62 所示为对应图 2.61 有向网的最短路径计算过程中 S,DIST[1：6],PATH[1：6]变化情况。

S	DIST[1：6]						PATH[1：6]					
	1	2	3	4	5	6	1	2	3	4	5	6
{2}	max	0	15	50	10	max		2	2	2	2	
{2,5}	max	0	15	40	10	max		2	2	5	2	
{2,5,3}	35	0	15	30	10	max	3	2	2	3	2	
{2,5,3,4}	35	0	15	30	10	max	3	2	2	3	2	
{2,5,3,4,1}	35	0	15	30	10	max	3	2	2	3	2	

图 2.62　最短路径计算过程

最后输出 PATH 与 DIST 结果为

1←3←2　　　　35

2　　　　　　　0

3←2　　　　　15

4←3←2　　　　30

5←2　　　　　10

no path　　　　max

2. 拓扑排序

我们经常用有向图来描述一个工程或系统的进行过程。一般来说,一个工程可以分为若干个子工程,只要完成了这些子工程,就可以导致整个工程的完成。每一个子工程称为活动,在图中用顶点表示,两顶点间的弧表示活动间的优先关系,这种有向图称为作业活动网或 AOV 网(activity on vertex network)。在 AOV 网中,若从顶点 i 到顶点 j 有一条有向路径,则称 i 是 j 的前驱,j 是 i 的后继;若从顶点 i 到顶点 j 只有一条弧,则称 i 是 j 的直接前驱,j 是 i 的直接后继。

如果我们要为 AOV 网中每项活动的进行安排一个线性序列关系,则必须以有向图的次序关系为前提。如图 2.63(a)是一个有向图,共有 6 个活动,其中 $(v_6 - v_1 - v_4 - v_3 - v_2 - v_5)$ 是一个可行的线性序列,因为在有向图中 i 是 j 的前驱,则在上述线性序列中仍满足这个关系。另外在作业活动网中是不允许存在有向回路的,因为回路的出现意味着某项活动的开工将以自己工作的完成作为先决条件,这种现象称为死锁。检测死锁的办法之一是,根据有向图构造一个线性序列,在这个序列中包含有向图的全部顶点,并且使得此序列中的顶点之间不仅保持有向图中原有的次序关系,而且在有向图中没有关系的顶点之间人为建立了一个次序关系。若有向图中没有回路出现,则可构造得到包含有向图中全部顶点的线性序列。我们称具有上述特性的线性序列为拓扑有序序列。对 AOV 网构造拓扑有序序列的操作称作拓扑排序。若 AOV 网中存在有向回路,则求不到该网的有序序列。如图 2.63(b)中所示的有向图中存在回路,无法将1,2,3 三个顶点排成一个拓扑有序序列。

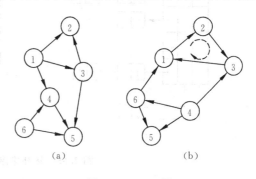

图 2.63　AOV 网

拓扑排序的方法为

(1) 在有向图中选取一个没有前驱的顶点(即入度为零的顶点)并输出该顶点。

(2) 从有向图中删除该顶点和以它为尾的所有弧。

重复上述两步,直到全部顶点都被输出,或者有向图中没有入度为零的顶点为止。后一种情况说明有向图中存在回路。

仍以图 2.63(a)中有向图为例。图中 v_1 和 v_6 没有前驱,可以任选一个,若先输出 v_6,在删除 v_6 及弧〈v_6,v_4〉、〈v_6,v_5〉之后,只有顶点 v_1 没有前驱,则输出 v_1 且删去 v_1 及弧

$\langle v_1, v_2 \rangle$、$\langle v_1, v_3 \rangle$ 和 $\langle v_1, v_4 \rangle$，这时 v_3 和 v_4 都没有前驱。以此类推，整个拓扑排序过程如图 2.64 所示，最后的拓扑排序序列为 $(v_6 - v_1 - v_4 - v_3 - v_2 - v_5)$。

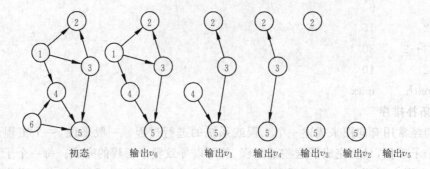

图 2.64　拓扑排序过程

在计算机中实现拓扑排序的算法，首先要选定存储结构。在此采用邻接表作存储结构。为便于考察每个顶点的入度，在每个邻接链表的头接点（即邻接向量的每一个分量）中增加一个存放顶点入度的数据域（indegree），以指示各顶点当前的入度数值。对应图 2.63(a) 的邻接表如图 2.65(a) 所示。

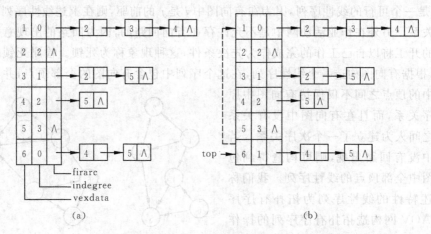

图 2.65　拓扑排序的邻接表和链栈

为了便于寻找邻接表中入度为零的顶点，设置一个 top 指示器，以 top 为头指针，将所有入度为零的顶点构成一个链栈，如图 2.65(b) 所示。这样可以进行入度为零的顶点删除，又可将新出现的入度为零的顶点随时入栈。

拓扑排序的算法如下：

TOPOSORT(ADJST, n) //ADJST 为邻接向量//

1. top ←0; m←0 //top 置初态，m 指示输出顶点个数//
2. for k＝1 to n //建立入度为零顶点链栈//
3. 　　　if(ADJST[k]. indegree＝0)
4. 　　　　then{ADJST[k]. indegree←top; top←k}

5. end(k)

6. while(top≠0)do

7.   i←top；top←ADJST[top]. indegree //删除入度为零顶点 i//

8.   write(i)；m←m+1 //输出顶点 i,m 计数//

9.   p←ADJST[i]. firarc

10.   while(p≠nil)do

11.   j←adjvex(p)；ADJST[j]. indegree←ADJST[j]. indegree−1

12.   //以顶点 v_i 为尾的弧头的入度减 1//

13.   if(ADJST[j]. indegree=0)

14.   then{ADJST[j]. indegree←top；top←j}

15.   //将新的入度为零的顶点入栈//

16.   p←nextarc(p) //找下一条弧//

17.   end(while)

18. end(while)

19.   if m<n   //输出顶点数不足 n 个//

20.   then{"此图有回路"return}

21. return

若有向图有 n 个顶点,e 条弧,算法的主要时间消耗在:(1) 建立初始入度为零顶点的链栈;(2) 选取入度为零的顶点并输出;(3) 弧头顶点入度减 1。(1)(2)操作与 n 成正比;(3)是对 e 条弧进行的,因此和 e 成正比。所以整个算法时间复杂度为 $O(n+e)$。

3. 关键路径

与 AOV 网相对应的是 AOE 网(activity on edge)即以边表示活动的网。AOE 网是一个带权的有向无环图,其中顶点表示事件(event),弧表示活动,权表示活动的持续时间。通常用 AOE 网来估算一个工程的完成时间。

图 2.66 是一个假想的有 11 项活动的 AOE 网,其中有 9 个事件 $v_1,\cdots,v_9$,v_1 表示工程开始,v_9 表示工程结束,由于整个工程只有一个开始点和一个完成点,因此正常的情况下,AOE 网只有一个入度为零的点称作源点,一个出度为零的点称为汇点。每个事件表示在它之前的活动已经完成,在它之后的活动可以开始,例如 v_8 表示活动 a_8,a_9 已经完成,活动 a_{11} 可以开始。与每个活动相联系的数是执行活动所需的时间,例如 a_1 需 6 天,a_2 需 4 天等。

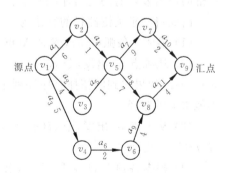

图 2.66　AOE 网

和 AOV 网不同,对 AOE 网研究的问题是:(1)完成整个工程需要多少时间?(2)哪些活动是影响工程进度的关键?

在 AOE 网中有些活动是并行地进行的,完成工程的最短时间是从开始点到完成点的最长路径长度,即指路径上各活动的持续时间之和而不是路径上弧的数目,这条最长的路径称作关键路径。

设开始点为 v_1，从 v_1 到某一个 v_j 的最长路径长度称为 v_j 的最早发生时间，用 $ve(j)$ 表示。它说明以 v_j 为弧头的活动均已完成，而以 v_j 为弧尾的活动即可开始，也称为以 v_j 为弧尾活动（设为 a_i）的最早开始时间。用 $e(i)$ 表示。同时在不影响整个工程完成的前提下，活动 a_i 还可以有一个最迟必须开工的时间记作 $l(i)$，两者之差（$l(i)-e(i)$）表示活动 a_i 的时间余量。如果某个 a_i 的 $l(i)=e(i)$ 则称为关键活动。显然，关键路径上的活动都是关键活动，因此提前完成非关键活动并不能加快整个工程的进度，分析关键路径的目的是辨别哪些是关键活动，以便争取提高关键活动效率以缩短整个工期。

为求 AOE 网中的 $e(i)$ 和 $l(i)$，首先应求得事件的最早发生时间 $ve(j)$ 和最迟发生时间 $vl(j)$。如果某活动 a_i 由弧 $\langle v_j, v_k \rangle$ 表示，其持续时间记作 $dut(\langle j, k \rangle)$，则可有如下关系：

$$e(i) = ve(j)$$
$$l(i) = vl(j) - dut(\langle j, k \rangle)$$

求 $ve(j)$ 和 $vl(j)$ 的步骤为

（1）从 $ve(1)=0$ 开始向前递推

$$ve(j) = \max_h \{ve(h) + dut(\langle h, j \rangle)\}$$
$$(h, j) \in T, \ 2 \leqslant j \leqslant n$$

其中 T 是所有以 j 为头的弧的集合。

（2）从 $vl(n)=ve(n)$ 起向后递推

$$vl(j) = \min_k \{vl(k) - dut(\langle j, k \rangle)\}$$
$$(j, k) \in S, \ 1 \leqslant j \leqslant n-1$$

其中 S 是所有以 j 为尾的弧的集合。

这两个递推公式的计算必须在拓扑有序和逆拓扑有序的前提下进行，也就是说，$ve(j)$ 必须在 v_j 的所有前驱的最早发生时间求得之后才能确定，而 $vl(j)$ 必须在 v_j 的所有后继的最迟发生时间之后才能确定。

由此得到求关键路径的算法为

（1）输入 e 条弧 $\langle j, k \rangle$，建立 AOE 网。

（2）从源点 v_1 出发，令 $ve[1]=0$，按拓扑有序求其余各顶点的最早发生时间 $ve(j)$（$2 \leqslant j \leqslant n$）。如果得到的拓扑有序序列中顶点个数小于网中顶点数 n，则说明网中存在环，不能求关键路径。

（3）从汇点 v_n 出发，令 $vl(n)=ve(n)$，按逆拓扑有序求其余各顶点的最迟发生时间 $vl(j)$（$1 \leqslant j \leqslant n-1$）。

（4）根据各顶点的 ve 和 vl 值，求每条弧（每个活动）的最早开始时间 $e(i)$ 和最迟开始时间 $l(i)$，若某条弧满足 $e(i)=l(i)$，则为关键活动。

对应图 2.66 的 AOE 网求得的各顶点的 ve, vl 和各活动的 e, l，如表 2.4 所示。

对应图 2.66 的关键路径如图 2.67 所示。

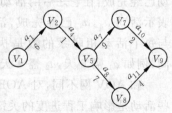

图 2.67 关键路径

表 2.4　各顶点的 ve,vl 和各活动的 e,l 值

顶点	ve	vl	活动	e	l	$l-e$
v_1	0	0	a_1	0	0	0
v_2	6	6	a_2	0	2	2
v_3	4	6	a_3	0	3	3
v_4	5	8	a_4	6	6	0
v_5	7	7	a_5	4	6	2
v_6	7	10	a_6	5	8	3
v_7	16	16	a_7	7	7	0
v_8	14	14	a_8	7	7	0
v_9	18	18	a_9	7	10	3
			a_{10}	16	16	0
			a_{11}	14	14	0

　　上述计算顶点的 ve 和 vl 的时间复杂度为 $O(n+e)$,而计算弧的 e 和 l 时间复杂度为 $O(c)$,所以求关键路径的总的时间复杂度为 $O(n+e)$。

　　实践证明,用 AOE 网来估算某些工程的完成时间是非常有用的。由于网中各项活动是互相牵连的,影响关键活动的因素是多方面的,任何一项活动持续时间的改变都会影响关键路径的改变,因此,只有在不改变网的关键路径的情况下,提高关键活动速度才有效。若网中有几条关键路径(如图 2.67 为两条关键路径),那么,单是提高一条关键路径上的关键活动的速度,仍不能导致整个工程工期缩短,必须同时提高几条关键路径上的活动的速度。

2.7　查找

2.7.1　查找的基本概念

　　查找是数据处理中最基本的操作之一,当查找所涉及的数据量很大时,查找方法的效率直接影响数据处理的速度,而查找方法又与数据结构有关。

　　在数据处理中,被查找的元素通常是以记录形式出现,即每一个数据元素(记录)由若干个数据项组成,其中能用来唯一标识该记录的数据项称为主关键字(primary key),此外用来识别若干记录的数据项称为次关键字(secondary key)。例如一个学生成绩登记表,由若干个学生记录组成,每个记录由姓名、学号、班级、成绩几个数据项组成,其中学号或姓名(如果没有重名学生)可以作为主关键字,而班级、成绩只能作次关键字。在本节介绍的查找方法主要按主关键字查找。记录的集合称为表格或文件。

　　查找的定义是:给定一个值 K,在含有 n 个记录的文件中进行搜索,寻找一个关键字值等于 K 的记录,如找到则输出该记录;否则输出查找不成功信息。

查找的过程是将给定的 K 值与文件中各记录的关键字项进行比较的过程。由于一般查找运算的频率较高，而待查记录在文件中的位置随意性很大，因此通常用比较次数的平均值，即统计意义上的数学期望值来评估查找算法，称为平均查找长度 ASL（average search length）。

$$ASL = \sum_{i=1}^{n} P_i C_i$$

其中，n 是文件中记录个数；P_i 是查找第 i 个记录的查找概率，通常我们认为每个记录的查找概率相等，即 $P_i = \dfrac{1}{n}$；C_i 是找到第 i 个记录时所经历的比较次数。

下面讨论几种不同结构的查找算法。

2.7.2　线性查找

线性查找又称顺序查找，是一种最简单的查找方法，它的基本思想是从第一个记录开始，逐个比较记录的关键字，直到和给定的 K 值相等，则查找成功；若比较结果与文件中 n 个记录的关键字都不等，则查找失败。通常可以按图 2.68 的流程图进行。

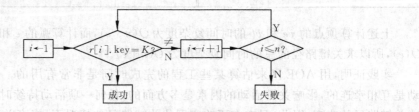

图 2.68　线性查找流程图一

图中 $r[i].key$ 表示数据元素 i 中的关键字项。在图 2.68 流程图中的循环回路上要进行两次比较，即对数据元素的关键字项比较（$r[i].key$ 与 K 值比较）和对循环次数的判断（i 与 n 比较）。为了提高运算速度，可以作如下的改进，其流程图如图 2.69 所示。

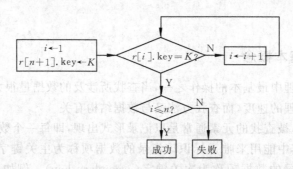

图 2.69　线性查找流程图二

在图 2.69 的流程图中，在原表长 n 基础上增加一个元素 $n+1$，将 K 值送入此元素的关键字项中，这样在循环回路上只要进行一次比较，我们把第 $n+1$ 个记录称为“监视哨”。这样当 n 很大时几乎可以节省一半时间。

在顺序查找中，在找到第 i 个记录时，给定值 K 和记录中的关键字进行了 i 次比较，

即 $C_i = i$。在等概率情况下的平均查找长度为

$$\text{ASL} = \frac{1}{n}\sum_{i=1}^{n} i = \frac{1}{2}(n+1)$$

由于 ASL 与 n 成线性关系,因此当 n 较大时,顺序查找的效率较低。但顺序查找算法比较简单,且对顺序表的存储结构没有限制,既可以用向量作存储结构也可以用链表作存储结构。

2.7.3 对分查找

如果记录在文件中是按关键字有序排列的,则在进行查找时可以不必逐个比较,而采用较快的跳跃式查找,称为对分查找。假设记录是按关键字递增有序排列的,对分查找的基本思想是:先找到"中间记录",比较其关键字,如果关键字与给定值 K 相等,则查找成功;如果关键字小于给定值 K,则说明被查找记录必在前半区间中;反之则在后半区间中。这样把搜索区间缩小了一半,继续进行查找。

在算法中,设置一个下界指示器 low 和一个上界指示器 high,它们分别指向待查文件搜索区间的头、尾。由 low 和 high 的值可以计算出"中间记录"位置,由 mid 表示。

$$\text{mid} = \left\lfloor \frac{1}{2}(\text{low} + \text{high}) \right\rfloor$$

设顺序表 $r[1:n]$ 的关键字项为 $r[i].key$ $(1 \leqslant i \leqslant n)$将 K 值与 $r[\text{mid}].key$ 比较:

若 $r[\text{mid}].key = K$ 查找成功

若 $r[\text{mid}].key > K$ 令 high=mid−1,继续查找

若 $r[\text{mid}].key < K$ 令 low=mid+1,继续查找

若 low>high   查找不成功

假设由 8 个记录组成的文件,记录的关键字为(5,13,17,42,46,55,70,94),现分别用 K 为 55 和 12 进行查找,查找过程如图 2.70 所示,其中(a)为 $K=55$,查找成功;(b)为 $K=12$,查找失败。

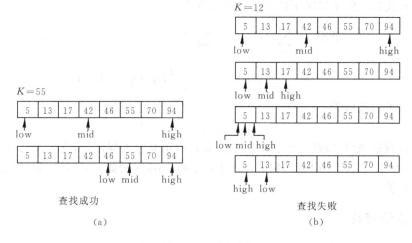

图 2.70 对分查找

对分查找算法如下：

    BINSEARCH（r,n,K）

1. low←1；high←1 //上下界指示器赋初值//

2. while (low<high)do

3. mid←(low+high)div 2 //div 为整除//

4. case

5. K=r[mid].key:｛查找成功；return｝

6. K>r[mid].key:low←mid+1

7. K<r[mid].key:high←mid-1

8. end(case)

9. end(while)

10. return

由上述例子可以看到，查找文件中各个记录的关键字比较次数与待查记录在文件中的相对位置有关，例如查找第 4 个记录只需比较 1 次，查找第 2、第 6 个记录需比较 2 次，依此类推，如果我们把比较次数相同的记录的关键字放在同一层次，各层之间用分支相连，可得到一棵二叉树，如图 2.71 所示，我们称之为对分查找的判定树。

从判定树可知，对分查找的过程恰是走了一条从根结点到被查记录所在结点的一条路径。它与关键字的比较次数即为该结点所在的层次数。判定树是一棵接近满二叉树的树，它

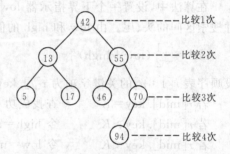

图 2.71 对分查找判定树

的叶子结点所在的层次最多相差一层。由于满二叉树的结点数 n 与深度 h 满足 $n=2^h-1$(判定树为 $n \leqslant 2^h-1$)，因此我们取 $h=\log_2(n+1)$，第 k 层上结点个数为 2^{k-1}，此时可以求得对分查找在等概率情况下的平均查找长度为

$$ASL = \sum_{i=1}^{n} P_i C_i = \frac{1}{n} \sum_{i=1}^{n} C_i$$

$$= \frac{1}{n} \sum_{k=1}^{h} k \cdot 2^{k-1} = \frac{n+1}{n} \log_2(n+1) - 1$$

当 $n>50$ 时可以近似为

$$ASL \approx \log_2(n+1) - 1$$

因此对分查找的 ASL 较线性查找小。但对分查找也有它的局限性，它要求文件必须按关键字排序，而且只适用于向量结构的顺序表，当 n 较小时(例如 $n<30$)对分查找的优越性就不十分显著。

2.7.4 分块查找

分块查找又称索引顺序查找，它要求文件中的记录关键字"分块有序"，即文件可按关键字分为若干块，且前一块中最大的关键字小于后一块中最大的关键字，而每一块内的关

键字则不一定有序。分块查找的基本思想是,先将各块中的最大关键字构成一个索引表,由于文件是分块有序的,因此索引表是递增有序的。查找过程分两步进行,第一步先对索引表进行对分或顺序查找,以确定记录在哪一块;第二步在所在块中进行顺序查找。例如图 2.72 所给一组记录关键字为(11,9,30,4,38,40,60,65,84,70,75,66)可分成 3 块,把每块中最大关键字(30,65,84)构成一个索引表。

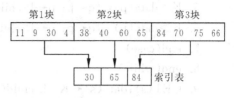

图 2.72　分块查找

由于分块查找是两次查找过程,因此整个算法的平均查找长度是两次查找的平均查找长度之和。$\text{ASL}=\text{ASL}_b+\text{ASL}_n$,其中 ASL_b 为索引表的平均查找长度,ASL_n 为块的平均查找长度。

设文件 $r[1:n]$ 分成 b 块,每一块中记录个数为 $s=\dfrac{n}{b}$。

若用对分查找确定块,则平均查找长度为

$$\text{ASL}_1 \approx \log_2(b+1)-1+\frac{s+1}{2} \approx \log_2\left(\frac{n}{s}+1\right)+\frac{s}{2}$$

若用顺序查找确定块,则其平均查找长度为

$$\text{ASL}_2 = \frac{1}{2}(b+1)+\frac{1}{2}(s+1) = \frac{1}{2s}(s^2+2s+n)$$

此时若对 ASL_2 求极小值可得 $s=\sqrt{2}$,$\text{ASL}_2=\sqrt{n}+1$。即将分块大小取为 $\sqrt{n}$,ASL_2 可取最小值。因此分块查找的平均查找长度介于对分查找与线性查找之间。分块查找不仅适用于向量结构的顺序表,对以线性链表方式存储的文件也适用。其算法描述由读者自行补上。

2.7.5　二叉排序树查找

以上讨论的三种查找方法,其文件中的记录均是以线性表的形式组织的,三种方法中以对分查找的效率最高,但由于对分查找要求文件中的记录按关键字有序排列,且不能用链表作为存储结构,当经常要对文件中记录进行插入或删除操作时,必须先对文件中记录进行排序,这样必然引起文件中记录的频繁移动,这种额外的时间负担甚至会抵消对分查找的优点,在这种情况下宜采用树表来作为文件的结构形式。

我们在 2.5.4 中讨论了二叉排序树,它是由一个可以相互进行比较的数据序列构造得到的,在二叉排序树上进行插入或删除,只需修改指针而不需移动元素。此外,二叉排序树本身可以看成是一个有序结构,因此在二叉树上进行查找,和对分查找类似,查找过程是走一条从根结点到所在结点的路径。若查找不成功,则可将被查找元素插入到二叉树的叶子结点上,这种既查找又插入的过程称为动态查找。其查找的算法为

BSTSEARCH(K,t) //K 为查找给定值,t 为根结点指针//

1. p←t //p 为查找过程中进行扫描的指针//

2. while (p≠nil)do

3. case

4. K＝data(p)：{查找成功；return}

5. K＜data(p)：{q←p；p←L child(p)} //继续向左搜索//

6. K＞data(p)：{q←p；p←R child(p)} //继续向右搜索//

7. end(case)

8. end(while)

9. GET(s)；data(s)←K；L child(s)←nil；R child(s)←nil；
   //查找不成功，生成一个新结点 s，插入到二叉排序树中//

10. case

11. t＝nil：p←s；//插入结点为根结点//

12. 　K＜data(q)：L child(q)←s

13. 　K＞data(q)：R child(q)←s

14. 　end(case)

15. return

在二叉排序树上进行查找的平均查找长度和二叉树的深度及形态有关,含有相同记录的文件由于插入的先后次序不同,可以构成不同的二叉排序树。如图 2.73 中所示两棵二叉排序树中含有相同的记录,但(a)的插入次序为(20,8,6,17,54,32,3,80),(b)的插入次序为(54,32,20,8,17,6,80,3)。

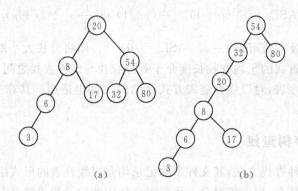

图 2.73　不同插入次序的二叉排序树

在等概率情况下,其平均查找长度分别为

$$ASL_a=\frac{1}{8}(1+2\times2+3\times4+4)=2.6$$

$$ASL_b=\frac{1}{8}(1+2\times2+3+4+5\times2+6)=3.5$$

从上述例子中可以看到,如果在插入过程中,二叉树的形态始终保持比较匀称,亦即比较接近平衡二叉树时,则平均查找长度相对就小;反之,如果由于插入一系列记录,使排序树沿某一分支畸形生长,则平均查找长度相对就大,极端情况下,二叉排序树蜕变成线性表。因此相同序列记录构成的二叉排序树并不是唯一的,其平均查找长度在对分查找与线性查找之间;而对分查找的判定树则是唯一的。

在实际使用时,由于记录的插入先后次序并不随人的意志而定,为了得到形态匀称的二叉排序树,有时需要在构造二叉排序树过程中进行“平衡化”处理。

2.7.6 哈希表技术及其查找

以上各节讨论的查找算法,无论线性表查找或是二叉排序树查找,其查找方法都是通过和文件中的关键字进行比较来实现的,且都采用平均查找长度来衡量算法的优劣。由此引出一种想法,即能否有一种方法,不必进行与关键字比较而达到查找目的,这样平均查找长度就为零。哈希表技术正是基于这一设想而产生的。

1. 哈希表

哈希查找的基本思想是:通过对给定值作某种运算,直接求得关键字等于给定值的记录在文件中的位置。这就要求在建立文件时,对记录的关键字和它的存储位置之间建立一个确定的对应关系。设关键字 key 与存储位置间的对应关系为 $H(key)$,若用一维数组来存放文件,则 $H(key)$ 即为数组的下标。我们称函数 H 为哈希(Hash)函数,$H(key)$ 为哈希地址,这个一维数组称为哈希表。

例如以学生姓名为关键字的记录集合{Wang,Li,Zhao,Shen,Gao,Fung,Bai,Chang,Ren,Ma},若采用关键字中第一个字母在字母表中的序号作为哈希函数,则可以构成一个哈希表如图 2.74 所示。

由上述例子可以看到:

(1) 由于在建立哈希表时,已把记录的关键字和它的位置之间建立了确定的函数关系,因此在查找时,只需对给定关键字值按哈希函数关系求得记录的存储位置,不需要再和记录关键字进行比较。

(2) 一般情况下,哈希表的空间 m 较记录集合 n 要大,因此要浪费一部分存储空间,这是为了提高查找效率而付出的代价。我们定义 $\alpha = n/m$ 为哈希表的装填系数,在实际应用时一般取 $\alpha = 0.65 \sim 0.85$。

(3) 为了求得哈希地址,需要对哈希函数的关键字进行算术或逻辑运算。如果关键字为非数值类型,则可先转化为数值,称为关键字的内部码。而且求得的哈希地址的值域必须在哈希表长的范围内。

(4) 若某个哈希函数对不同的关键字得到相同的哈希地址,这种现象称为冲突。例如在上述例子中又增加姓名为{Chen,Wu,Be}三名学生,若仍按原哈希函数求记录地址,就会发生冲突。为避免冲突产生,就要另选哈希函数。但在实际应用中,绝对没有冲突的哈希函数极少存在,只能设定冲突尽可能少的哈希函数。而一旦出现冲突时,就要寻找一种解决冲突的方法。

综上所述,运用哈希技术进行查找,要解决哈希函数的构造以及解决冲突问题。

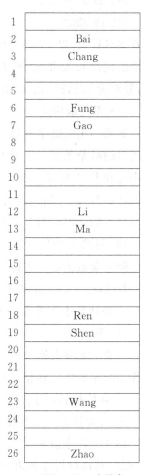

图 2.74 哈希表

2. 构造哈希函数的几种方法

构造哈希函数的方法很多,一般应根据实际问题需要,使关键字经过哈希函数转换得到的地址尽可能均匀地分布在整个地址区间中,从而减少冲突。这里介绍几种常用的构造哈希函数的方法。

(1) 数字分析法

这种方法适合大的静态数据,即所有关键字值均事先知道,然后检查关键字值中所有数字,分析每一数字是否分布均匀,将不均匀的数字删除,然后根据存储空间的大小来决定数字的数目。例如有 7 个学生的学号为

542 42 2241

542 81 3678

542 22 8171

542 38 9671

542 54 1577

542 88 5376

542 19 3552

从观察可得:在以上 7 个数中,从左算起第 1,2,3 位的数值太不均匀,故删去;第 8 位中数值 7 出现次数太多,故删去;假设存储空间为 1000,则可选取第 4,6,7 位作为其存储地址,分别为 422,836,281,396,515,853,135。

(2) 平方取中法

如果一组关键字在每一位上对某些数字的重复频度都很高,用数字分析法就很难得到均匀的哈希函数。平方取中法首先求关键字的平方值,通过平方扩大差别,然后再选取其中几位作为哈希地址。例如一组关键字(0100,1100,1200,1160,2060,2061,2163,2261,2262),设存储空间为 1000,将关键字平方后取第 2,3,4 位构成哈希地址为(010,210,440,345,243,247,678,112,116)。

(3) 除留余数法

除留余数法是对关键字取模作为哈希函数,即

$$H(\text{key}) = \text{key mod } p$$

其中 p 必须是小于或等于表长的质数。

(4) 折叠法

折叠法是将关键字值分为几段,除了最后一段外,其余各段都须等长,然后将各段相加作为哈希地址。在相加时有两种方法:

· 移位折叠:将各段向左边靠齐后相加。

· 边界折叠:将奇数字段或偶数字段倒排后相加。

例如关键字值为 12320324111220,分为 5 段: $P_1 = 123, P_2 = 203, P_3 = 241, P_4 = 112$, $P_5 = 20$,其移位折叠和边界折叠分别如图 2.75(a) 和 (b) 所示。

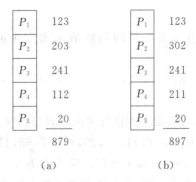

<table>
<tr><td>P_1</td><td>123</td></tr>
<tr><td>P_2</td><td>203</td></tr>
<tr><td>P_3</td><td>241</td></tr>
<tr><td>P_4</td><td>112</td></tr>
<tr><td>P_5</td><td>20</td></tr>
</table>

P_1	123
P_2	203
P_3	241
P_4	112
P_5	20

879

(a)

P_1	123
P_2	302
P_3	241
P_4	211
P_5	20

897

(b)

图 2.75 折叠法

3. 解决冲突的方法

当某个哈希函数对两个不同的关键字得到相同的哈希地址时称为冲突,这两个关键字对该哈希函数来说称为同义词。为解决冲突,就需要为同义词寻找"另一个"地址。下面介绍几种解决冲突的方法。

(1) 线性探测再散列

设哈希表的空间为 $T[0:m-1]$,哈希函数为 $H(\text{key})$。线性探测再散列求"另一个"地址的公式为

$$d_{j+1} = (d_1 + j) \bmod m \quad (j = 1, 2, \cdots, s, s \geqslant 1)$$

其中 $d_1 = H(\text{key})$。

线性探测再散列是把哈希表作为一环状空间,当冲突发生时,以线性方式从下一个哈希表地址开始探查,直到查到一个空的存储地址,将此数据存入。若找完一个循环还没有找到空间,则表示地址已满。

用上述方法处理冲突的哈希表,在查找时仍需按上述公式查找元素。查找算法如下:

LINSRCH(K,T,m) //T[0:(m-1)]为哈希表,K 为给定值//

1. i←H(K); j←i //H 为哈希函数,j 为哈希地址//

2. while (T[j].key≠k)and (T[j].key≠0) do

3. j←(j+1) mod m //环形地址//

4. if (j=i) then {"表满" return}

5. end (while)

6. return(j)

返回值 j 为查到的哈希地址,如果 $T[j].\text{key}=0$ 表示此地址为空,可将关键字为 K 的记录插入该地址中。

利用线性探测解决冲突极易造成关键字值聚集在一块(见图 2.76(a)),从而增加查找时间。

(2) 平方探测再散列

本方法用来改善线性探测的缺点,避免相近的关键字值聚集在一块。当发生冲突时,求"另一个"地址的公式是

$$\begin{cases} d_{2j} = (d_1 + j^2) \bmod m \\ d_{2j+1} = (d_1 - j^2) \bmod m \end{cases} \quad (j = 1, 2, \cdots, s, \ s \geqslant 1)$$

（3）随机探测再散列

随机探测再散列是用一组预先给定的随机数来求发生冲突时的"另一个"地址，公式为

$$d_j = (d_1 + R_j) \bmod m \quad (j = 1, 2, \cdots, s, \ s \geqslant 1)$$

其中 R_j 为一组随机数列。

采用后两种解决冲突方法的哈希表查找算法由读者自行写出。

设有一组关键字为(13,29,01,23,44,55,20,84,27,68,11,10,79,14)的记录，$n=14$，选择 $\alpha = 0.75$，则哈希表长 $m = \lceil n/\alpha \rceil = 19$。哈希表为 $T[0:18]$。用除留余数法构造哈希函数，选 $p = 17$，分别用线性探测、平方探测和随机探测方法解决冲突，而建成的哈希表分别如图 2.76（a）、（b）和（c）所示。其中随机探测所用的随机数列为 3,16,55,44,…。

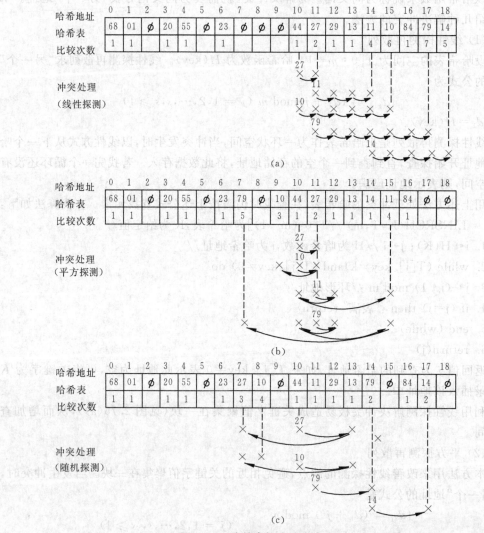

图 2.76　哈希表解决冲突方法

（4）链地址法

链地址法解决冲突的做法是：若哈希表为 $T[0,m-1]$，设置一个由 m 个指针分量组成的一维数组 $ST[0:m-1]$，凡哈希地址为 i 的记录都插入到头指针为 $ST[i]$ 的链表中。上例中的一组关键字用链地址法构造哈希表如图 2.77 所示。

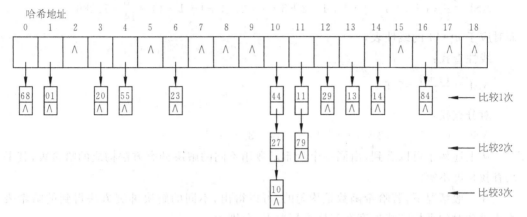

图 2.77 链地址法

用链地址法解决冲突的哈希表查找算法如下：

CHNSRCH(ST,m,k) //ST[0:m-1]，每个分量 ST[i] 或为 nil，或为链表的头指针。链表中每个结点由两个域组成 data 存放关键字，next 存放指向下一结点的指针//

1. i←H(K) //H 为哈希函数，K 为给定查找值//

2. p←ST[i] //链表的头结点//

3. while (p≠nil) and (data[p]≠k)do

4. p←next(p)

5. end (do)

6. return (p)

返回时 p 的指向即为查找元素地址，若 p＝nil 说明表中无此元素，则可将关键字为 K 的记录插入哈希表中。

由于用链地址解决冲突构造的哈希表是个动态结构，故更适合在造表之前无法确定记录个数的情况。

4. 哈希表的查找性能分析

由于哈希表的查找过程与建表过程是相同的，同样需要解决冲突问题，因此无论查找成功与否，都必须进行一次或多次比较，但它们的平均查找长度要比顺序查找和对分查找要小。如上例中的哈希表在等概率情况下，用不同解决冲突方法得到的 ASL 为

线性探测：

$$ASL=\frac{1}{14}(1+1+1+1+1+1+2+1+1+4+6+1+7+5)=\frac{33}{14}=2.357$$

平方探测：

$$ASL=\frac{1}{14}(1+1+1+1+1+5+3+1+2+1+1+1+4+1)=\frac{24}{14}=1.714$$

随机探测：

$$ASL=\frac{1}{14}(1+1+1+1+1+3+4+1+1+1+1+2+1+2)=\frac{21}{14}=1.5$$

链地址法：

$$ASL=\frac{1}{14}(1+1+1+1+1+1+2+3+1+2+1+1+1+1)=\frac{18}{14}=1.286$$

而对应于 $n=14$ 的线性表，

线性查找：

$$ASL=\frac{14+1}{2}=7.5$$

对分查找：

$$ASL=(1\times1+2\times2+3\times4+4\times7)/14=3.2$$

从上述例子可以看到，由同一个哈希函数用不同的解决冲突方法构成的哈希表，其平均查找长度不等。

在一般情况下，若哈希函数是均匀的，可以得出，不同的解决冲突方法得到的哈希表查找成功时的平均查找长度在等概率情况下，分别为

线性探测：$ASL=\dfrac{1}{2}\left(1+\dfrac{1}{1-\alpha}\right)$

随机或平方探测：$ASL=-\dfrac{1}{\alpha}\ln(1-\alpha)$

链地址法：$ASL=1-\dfrac{\alpha}{2}$

由以上公式可知，哈希表的平均查找长度不是记录数 n 的函数，而是装填系数 α 的函数。因此在设计哈希表时，可以选择 α 以控制其平均查找长度。α 越小，空间冗余度越大，产生冲突的机会就少；但 α 过小，空间浪费会过多。

最后要提及，在从哈希表中删除记录时，若用链地址法构成的哈希表，只要从链表中删除该结点即可；而对于用前 3 种方法构成的哈希表，删除记录时不能简单地将该记录的关键字清为零，因为那样做将截断在它之后填入哈希表的同义词记录的查找路径，而应在哈希表的每个分量中增设一个删除的标志位。

2.8 排序

2.8.1 排序的基本概念

排序和查找一样，也是数据处理中的一种重要运算。高效率地进行排序是计算机应用中要解决的重要问题之一。

排序的定义为：设有含 n 个记录的序列为 $\{R_1,R_2,\cdots,R_n\}$，其相应的关键字序列为 $\{K_1,K_2,\cdots,K_n\}$。现要求确定一种排列 $p_1,p_2,\cdots,p_n$，使其关键字满足递增（或递减）的关系：$K_{p1}\leqslant K_{p2}\leqslant\cdots\leqslant K_{pn}$（或 $K_{p1}\geqslant K_{p2}\geqslant\cdots\geqslant K_{pn}$）。使原序列成为一个按关键字有序的序列：$\{R_{p1},R_{p2},\cdots,R_{pn}\}$。

上述排序定义中的关键字可以是主关键字也可以是次关键字,若是主关键字,则排序结果是唯一的;若是次关键字,则排序结果不唯一,因为在待排序列中可能存在次关键字相同的记录。若 $K_i = K_j (1 \leqslant i \leqslant n, 1 \leqslant j \leqslant n, i \neq j)$,在排序前 R_i 领先于 R_j,排序后 R_i 仍领先于 R_j,则称此排序方法是稳定的;反之称为不稳定的。

若排序时待排序记录存放在内存中进行排序,则称为内部排序;若待排序记录数量很大,在内存中一次不能容纳全部记录,需要在排序过程中对外存进行访问的,则称为外部排序。我们在这里仅讨论内部排序方法。

排序的方法很多,每一种方法都有各自的优缺点,应根据具体问题选用。这里我们仅讨论选择排序、插入排序和交换排序三类。此外,对于二叉树排序,由于其排序过程即为二叉排序树的生成过程,在 2.5.4 中已作介绍,而对这一排序方法的分析,将在 2.8.5 中讨论。

在排序过程中通常需进行两种基本操作:

(1) 对记录中关键字大小进行比较。

(2) 将记录从一个位置移到另一个位置。

因此与关键字进行比较的次数和记录的移动次数是排序方法的时间复杂度的评估标准。

不同的排序方法对记录的存储方式也有不同要求,我们将结合各种排序方法进行讨论。

2.8.2 选择排序

选择排序的思想是不断在待排序序列(无序区)中按记录关键字递增(或递减)次序选择记录,放入有序区中,因此选择排序的过程是逐渐扩大有序区,直到整个记录区为有序区为止。

1. 简单选择排序

简单选择排序的基本操作是,在当前无序序列中选择一个关键字最小的记录,并将它和最前端的记录交换。重复上述操作,使记录区的前端逐渐形成一个由小到大的有序区。不失一般性,我们把待排序序列用 $r[1:n]$ 表示,其中 $r[i]$ 表示第 i 个记录的关键字,且关键字值为整数。

设有序序列 $\{5,4,12,20,27,3,1\}$,用简单选择排序的原理过程为

〔5,4,12,20,27,3,1〕
1,〔4,12,20,27,3,5〕
1,3,〔12,20,27,4,5〕
1,3,4,〔20,27,12,5〕
1,3,4,5,〔27,12,20〕
1,3,4,5,12,〔27,20〕
1,3,4,5,12,20,27

算法如下

SELSORT (r,n)

1.　for i＝1 to n－1

2.　　j ←i

3.　　　for k＝i+1 to n

4.　　　　if (r[j]<r[k]) then j←k

5.　　end (k)

6.　　if (j>i)then r[i]↔r[j] //r[i]与r[j]交换//

7.　end (i)

8.　return

算法分析：

本算法由两重循环构成，外循环表示共需进行 $n-1$ 趟排序，内循环表示每进行一趟排序所需要进行的记录关键字间的比较。

（1）比较次数：在第 1 趟排序时需进行 $n-1$ 次比较，第 i 趟排序时需进行 $n-i$ 次比较，因此总的比较次数为

$$\sum_{i=1}^{n-1} (n-i) = \frac{n(n-1)}{2}$$

（2）记录移动次数：当每一趟比较完后要判断是否要交换记录，每交换一次需要进行三次记录移动。因此当原来已为有序状态时移动次数为 0；如果原来处于逆序状态，则每一趟比较完后都要进行记录交换，因此最大移动次数为 $3(n-1)$。

因此总的时间复杂度为 $O(n^2)$。

本算法在进行记录交换时需要一个辅助单元，因此空间复杂度为 $O(1)$。

2. 堆排序

从上述算法中可见，选择排序主要操作是进行关键字间的比较。在简单选择排序中，第一趟在 n 个关键字中选出最小值，需经过 $n-1$ 次比较，但没有把比较结果保留下来，以致第二趟需要重新在 $n-1$ 个关键字中进行比较，选出次小值，如此反复多次，增加了时间开销。堆排序是为克服这一缺点而设计的一种排序方法。

堆排序是另一种性质的选择排序，它的特点是在排序过程中将存放在向量中的数据看作是一棵完全二叉树，向量的下标即为完全二叉树的结点序号。它利用完全二叉树上下层结点之间的特殊关系，不断调整结点的位置，最终完成排序。在此首先要提出"堆"的概念。

设有序列 $\{k_1, k_2, \cdots, k_n\}$ 若满足：

$$\begin{cases} k_i \leqslant k_{2i} \\ k_i \leqslant k_{2i+1} \end{cases} \quad \text{或} \quad \begin{cases} k_i \geqslant k_{2i} \\ k_i \geqslant k_{2i+1} \end{cases} \quad \left(i = 1, 2, \cdots, \left\lfloor \frac{n}{2} \right\rfloor \right)$$

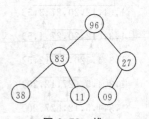

图 2.78　堆

则称该序列构成的完全二叉树是一个"堆"。其中二叉树的根结点（堆顶），是序列中的最大（或最小）元素。例如有序列｛96，83,27,38,11,9｝构成的堆如图 2.78 所示，其中堆顶元素具有最大值。若输出堆顶元素后，将剩余的 $n-1$ 个元素重新建成堆，则可得到次大元素，如此反复执行，便能得到一个有序序列。

因此堆排序的过程由两部分组成：

（1）将现有的序列构成一个堆。

（2）输出堆顶元素，重新调整元素，构成新的堆，直到堆空为止。

（1）堆的构造

设完全二叉树 $r[1:n]$ 中结点 $r[k]$ 的左右子树均为堆，为构成以 $r[k]$ 为根结点的堆，需进行结点调整，方法为将 $r[k]$ 的值与其左右子树根结点值进行比较，若不满足堆的条件，则将 $r[k]$ 与其左、右子树根结点中大者进行交换，继续进行比较，直到所有子树均满足堆为止。由于完全二叉树中的所有元素是从根结点开始一层接一层地从左到右存储在一维数组中，对于完全二叉树来说，结点 i 的左子树为 $2i$，右子树为 $2i+1$。例如图 2.79（a）为序列 $\{19,01,23,68,35,19,84,27,14\}$ 存放在 $r[1:9]$ 的一维数组中，对应的逻辑结构为一棵完全二叉树，其中 $r[2]$ 的左、右子树已满足堆。现调整 $r[2]$ 的值，与其左、右子树根结点值比较，取其中大的进行交换（图 2.79（b）），直到使以 $r[2]$ 为根结点的完全二叉树成为堆，见图 2.79（c）。

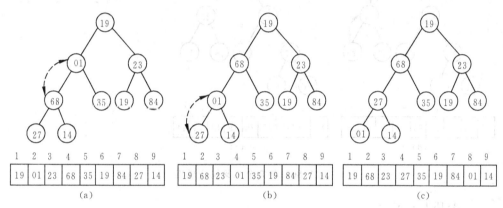

图 2.79　构造堆

对应上述过程的算法为

SIFT(r,n,k) //调整 r[1:n] 中结点 r[k]，使成为一个堆//

1. i←k;j←2i; T←r[i]

2. while(j≤n)do

3. 　if (j<n) and (r[j]<r[j+1]) then j←j+1

4. 　　if (T<r[j]) then {r[i]←r[j];i←j;j←2i}

5. 　　　else EXIT（跳出 while 循环）

6. end（while）

7. r[i]←T

8. return

对于一个无序序列 $r[1:n]$ 构成的完全二叉树，只要从它最后一个非叶子结点（第 $\lfloor \frac{n}{2} \rfloor$ 个元素）开始直到根结点（第 1 个元素）为止，逐步进行上述调整即可将此完全二叉树构成堆。例如上述例子中的无序序列，构成堆的过程见图 2.80。

对应的算法为

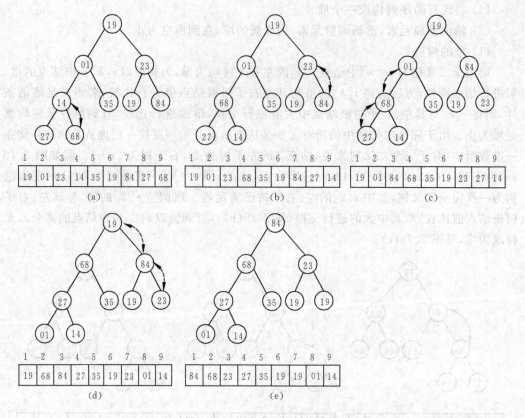

图 2.80　将完全二叉树构成堆

BSIFT(r,n)

1. p←$\lfloor \frac{n}{2} \rfloor$

2. for i＝p to 1 step(−1)

3.　SIFT(r,n,i)

4. return

（2）堆排序

有了上述算法,堆排序工作可由下述两个步骤进行:

①　由给定的无序序列构造堆。

②　将堆顶元素与堆中最后一个元素交换,然后将最后一个元素从堆中删除,将余下的元素构成的完全二叉树重新调整为堆,反复进行直到堆空为止。图 2.81 表示堆排序过程中前 3 趟情况,其余过程读者可自行推导。

对应的算法为

HEAPSORT(r,n)

1. p←$\lfloor \frac{n}{2} \rfloor$

2. for i＝p to 1 step (−1)　SIFT(r,n,i)

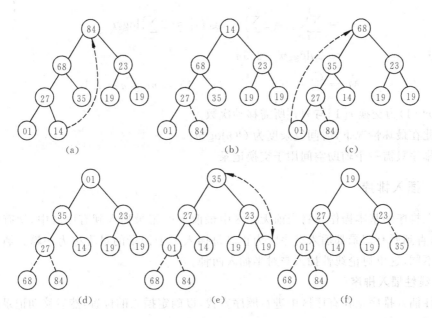

图 2.81 堆排序

3. for i＝n to 2 step (−1)

4.　{r[1]↔r[i]; SIFT(r,i−1,1)}

5. return

（3）算法分析

对堆排序的比较次数和移动次数作精确分析较困难,我们采用近似估算。

① 建堆过程中比较次数 C_1 与移动次数 M_1：

建堆过程共调用 SIFT $\lfloor\frac{n}{2}\rfloor$ 次,最坏情况下每调用 SIFT 一次,比较次数为

$$c_{1i} = 2 \lfloor\log_2(n/i)\rfloor \quad (i=1,2,\cdots,\lfloor\frac{n}{2}\rfloor)$$

所以总的比较次数为

$$C_1 = \sum_{i=1}^{\lfloor\frac{n}{2}\rfloor} c_{1i} = \sum_{i=1}^{\lfloor\frac{n}{2}\rfloor} 2\lfloor\log_2(n/i)\rfloor = 2\sum_{i=1}^{\lfloor\frac{n}{2}\rfloor} \lfloor\log_2 n - \log_2 i\rfloor$$

当 n 充分大时近似计算

$$C_1 \approx n\log_2 n - 2\sum_{i=1}^{\lfloor\frac{n}{2}\rfloor}\log_2 i \approx 2\log_2 n + 2.4n$$

$$M_1 = \frac{C_1}{2} + \lfloor\frac{n}{2}\rfloor \approx \log_2 n + 1.7n$$

② 堆排序过程中比较次数 C_2,移动次数 M_2：

排序过程共调用 SIFT $n-1$ 次,最坏情况下,每调用 SIFT,比较次数为

$$c_{2i} = 2\lfloor\log_2 i\rfloor \quad (i=1,2,\cdots,n-1)$$

$$C_2 = \sum_{i=1}^{n-1} c_{2i} = 2\sum_{i=1}^{n-1} \lfloor \log_2 i \rfloor \approx 2\sum_{i=1}^{n-1} \log_2 i$$

$$\approx 2n\log_2 n - 2.9n$$

$$M_2 = \frac{C_2}{2} + 3(n-1) + (n-1) \approx n\log_2 n + 1.1n$$

其中 $3(n-1)$ 为交换 $r[1]$ 与 $r[i]$ 所需移动次数。

因此在最坏情况下,时间复杂度为 $O(n\log_2 n)$。

堆排序只需一个辅助空间用于交换记录。

2.8.3　插入排序

插入排序的基本操作是将当前无序区中最前端的记录插入到有序区中,使有序区逐渐增大,直到所有记录都插入有序区为止。每插入一个记录的过程称为一趟。插入的方式可以不同,这里讨论线性插入与对半插入两种。

1. 线性插入排序

线性插入排序是在有序区中进行顺序查找,以确定插入的位置,然后移动记录腾出空间,以便相应关键字的记录插入。在 2.7.2 的线性查找中,为了防止循环变量越界,曾在表尾增设一个"监视哨",在此同样可在有序区前端,即 $r[0]$,设一个监视哨,$r[0]$ 中存放当前要插入的关键字。例如序列 $\{20,6,15,7,3\}$ 用线性插入排序的过程如下:

$r[0]$	$r[1]$	$r[2]$	$r[3]$	$r[4]$	$r[5]$
6	〔20〕	6	15	7	3
15	〔6	20〕	15	7	3
7	〔6	15	20〕	7	3
3	〔6	7	15	20〕	3
	〔3	6	7	15	20〕

线性插入算法如下:

  INSERTSORT (r,n)

1. for i＝2 to n
2. r[0]←r[i]; j←i−1
3. while (r[0]＜r[j])do
4.   r[j+1]←r[j]; j←j−1
5. end (while)
6. r[j+1]←r[0]
7. end(i)
8. return

算法分析:

线性插入排序的比较次数和移动次数与序列中关键字的原始排列情况有关。如果原始记录已按关键字排序,则比较次数和移动次数最小。即

比较次数 $C_1 = \sum_{i=2}^{n} 1 = n-1$ （每趟比较一次）

移动次数 $M_1 = \sum_{i=2}^{n} 2 = 2(n-1)$

如果原始记录是按关键字逆序排列的,则比较次数和移动次数达到最大值。即

比较次数 $C_2 = \sum_{i=2}^{n} i = \frac{(n-1)(n+2)}{2}$ （每趟比较 i 次）

移动次数 $M_2 = \sum_{i=2}^{n} (2+(i-1)) = \frac{1}{2}(n-1)(n+4)$

因此时间复杂度取最小值和最大值的平均值,为 $O(n^2)$。

本算法只需要一个辅助单元 $r[0]$,因此空间复杂度为 $O(1)$。

2. 对半插入排序

在2.7.3的对分查找中可知,对有序表用对分查找可提高查找效率,而在插入排序的有序区间中搜索插入位置,同样可以用对分查找方法,称为对半插入排序。算法如下:

BINSORT(r,n)

1. for i＝2 to n
2.   r[0]←r[i]; l←1; h←i－1 //l,h 分别指示查找区间下界和上界//
3.   while (l≤h) do
4.   m← ⌊ (l+h)/2 ⌋
5.   if r[0]＜r[m] then h←m－1
6.   else l←m＋1
7.   end (while)
8.   for j＝i－1 to l step(－1)
9.   r[j+1]←r[j] //记录后移//
10.   end (j)
11.   r[l]←r[0]   插入 r[i]
12. end (i)
13. return

算法分析:

对半插入排序的比较次数较线性插入少,为 $O(n\log_2 n)$,而移动次数与线性插入排序相同,因此总的时间复杂度为 $O(n^2)$。同样需要一个辅助存储单元,因此空间复杂度为 $O(1)$。

2.8.4 交换排序

交换排序是根据序列中两个结点关键字的比较结果,来对换在序列中的位置。算法的特点是将关键字较大的结点向序列的尾部移动,关键字较小的结点向序列的前部移动,其不同点是它们各按特定的顺序来选取序列中比较的结点。这里讨论冒泡排序和快速排序两种方法。

1. 冒泡排序

冒泡排序是一种较简单的排序方法,它对无序表进行扫描,当发现相邻两个记录关键字逆序时就进行交换,第1次扫描后就将最大关键字记录沉到底部,而关键字较小的记录则像气泡一样逐渐上浮。然后对剩下的记录再进行扫描,直到某次扫描时不发生交换,则排序完成。例如对序列 $\{3,8,5,9,7,6,2,1,10,4\}$ 排序过程为

```
3   8   5   9   7   6   ②   ①   10   4
3   5   8   7   6   ②   ①   9   4   〔10〕
3   5   7   6   ②   ①   8   ④   〔9   10〕
3   5   6   ②   ①   7   ④   〔8   9   10〕
3   5   ②   ①   6   ④   〔7   8   9   10〕
3   ②   ①   5   ④   〔6   7   8   9   10〕
②   ①   〔3   ④   5   6   7   8   9   10〕
①   2   3   4   5   6   7   8   9   10
```

其中带圈的结点表示浮起情况。

从上述排序过程中能看出,每扫描一次就缩短了待排序表的长度,最大扫描次数为 $n-1$ 次,但如果某次扫描中没有交换记录,则排序可提前结束,为此在算法中设置一个变量 F 来监视排序情况,若 $F<0$ 时扫描停止。算法如下:

BUBBSORT(r,n)

1. F←n
2. while(F>0)do
3.   k←F−1; F←0
4.   for j=1 to k
5.   if r[j]>r[j+1] then {r[j]↔r[j+1]; F←j}
6.   end (j)
7. end (do)
8. return

算法分析:

若原始序列已按关键字排序,则比较次数与移动次数最小:

比较次数 $C_1 = n-1$ (进行一次扫描)

移动次数 $M_1 = 0$

当原始记录为逆序时,比较次数与移动次数为最大值:

比较次数 $C_2 = \sum_{i=1}^{n-1}(n-i) = \frac{n(n-1)}{2}$

移动次数 $M_2 = 3C_2 = 3(n^2-n)/2$

平均的时间复杂度为 $O(n^2)$。交换记录时需要一个辅助单元,因此空间复杂度为 $O(1)$。

2. 快速排序

快速排序是对冒泡排序的一种改进。它的基本思想是通过一趟排序将一个无序区分

割成两个独立的无序子区,其中前一部分子区中所有元素关键字均不大于后一部分子区中元素关键字,然后对每一子区再进行分割,直到整个线性表有序为止。

线性表的分割过程为

(1) 选取表中一个元素 $r[k]$(一般选表中第 1 个元素),令 $x=r[k]$ 称为控制关键字,用控制关键字和无序区中其余元素关键字进行比较。

(2) 设置两个指示器 i,j,分别表示线性表第一个和最后一个元素位置。

(3) 将 j 逐渐减小,逐次比较 $r[j]$ 与 x,直到出现一个 $r[j]<x$,然后将 $r[j]$ 移到 $r[i]$ 位置。将 i 逐渐增大,并逐次比较 $r[i]$ 与 x,直到发现一个 $r[i]>x$,然后将 $r[i]$ 移到 $r[j]$ 位置。

如此反复进行,直到 $i=j$ 为止,最后将 x 移到 $r[j]$ 位置,完成一趟排序。此时线性表以 x 为界分割成两个子区间。

设序列 $\{46,55,13,42,94,5,17,70\}$ 进行快速排序的过程为

继续对子区间进行分割直到序列有序为止。

由上述例子可以看出,可以用递归方法实现快速排序,算法如下:

QKSORT (r,l,h) //r 为线性表,l,h 为表的下界和上界//

1. x←r[l]; i←l; j←h
2. while (i<j) do
3.   while (i<j) and (r[j]≥x) do j←j−1 end(while)
4.   r[i]←r[j]
5.   while (i<j) and (r[i]≤x) do i←i+1 end (while)
6.   r[j]←r[i]
7. end (while)
8. r[i]←x

9. QKSORT (r,l,i−1) //左子表//

10. QKSORT(r,i+1,p) //右子表//

11. return

算法分析:

快速排序是个递归过程,而且其执行时间与控制关键字的选取有关,若控制关键字与表中各元素比较结果能把原线性表分成两个相等的子区间,则运算效率最高;若比较结果控制关键字在表首或表尾,即只有一个子区间,则快速排序就蜕化成冒泡排序。因此最坏情况下比较次数

$$C_1 = \sum_{i=1}^{n-1}(n-i) = \frac{n}{2}(n-1)$$

在一般情况下,假设每次分割能基本上分成两个较相同的子区间,则其比较次数$C(n)$近似为

$$C(n) \leqslant n + 2C(n/2)$$

其中n为本趟比较次数,$2C(n/2)$为两个子表比较次数。将上式不断展开得

$$C(n) \leqslant 2n + 4C(n/4) \leqslant 3n + 8C(n/8) \leqslant \cdots \leqslant n\log_2 n + nC(1)$$

因此比较次数为$O(n\log_2 n)$。

快速排序的移动次数不大于比较次数,因此其时间复杂度为$O(n\log_2 n)$。

快速排序需要一个栈空间来实现递归,在均匀分割子区间情况下,栈的最大深度为$\lceil \log_2 n \rceil$;最坏情况时,栈的最大深度为n。

2.8.5 排序方法的比较和选择

现有的排序方法远不止这里介绍的几种,各种方法各有优缺点,需要在不同场合选用不同的方法。一般有如下几个考虑原则:

(1) 待排序记录的个数n。

(2) 记录本身的大小。

(3) 关键字的分布情况。

(4) 对排序稳定性的要求。

(5) 现有语言工具条件等。

结合上述几种排序方法,大致有如下结果:

(1) 若待排序的记录数n较小($n \leqslant 50$),则可采用插入排序或简单选择排序。且由于插入排序的移动次数较选择排序多,因此若记录本身较大,即含有较多数据项时,宜采用选择排序。

(2) 若n较大,则应采用时间复杂度$O(n\log_2 n)$的排序方法,如快速排序或堆排序。当排序的关键字是随机分布时,快速排序的平均运行时间最短;堆排序只需1个辅助空间,且不会出现快速排序可能出现的最坏情况,但堆排序的建堆时间较长。

(3) 若待排序记录按关键字基本有序,则宜采用插入排序或冒泡排序。

(4) 从方法的稳定性看,所有时间复杂度为$O(n^2)$的排序方法是稳定的。而快速排序、堆排序等性能较好的排序方法是不稳定的。一般说来,在排序过程中相邻两个记录关

键字间进行比较的排序方法是稳定的。由于大多数情况下排序是按记录的主关键字进行的,则与所用的排序方法是否稳定无关;若按次关键字排序,则应根据问题需要选择适当的排序方法。

（5）在一般情况下,待排序记录用顺序存储结构存放,而当记录本身较大时,为避免耗费大量时间移动记录,可用链表作存储结构,如插入排序可以用链表结构,但快速排序、堆排序等则无法用链表实现。

（6）当待排序记录经常要进行插入、删除时,为避免大量记录移动,宜采用动态存储结构,即二叉排序树形式,其时间复杂度与构成的二叉排序树的平衡程度有关。

习　题

2.1　什么是数据结构？它对算法有什么影响？

2.2　何谓算法？它与程序有何区别？

2.3　何谓频度、时间复杂度、空间复杂度？说明其含义。

2.4　试编写一个求多项式 $P_n(x)=a_n x^n+a_{n-1}x^{n-1}+\cdots+a_1 x+a_0$ 的值 $P_n(x_0)$ 的算法,要求用乘法次数最少,并说明算法中主要语句的执行次数及整个算法的时间复杂度。

2.5　计算下列各片断程序中 $x \leftarrow x+1$ 的执行次数:

(1) 1. for i＝1 to n
　　2.　 for j＝1 to i
　　3.　　 for k＝1 to j
　　4.　　　 x←x+1
　　5.　　 end（k）
　　6.　 end（j）
　　7. end(i)

(2) 1. i←1
　　2. while i＜n do
　　3.　　 x←x+1
　　4.　　 i←i+1
　　5. end（while）

(3) 1. for i＝1 to n
　　2.　 j←1
　　3.　 for k＝j+1 to n
　　4.　　 x←x+1
　　5.　 end（k）
　　6. end(i)

(4) 1. for i＝1 to n
　　2. j←i
　　3. while j≥2 do

       5.   x←x+1

       6.   end（while）

       7. end(i)

（5）1. k←100000

       2. while k≠5 do

       3.   k←k div 10

       4.   x←x+1

       5. end（while）

2.6   数据的存储结构主要有哪两种？它们之间的本质区别是什么？

2.7   设数据元素的集合为 $D=\{d_1,d_2,d_3,d_4,d_5\}$，试指出下列各关系 R 所对应的数据结构 $B=(D,R)$ 中哪些是线性结构，哪些是非线性结构。

    （1）$R=\{(d_1,d_2),(d_2,d_4),(d_4,d_2),(d_2,d_5),(d_4,d_1)\}$；

    （2）$R=\{(d_5,d_4),(d_4,d_3),(d_3,d_1),(d_1,d_2)\}$；

    （3）$R=\{(d_i,d_{i+1})|_{i=4,3,2,1}\}$；

    （4）$R=\{(d_i,d_j)|_{i<j}\}$

    （5）$R=\{(d_i,d_j)|_{j=(5i^3+4i^2-3i+2)}\}$

2.8   已知线性表 $L(a_1,a_2,\cdots,a_n)$ 元素按递增有序排列，用向量作存储结构，试编写算法：删除表中值在 c 与 $d(c\leqslant d)$ 之间的元素。

2.9   线性表 A,B 中的元素为字符类型，用向量结构存放。试编写算法，判断 B 是否为 A 的子序列（例如 $A=$ ENGLISH，$B=$ LIS 则 B 为 A 的子序列）。

2.10   将两个有序线性表 A,B 合并成一个有序线性表，线性表用向量结构存放，试用下列两种要求编写算法，并分析在时间和空间方面的代价。

    （1）开辟一个空间，存放合并后的线性表。

    （2）用最少的附加空间。设此两个线性表 A,B 存放在相邻的空间中，即 $A[1:m]$，$B[m+1:n]$。

2.11   写一个将向量 $L(a_1,a_2,\cdots,a_n)$ 倒置的算法。

2.12   试编写算法求已知单链表的长度，并考虑表空的情况。

2.13   试编写算法删除单链表中第 k 个结点。

2.14   已知一循环链表中数值已按递增有序排列，现要插入一个新结点，并使插入后链表仍为有序序列。

2.15   设 $X=(x_1,x_2,\cdots,x_n)$ 和 $Y=(y_1,y_2,\cdots,y_m)$ 为两个线性表，试将两个线性表合并为一个线性表，而结点的物理位置不变，新的线性表为

$$X=\begin{cases}(x_1,y_1,x_2,y_2,\cdots,x_m,y_m,x_{m+1},\cdots,x_n) & \text{当 } n\geqslant m \text{ 时}\\(x_1,y_1,x_2,y_2,\cdots,x_n,y_n,y_{n+1},\cdots,y_m) & \text{当 } n<m \text{ 时}\end{cases}$$

2.16   试比较顺序表和链表的优缺点。

2.17   试比较单向链表与双向链表的优缺点。

2.18   设在长度大于 1 的循环链表中，既无头结点，也无头指针，p 为指向链表中某个结

点的指针,试编写算法删除该结点的前趋结点。

2.19 写出单链表倒排的算法。

2.20 试用单链表表示两个多项式:$A=4x^{12}+5x^8+6x^3+4, B=3x^{12}+6x^7+2x^4+5$

(1) 设计此两个多项式的数据结构。

(2) 写出两个多项式相加的算法。

(3) 分析算法的时间、空间复杂度。

2.21 有一铁路交换站如题图 2.1 所示。

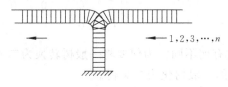

题图 2.1

火车从右边开进交换站,然后再开到左边,每节车厢均有编号如 $1,2,3,\cdots,$
n。请问:

(1) 当 $n=3$ 和 $n=4$ 时有哪几种排序方式? 哪几种方式不可能发生?

(2) 当 $n=6$ 时,325641 这样的排列是否能发生? 154623 的排列是否能发生?

(3) 找出一个公式,当有 n 个车厢时,共有几种排列方式?

2.22 $CQ[0:10]$为一循环队列,初态 front=rear=1,画出下列操作后队的头、尾指示器
状态:

(1) d,e,b,g,h 入队;

(2) d,e 出队;

(3) i,j,k,l,m 入队;

(4) b 出队;

(5) n,o,p,q,r 入队。

2.23 试画出表达式 A * (B−D)/D+C * * (E * F)执行过程中 NS,OS 栈的变化情况。

2.24 用一长度为 m 的数组存放一双向栈,两个栈顶分别为 top1 和 top2,如题图 2.2 所
示。上溢条件为 top1=top2,从键盘输入一串整数,奇数入 stack1,偶数入 stack2,
直到上溢时停止输入。试编写一算法实现此过程。

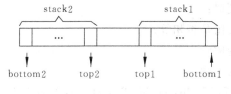

题图 2.2

2.25 有一个二维数组 $A[1:m;1:n]$,假设 $A[3,2]$地址为 1110,$A[2,3]$地址为 1115,
若每个单元占一个空间,问 $A[1,4]$的地址是多少?

2.26 用三元组和带行辅助向量形式表示下列稀疏矩阵:

$$(1) \begin{bmatrix} 15 & 0 & 0 & 22 & 0 & -15 \\ 0 & 11 & 3 & 0 & 0 & 0 \\ 0 & 0 & 0 & -6 & 0 & 0 \\ 0 & 0 & 0 & 0 & 0 & 0 \\ 91 & 0 & 0 & 0 & 0 & 0 \\ 0 & 0 & 28 & 0 & 0 & 0 \end{bmatrix}$$

$$(2) \begin{bmatrix} 8 & 0 & 0 & 0 & -13 & 0 & 0 & 0 & 26 \\ 15 & 0 & 0 & 6 & 0 & 0 & 0 & 5 & 0 \\ 0 & -3 & 0 & 4 & 0 & 3 & 0 & 0 & 0 \\ 0 & 0 & 0 & 2 & 0 & 0 & 0 & 4 & 0 \\ 0 & 0 & -12 & 0 & 0 & 0 & 0 & 0 & 0 \\ 0 & 2 & 0 & 0 & 0 & 0 & 0 & 0 & 0 \\ 0 & 0 & 0 & 4 & 0 & 0 & 0 & 0 & 0 \\ 7 & 0 & 0 & 0 & 0 & 0 & 0 & 0 & 0 \\ 12 & 0 & 0 & 0 & 2 & 0 & 6 & 0 & 30 \end{bmatrix}$$

2.27 试说明树与二叉树有何不同？为何要将一般树转换为二叉树？

2.28 将下列(题图 2.3)的一般树化为二叉树。

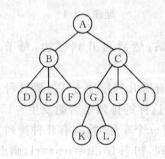

题图 2.3

2.29 设一棵完全二叉树有 1000 个结点,试问：

(1) 有多少个叶子结点；

(2) 有多少个度为 2 的结点；

(3) 有多少个结点只有非空左子树。

2.30 设一棵二叉树其中序和后序遍历为

中序：BDCEAFHG

后序：DECBHGFA

画出这棵二叉树的逻辑结构,并写出先序遍历结果。

2.31 对二叉树写出如下算法：

(1) 复制一棵二叉树；

(2) 判断两棵二叉树是否相等；

(3) 计算二叉树的树叶；

(4) 计算二叉树的深度。

2.32 给定一组元素{17,28,36,54,30,27,94,15,21,83,40},画出由此生成的二叉排序树。

2.33 给定一组权值 $W = \{8, 2, 5, 3, 2, 17, 4\}$,画出由此生成的哈夫曼树。

2.34 有一图如题图 2.4 所示：

(1) 写出此图的邻接表与邻接矩阵；

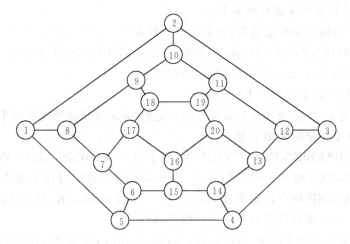

题图 2.4

（2）由结点 v_1 作深度优先搜索和广度优先搜索；

（3）试说明上述搜索的用途。

2.35 有一有向图如题图 2.5 所示：

（1）写出每一结点的入度和出度各为多少；

（2）写出上图的邻接矩阵和邻接表。

2.36 求题图 2.6 中结点 a 到各结点之间最短路径。

2.37 求题图 2.7 中所示 AOV 网所有可能的拓扑排序结果。

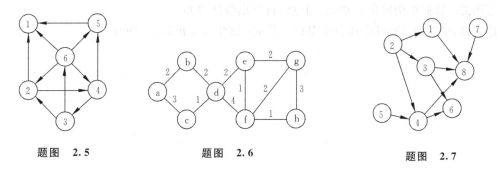

题图 2.5　　　　　　　题图 2.6　　　　　　　题图 2.7

2.38 题图 2.8 所示 AOE 网,求：

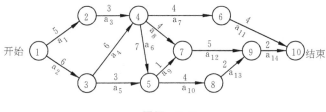

题图 2.8

（1）每一事件最早开始时间和最晚开始时间；

（2）该计划最早完成时间为多少。

2.39 某校 97 级同学举办运动会，报名同学学号为

97438,97102,97528,97136,97338,97250,97407,97239,97227,97517,97321,97421,97451,97241,97118,97543,97309。

画出进行分块查找的数据组织形式。

2.40 画一棵对 20 个记录进行对分查找的判定树，并求等概率情况下的平均查找长度。

2.41 设有 10 个记录的关键字为

ICKES,BARBER,ELYOT,KERN,FRENCE,LOWES,BENSDN,FONK,ERVIN,KNOX。构造 $\alpha=10/13$ 的哈希表，取关键字首字母在字母表中的序号为哈希函数值，用随机探测解决冲突，$d_i=(d_1+R_i) \bmod 13$，R_i 取自伪随机数列：3,7,1,12,10,…，统计该表的平均查找长度 ASL。

2.42 对于给定的一组关键字：41,62,13,84,35,96,57,39,79,61,15,83。分别写出：插入排序、简单选择排序、堆排序、冒泡排序、快速排序、二叉树排序的排序过程，并对各排序方法进行分析。

参 考 文 献

1. 沃思　N 著,曹德和,刘春年译.算法+数据结构=程序.北京:科学出版社,1984

2. 严尉敏,陈文博. 数据结构.北京:机械工业出版社,1990

3. 严尉敏,吴伟民. 数据结构(第二版).北京:清华大学出版社,1992

4. 王本颜,方蕴昌. 数据结构技术.北京:清华大学出版社,1988

5. 蔡明志. 数据结构使用 C 语言.北京:科学出版社,1993

6. 徐士良,朱明方. 软件应用技术基础.北京:清华大学出版社,1994

第3章 操作系统

3.1 引论

3.1.1 什么是操作系统

现代计算机系统,不论是大型、小型或微型机,都是由硬件和软件两大部分组成。计算机硬件部分是指计算机物理装置本身,即包括处理机、存储器、输入输出设备(通称为I/O设备)和各种通信设备。软件部分是指所有的程序和数据的集合,它们由计算机硬件来执行,用以完成某种特定的任务。

计算机系统中的硬件和各种软件构成一个层次关系,硬件部分是核心,通常称为裸机。从功能上看,裸机是有局限性的,用户若要在裸机上运行程序,必须用机器语言编制程序,要求熟悉I/O设备的物理特性、操作细节,并编制相应的输入输出程序。这样显然使用户感到困难和不便。软件的作用是在硬件的基础上对硬件的性能进行扩充和完善。例如有了软件的支持后,用户可以用高级语言来编制程序、用简单的命令使用各种外部设备、用键盘和鼠标器与机器进行对话等。计算机系统中的软件通常可分为系统软件和应用软件两大类:系统软件用于计算机管理、维护、控制和运行,如操作系统、数据库管理系统、语言处理系统以及例行服务程序等;应用软件是用户为解决某一特定问题而编制的程序。在各种软件中,其中一部分软件的运行往往需要以另一部分软件作为基础,新增加的软件可以看作对原来那部分软件的扩充与完善,因此在裸机外面每增加一个软件层后就变成一台功能更强的机器,我们通常把这"功能更强"的机器称为"虚拟机"。图 3.1 表示计算机硬件和软件构成的层次关系。

从图 3.1 可以看出,操作系统是最接近裸机的软件层,因此它是对硬件的首次扩充,也是其他各种软件的运行基础。下面简单介绍操作系统的发展过程。

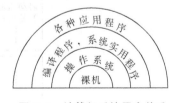

图 3.1 计算机系统层次关系

1. 手工操作阶段

如果我们设想在没有任何软件支持下,用户要装入并运行一个程序,则一切操作必须在人工控制下进行,操作人员要执行一系列繁琐的任务,如将源程序卡片放进卡片读入机、启动卡片输入机、启动编译程序、读入数据卡片、启动编译好的目标程序、从打印机取得结果等。在这种工作方式下,程序执行的速度主要依赖操作员的操作速度。因此对这种方式的第一步改进是希望机器能自动执行,即自动进行读入、编译、装配和执行。

2. 早期批处理阶段

(1) 早期联机批处理

为减少人工操作时间,操作员事先把用户提交的作业组合成一批作业,利用常驻在内存中的监督程序,把这批作业顺序输入磁带中,然后逐个调入内存中运行并输出结果。

(2)早期脱机批处理

联机批处理减少了人工干预的时间,但仍不能解决快速的主机与慢速的外设之间串行工作的矛盾,使主机大部分时间处于等待状态。为解决这一矛盾,采用脱机技术,这种方式是用一台价格较低、能力较弱的计算机,称为卫星机,将卡片或纸带上的程序由卫星机转储到磁带上,再送到主机上执行,同时将结果送入到输出磁带上,再由卫星机将输出磁带的结果送到打印机或穿孔机上。其工作示意图如图 3.2 所示。

3. 执行系统阶段

由于脱机技术是用磁带进行各种 I/O 操作,而磁带本身是串行介质,因此作业只能按它们在磁带上的顺序运行,每个作业在运行时占有全部的机器资源,这样使机器资源的使用效率不能达到理想的程度,只有当通道和中断技术出现后,I/O 与处理机并发运行的可能才得以实现。

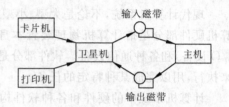

图 3.2 脱机批处理系统

通道是一种硬件,它控制一台或几台外部设备,使外部设备和内存之间能直接进行数据传输,而与中央处理机无关。中断技术使系统能暂时终止当前正在运行的程序,转向各种中断处理程序,而被中止的程序在一定条件下又能被重新恢复运行。

例如当主机在运行程序过程中需要启动外设时,只要将启动信号及必要的参数送给通道,通道就可独立完成输入输出任务;而当外设结束传输后,通道向主机发送一请求中断信号,此时主机暂时中断当前执行的程序,转去处理外设提出的要求,即执行中断处理程序,然后再返回原来执行的程序。其工作示意图如图 3.3 所示。

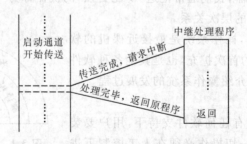

图 3.3 中断系统工作原理

各种中断程序以及负责输入输出的控制程序统称为执行系统。原来的监督程序只是起调用程序的作用,而执行系统则对其他系统程序和应用程序起控制和指挥作用,它常驻内存,从而增强了对系统的保护能力。

4. 多道程序系统

在执行系统中,用户作业被预先送入到外存中,然后通过一定的调度策略从中选取一个作业调入内存运行,因此该系统又称为单一流批处理监控系统。它的主要缺点是不论作业大小,整台机器只能执行一个作业,这样使计算机资源仍然得不到充分利用。

多道程序是指在一台机器上同时运行若干道程序。在单处理机系统中,系统按照各个程序在各个时刻对资源的需求,决定在这些程序间分配时间,如果分配得当,可以得到资源的最佳利用,这类系统称为多流批处理监控系统。

由此可见,操作系统是一种复杂的系统软件,它是用户与计算机之间的接口。从计算机系统管理方面看,引入操作系统是为了合理组织计算机工作流程,使计算机中的硬软件资源能为多个用户共享,最大限度地发挥计算机的使用效率;从计算机用户角度看,引入操作系统是为了给用户提供一个良好的工作环境,以便使用户程序的开发、调试、运行更加方便、灵活,从而提高用户的工作效率。但这两方面是既有联系又有矛盾的,操作系统的任务是在使用简便和耗费代价之间提供最佳的平衡。

由于各种计算机用户对操作系统的要求有不同的侧重,为了达到各种不同的目的,操作系统也分为各种不同的类型。

3.1.2　操作系统的分类

计算机已在人类生活各个领域得到广泛的应用,对计算机的要求也各有不同,因此对操作系统的性能和使用方式也十分不同。同时由于机器型号不同,配置的外设大小数量也不同,从而对操作系统要求也不同。例如对大型计算机往往要求提高对机器资源使用的有效性以及机器的吞吐量;而对于微型机来说,由于相对价格较低,因此对资源使用的有效性不如大型机突出,适用于某种特定的使用方式,一般通过终端来开发和运行程序。

通常把操作系统分成三大类,即多道批处理系统、分时系统和实时系统。

1. 多道批处理操作系统

"多道"是指在计算机内存中同时可以存放多道作业;"批处理"是指用户与作业之间没有交互作用,用户不能直接控制作业的运行,一般称为"脱机操作"。

在多道批处理系统中,用户的作业可以随时被接受进入系统,首先存放在外存缓冲存储器中,形成一个作业队列,操作系统按照一定的调度原则或根据作业的优先程度从作业队列中调出一个或多个作业进入内存,待作业运行完毕,由用户索取运行结果。这类操作系统一般用于计算中心等较大型计算机系统中,目的是为了充分利用中央处理机及各种设备资源。这类系统要求对资源的分配及作业的调度有精心的设计,有较强的管理功能。

2. 分时系统

多道批处理系统能提高机器资源的利用率,但由于用户不能与机器直接交互,这对程序开发工作带来很大的不便,程序员在调试程序时不能及时发现问题修改程序,延缓了程序开发进程,分时系统能满足这方面的要求。

分时系统是指多个用户分享同一台计算机,它将计算机的中央处理机(CPU)在时间上分割成很小的时间段,每个时间段称为一个时间片,系统将 CPU 的时间片轮流分配给多个用户,每个用户通过终端使用同一台计算机,并通过终端直接控制程序运行,进行人与机器之间的交互。由于时间片分割得很小,使每个用户的感觉如同自己独占一台计算机一样。

3. 实时系统

实时系统包括实时过程控制和实时信息处理两种。当计算机直接用于工业控制系统或事务处理系统时,要采用实时操作系统。这类系统要求计算机能对外部发生的随机事件作出及时响应,并对它进行处理。例如在化工过程控制系统中,要求对被控对象的温度、压力等参数变化作出迅速反应并及时给出控制信息;在售票系统中,要求计算机对票证出售情况能及时修改并能准确地进行检索。

由于实时系统要求对外部事件的响应十分及时、迅速,而外部事件一般都以中断方式通知系统,因此要求实时系统有较强的中断处理机构。此外,可靠性对实时系统尤为重要,因为实时系统控制、处理的对象往往是重要的军事、经济目标,任何故障都会导致重大的损失,所以重要的实时系统往往采用双机系统以保证绝对可靠。

实际上经常将以上三种类型的操作系统组合起来使用,形成通用操作系统。例如在计算中心往往把成批处理与分时系统组合起来,以分时作业为前台作业,成批处理的作业为后台作业,这样在分时作业的空隙中可以处理成批作业,以充分发挥计算机的处理能力。也可以将实时系统与分时系统组合起来,实时系统的作业具有最高的优先级,因此在满足实时作业前提下,还可以提供其他用户使用。

3.1.3 操作系统的功能和特性

操作系统是用来管理和调度计算机资源,以方便用户使用的程序集合。由于操作系统是计算机硬件的第一层扩充,因此它更直接依赖于硬件条件,它们构成了操作系统的运行环境;同时由于多道程序系统的出现,为使系统资源得到充分利用,操作系统作为系统管理软件,需要解决由此而带来的各种复杂问题,从而使它具有一些明显的特性,我们将在本节中分别加以讨论。

1. 操作系统的功能

为了有效地管理系统的全部资源,操作系统具有处理机管理、存储管理、设备管理和文件管理功能;同时,为了使用户能方便地使用机器,操作系统还应提供用户接口功能。

(1) 处理器管理

在多道程序系统中,多个程序同时执行,如何把 CPU 的时间合理地分配给各个程序是处理机管理要解决的问题,它主要解决 CPU 的分配策略、实施方法以及资源的分配和回收问题。

(2) 存储管理

主要解决多道程序在内存中的分配,保证各道程序互不冲突,并且通过对内外存的联合管理来扩大存储空间。

(3) 设备管理

现代计算机系统都配置多种 I/O 设备,它们具有很不相同的操作性能,设备管理的功能是根据一定的分配原则把设备分配给请求 I/O 的作业,并且为用户使用各种 I/O 设备提供简单方便的命令。

(4) 文件管理

文件管理又称为文件系统,计算机中的各种程序和数据均为计算机的软件资源,它们都以文件形式存放在外存中。文件管理的基本功能是实现对文件的存取和检索,为用户提供灵活方便的操作命令以及实现文件共享、安全、保密等措施。

（5）用户接口

用户在机器上运行程序过程中，需要告诉机器各种运行要求、出错处理方式等，因此操作系统应向用户提供一系列操作命令，作为机器和用户的接口。操作系统与用户之间的接口大致有两种。

① 程序一级的接口

操作系统为用户提供一组系统调用命令，它可以供用户在程序中直接调用，通过系统调用命令向系统提出各种资源请求和服务请求。

② 作业控制语言和操作命令

在批处理系统中，由于用户无法在程序运行过程中与系统交互，因此必须在提交运行作业的同时，按系统提供的作业控制语言编写作业说明书，告知系统本作业的运行意图及要求的服务。

在分时和实时系统中，用户可通过终端和键盘向系统提出各种请求。

当今计算机尤其是微型计算机已普及到办公室及家庭中，因此如何为用户提供一个简单、方便的操作环境，是推广和普及计算机应用的重要问题。为此各国软件工作者作出了很大的努力，例如用多窗口系统向用户提供友善的、菜单驱动的，具有图形功能的用户接口，用户可以用键盘输入命令，也可以按动鼠标执行命令，这些将对应用软件的开发起到促进作用。

2. 操作系统的特性

多道程序系统的出现，使 CPU 与 I/O 设备以及其他资源能得到充分利用，但也由此带来一些新的复杂问题，这些问题都是操作系统需要考虑和解决的。

（1）并发性

"并发"是指同时存在多个平行的活动，例如 I/O 操作与主机同时运行、在内存中同时存在几道运行程序等。由于并发的出现需要系统解决的问题是如何从一个活动切换到另一个活动，保护一个活动使其免受另一些活动的影响以及如何在相互有依赖的活动之间实施同步等。

（2）共享性

并发活动的目的是达到共享资源和信息。例如多道程序对 CPU，主存以及外设的共享。此外还有多个用户共享一个程序副本、多个用户共享同一数据库等。这些对于提高资源利用率、消除冗余信息是极为有利的。

与共享有关的问题是如何合理分配资源，多道程序存取同一数据时如何保证数据的完整性和一致性，多道程序执行时如何保护程序免遭破坏等。

（3）不确定性

不确定性与确定性是相互依存的，对于计算机的使用者来说要求计算结果是确定的，即对于同一个程序、相同的数据，不论何时运行都应产生相同的结果。从这个意义上看，操作系统应当是确定的。但是在另一方面，它又必须对发生的不可预测事件进行响应，例如多道程序运行过程中提出对资源的请求，对程序运行中产生错误的处理以及各种外部设备的中断请求等都是不确定的，而操作系统必须随时响应并及时处理这类事件，并确保在处理任何一种事件序列中正确执行各道程序。

除了上述性能外,操作系统作为计算机管理和控制中心,还需要考虑本身的执行效率(作业的平均执行时间、资源利用率)、可靠性、可维护性等。

3.2 存储管理

3.2.1 存储管理的功能及有关概念

主存储器(又称内存)是计算机中重要的硬件资源之一,因为用户的程序和数据在运行时均应存放在内存中,以便由处理机访问,而内存的容量是有限的,因此如何对内存进行管理及有效使用,是操作系统的重要内容。不同的操作系统采用不同的存储管理方法,我们把存储管理分为两大类,即实存储管理和虚拟存储管理,将在后两节中分别讨论。

1. 存储器的分级结构

当前计算机的存储器一般分为三级:

·高速缓冲存储器:又称缓存,它是速度很高的存储器,通常用来存放最频繁使用的信息,由于其价格昂贵,因此容量有限。

·主存储器:又称内存,是存放系统和用户指令及数据的设备。处理机只对主存和缓存中的数据进行操作执行。

·外部存储器:简称外存或后缓存储器,如磁带、磁盘、光盘等,它的存取速度较主存慢,但它的容量较主存大得多,价格也便宜得多,可以存放大量的系统和用户程序及数据,但外存上的信息只有交换到主存后才能被处理机执行。

分级存储结构见图 3.4。

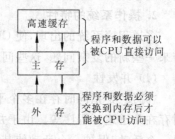

图 3.4 分级存储

2. 存储管理功能

存储管理的功能主要分为内存分配、地址转换、存储保护和内存扩充四部分。

(1) 内存分配

在内存中存放着操作系统以及当前执行的用户作业,因此内存可分为系统区和用户区两大部分。由于多道程序出现,内存中需要存放多个用户作业,因此内存分配要解决如何合理分配内存空间以保证内存中各个作业互不冲突,而且系统要提供适当的分配算法,以提高内存的利用率和运行效率。

(2) 地址转换或重定位

① 地址空间和存储空间

在多道程序环境下,用户不能事先确定程序在内存中的位置,为能独立编制程序只能采用相对地址来编制程序,一般从 0 地址开始。只有当程序装入内存时才能确定其存储空间,因此出现了地址空间和存储空间两个不同的概念。

·地址空间 当前编程人员均用符号指令(汇编)或高级语言来编制程序,对此称为源程序,存放源程序的空间称为名空间(图 3.5(a))。当汇编或编译程序将源程序转换成目标程序后,一个目标程序所占有的地址范围称为地址空间(图 3.5(b)),这些地址的编号是相对于起始地址而定的,一般定起始地址为零,称为逻辑地址或相对地址。

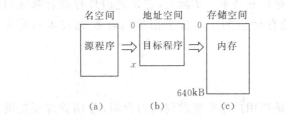

图 3.5　名空间、地址空间和存储空间

·存储空间　存储空间是指当目标程序装入主存后占用的一系列物理单元的集合,这些单元编号称为物理地址或绝对地址,如图 3.5(c)所示。

② 重定位

当用户程序要调入内存时,必须把相对地址转换为绝对地址,同时要包括对程序中与地址有关的指令进行修改,这一过程称为重定位,重定位的方式又有静态重定位和动态重定位两种。

·静态重定位　它是在程序装入时进行,一般通过处理机中一对界地址寄存器来实现(图 3.6)。界地址寄存器分为下界和上界寄存器,分别存放该作业在内存中的起始和终止地址,程序中的逻辑地址与下界地址相加得到物理地址,即

$$x' \quad = \quad x \quad + \quad D$$
（物理地址）　（逻辑地址）　（下界地址）

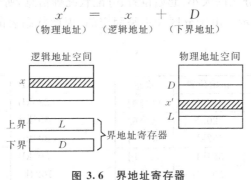

图 3.6　界地址寄存器

·动态重定位　它是在程序执行过程中进行的,当处理器访问主存指令时由动态变换机构自动进行地址转换,这部分将结合不同的存储管理方式进行讨论。

(3) 存储保护

为了保护存储区内各类程序和信息不受某些错误程序的破坏和干扰,必须采取保护措施。在静态重定位系统中,可以用界地址寄存器来判断当前进入内存的程序是否在规定的上下界内,即

$$D \leqslant x' < L$$

如果出现 x' 不满足上述条件,则系统立即发出越界错误,产生错误中断,停止当前执行程序,转去执行出错处理程序。

关于动态重定位系统的存储保护将结合有关的存储方式进行讨论。

（4）内存扩充

在多道程序环境下，各个作业占用的内存空间有限，当作业的地址空间大于分配到的存储空间时必须采取内存扩充技术。实际上，它是把内外存联合起来向用户提供一个容量比实际内存大得多的存储空间。通常采用的内存扩充技术有覆盖、交换和虚拟存储技术。

3.2.2 实存储管理

实存储管理的特点是当用户作业要求调入内存时，存储管理要提供一个不小于作业地址空间的连续存储空间，当存储空间不够时，一般采用覆盖或交换技术作为内存扩充的手段。在这里介绍几种常用的实存储管理方法。

1. 分区分配

这是一种最简单的分配方法，适用于小型、微型机上的多道系统。它的基本思想是将内存划分成若干个分区，每个分区分配给一个作业，用静态重定位方式进行地址转换，并提供必要的保护手段，保证各个作业互不干扰。在分区的划分方式上有固定分区和可变分区两种形式。

（1）固定分区分配

存储器在事前已被划分成若干个大小不等的分区，用户为每个作业规定所需的最大存储量，然后存储管理程序负责找出一个足够大的分区分配给此作业。系统为每个分区设置一个目录，说明该分区的大小、起始位置、分配状况等信息，所有分区目录构成一个内存状态表，如图 3.7 所示。由于分区大小是固定的，因此状态表的结构可以是顺序表也可采用链结构。

区号	容量	起始位置	状态		内 存
				312kB	OS
1	8kB	312kB	已分配	320kB	（8kB）
2	32kB	320kB	已分配	352kB	（32kB）
3	32kB	352kB	未 用	384kB	（32kB）
4	120kB	384kB	未 用	504kB	（120kB）
5	520kB	504kB	已分配	1024kB	（520kB）

图 3.7 内存状态表

固定分区方法实现了多个作业共享内存的目的，它的优点是分区的分配和回收算法十分简单。它的主要缺点是内存的利用不充分，由于作业需要的存储空间和分区的大小一般不会恰好相等，这样实际上每个分区中都有一部分空间被浪费了，我们称这部分浪费的空间为"碎片"。

（2）可变分区分配

可变分区分配是指主存事先并未划分成固定的分区，只有当作业进入主存时，才按作业的大小建立分区，当作业执行完毕后又释放此空间，以便再次分配给其他作业。这种管理存储器的方法称为动态存储管理。由于动态存储管理中分区的大小与个数随时变动，因此宜采用链结构来构造分区的目录。我们将从空间的分配和回收两部分进行讨论。

① 空间分配

在下面讨论中，我们将统称已分配给用户的连续内存空间为"占用块"，而未曾分配的内存连续区为"可利用空间块"或"空闲块"。在初始状态，内存中除了系统程序占用的空间外，整个用户区是一个"空闲块"。随着用户进入系统，系统依次进行存储分配，例如图3.8(a)用户区有 $P_1 \sim P_8$ 八个作业进入内存，但经过一段时间以后，有的用户作业运行结束，它所占用的内存区变成空闲块，这样就出现整个内存区占用块和空闲块交叉存在的状态，如图 3.8(b)所示。如果此时又有用户作业要进入系统，则系统必须在现有的空闲块中为新作业分配空间。

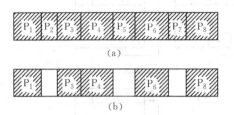

图 3.8　动态存储管理

为便于管理，我们在每一个占用块或空闲块的开始与结束的几个字节中存放有关本块状态信息，称为控制信息区，如图 3.9 所示，并把所有的空闲块链成一个双向链表。

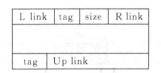

图 3.9　控制信息区

图 3.9 中 L link，R link 为链表的左、右指针；tag 为标志位，tag＝0 表示空闲块，tag＝1 表示占用块；size 是本块的大小，Up link 为本块的起始地址。

设某系统用户区大小为5000字节，地址为1～5000，初始状态如图 3.10(a)所示，依次分配给 5 个作业 $P_1 \sim P_5$，作业占用区大小分别为 1000，300，600，900，700。P_0 为余下的空闲块，各占用块和空闲块情况如图 3.10(b)和(c)所示。

② 空间回收

当某作业执行完毕，系统应将空间收回，插入到空闲块链表中。在插入过程中还需判断其左右相邻地址是否也是自由空间，若是，则应合并成一个大的可用空间，它可通过每一块中头尾的控制信息区的 tag 标志来判断。设当前回收块的起始地址为 p，大小为 n，则应判断它的左邻居 $p-1$ 和右邻居 $p+n$ 的信息区中 tag 是否为 0，若不为 0 则将本回收块插入到空闲块链表中，若出现有 tag 为 0 的相邻块，则应修改原空闲块的大小，将本回收块与相邻空闲块合并。其示意图如图 3.11。

在上述例子中，当 P_4 作业完成后，应回收 P_4 分区到空闲块链表中，见图 3.12(a)；当 P_5 作业完成后，回收时由于其左右邻居均为空闲块，因此应进行合并，见图 3.12(b)所示。

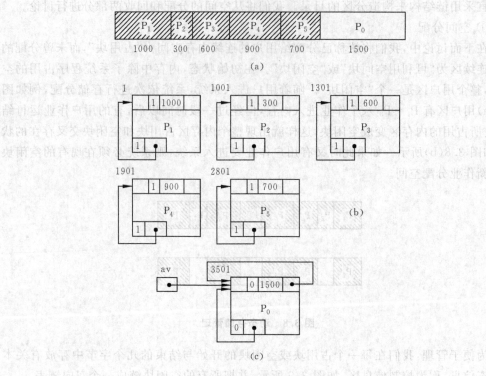

图 3.10　占用块、空闲块表示

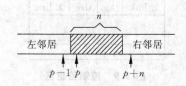

图 3.11　空间回收时与左右邻接块关系

（3）空闲区分配算法

由于空闲块链表中各空闲块的大小不同，在分配时有一个如何分配的问题。通常有三种不同的分配策略。

① 首次适应算法

从空闲块链表的表头指针 av 开始查找，将找到的第一个大小不小于所需大小 n 的空闲块，将其一部分分配给用户。这种空闲块链表既不按结点的初始地址有序排列，也不按结点的大小有序排列，因此在回收时，只要将释放的空闲块插入到链表的表头即可。

② 最佳适应算法

将空闲块链表中一个不小于 n 而最接近 n 的空闲块的一部分分配给用户，这要求系统在分配前首先将空闲块链表中的结点按空闲块大小自小至大有序排列，这样只需找到第一块大于 n 的空闲块即可进行分配。在回收时必须将释放的空闲块插入到链表的合适位置。

③ 最差适应算法

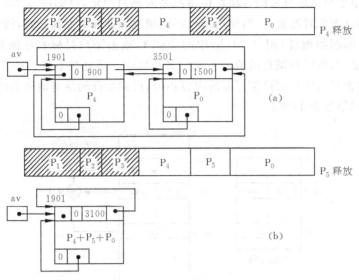

图 3.12 空间回收过程

将空闲块链表中不小于 n 且是链表中最大空闲块的一部分分配给用户。为了节省查找时间，此时空闲块链表的结点应按空闲块大小自大至小有序排列。这样每次分配只需从链表中删除第一个结点，将其中一部分分配给用户，剩余部分作为一个新结点插入到链表的相应位置中。

上述三种分配策略各有所长，一般说来最佳适应算法适用于请求分配内存大小范围较广的系统，因为此时总是找大小最接近请求的空闲块，保留那些较大的空闲块以备响应后面可能出现的内存量大的请求。但同时由于分割结果也会产生一些存储量甚小而无法利用的碎片。最差适应算法每次都从内存中取最大的结点进行分配，从而使链表中的结点大小趋于均匀，因此它适用于请求分配内存大小较均匀的系统。首次适应算法的分配是随机的，通常适用于事先不能掌握运行时可能出现的分配情况。从时间上比较，首次适应算法分配时需查询空闲块链表，但回收时只要插入到表头即可；最差适应算法分配时不用查询链表，而回收时要将剩余部分插入链表适当的位置上；最佳适应算法无论分配和回收，均需查找链表，因此最费时间。

2. 可重定位分区分配

（1）碎片问题和存储区的紧缩

在可变分区分配中，内存区由于各作业多次请求和释放出现大量离散的碎片，使作业无法进入内存运行，浪费了大量内存空间。为了把分散的碎片集中起来使之成为一个大分区，就需要移动各用户程序，使它们集中于主存的一端，这种技术称为存储器的"紧缩"。

（2）程序浮动和重定位

要进行内存的紧缩，就要将主存中的用户程序进行移动，又称程序浮动。但移动程序必须对程序中所有与地址有关的项重新进行定位，由于这一工作是在程序执行过程中进行的，更确切地说是在处理器每次访问内存单元前进行的，因此称为动态重定位。

动态重定位实现过程为：首先将用户作业的目标程序原封不动地装入主存某一分区

中,即用户程序中与地址有关的各项均保持原来的相对地址,例如图 3.13(b)中 Load 1,1000 指令(1000 为相对地址)。当该用户程序被调度到处理器上执行时,操作系统自动将该用户作业区的起始地址(图 3.13(b)中的 10023)减去用户目标程序的相对起始地址(图 3.13(a)为 0),然后将减得的值装入定位寄存器中。当处理器要访问主存时,操作系统将程序中的相对地址与定位寄存器的内容相加,得到主存的绝对地址去访问数据,如图 3.13(b)中绝对地址为 11023。

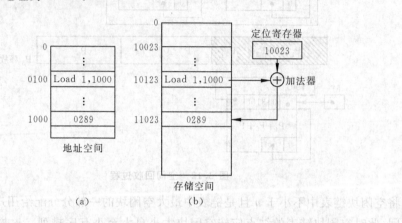

图 3.13 动态重定位

采取动态重定位后,目标程序装入主存时不需修改地址及与地址有关的项,因而程序可在主存中随意浮动而不影响其正确执行。这样可以较方便地进行存储器紧缩,较好地解决内存的碎片问题。但要实现动态重定位必须要有硬件支持,它包括定位寄存器和加法器。为了实现存储保护,仍需一对界地址寄存器。当用户目标程序相对起始地址为零时,可以将下界地址寄存器作为定位寄存器。

可重定位分区分配是在可变分区分配基础上增加内存紧缩功能,因此它的分配算法与可变分区相同。对于存储器的紧缩有两种不同的解决方法。

① 在某个分区被释放后立即进行紧缩,这样系统中始终存在一个连续的自由分区而无碎片。这对于分区的分配管理十分容易,但紧缩工作进行频繁,花费时间较多。

② 在请求分配分区当找不到足够大的自由分区时再进行紧缩。这样紧缩的次数大大减少,但分配管理较复杂。

3. 覆盖技术

当用户作业的地址空间大于主存可用空间时,该作业就无法运行,尤其在多道作业环境中,每个用户使用的存储空间有限,这样就限制了大的程序系统的研制。为了能在较小的空间中运行较大的作业,许多机器采用了覆盖技术。

要进行覆盖的作业必须满足树状的模块结构,如图 3.14(a)所示,其中根部为常驻内存部分,称为根段,其余部分均为覆盖部分,同层模块为一个覆盖段,见图 3.14(b),由于同一层上的模块在逻辑上是互相独立的,即在同一时间只有其中一个模块被调用,因此它们可以共享一个内存空间,其大小按本覆盖段中最大的模块分配。例如图 3.14(b)中模块 B 和 C 可以互相覆盖,F、D 和 E 模块也可以互相覆盖,这样采用覆盖技术后需要的内存空间为 110kB,而不用覆盖时则需要 180kB。

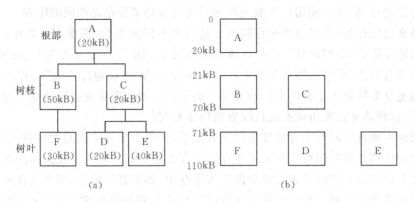

图 3.14 覆盖

为了使用覆盖技术,操作系统需向用户提供一套覆盖描述语言(ODL),用户按覆盖要求用 ODL 写成一个覆盖描述文件。例如对应图 3.14 的结构可写成

ROOT A—(B—F,C—(D,F));

END

其中 ROOT 说明 A 是根段,同层覆盖间用逗号分开,并括在同一括号内。

用户将覆盖文件随同目标程序一起提交系统,系统根据覆盖描述文件形成一个覆盖数据结构,按所需覆盖要求运行程序。

4. 交换技术

交换技术同样是为了解决内存不足的矛盾,它在分时、实时及批处理系统中均有应用。它的基本思想是只允许一个或几个用户作业保留在主存中。例如在分时系统中,当某一用户作业在内存中运行到达了被分配的时间片,或因其他事件不能继续运行时,它不但要让出 CPU,而且要释放出它占有的主存空间,把它以文件形式保存在外存上,直到作业调度程序再次把它调入内存。在实时或批处理系统中,当高优先级的作业要求处理而当时又没有足够的内存空间使用时,则系统强迫从主存移出一个或多个低优先级作业到外存中去,当高优先级作业运行完毕,再将移出的作业重新装入内存。因此又称这种技术为"滚进滚出"。交换技术是以整个作业为单位进行内外存交换,当作业较大时花费的代价较大。

覆盖和交换技术作为扩充内存的方法,通常与分区分配方法结合使用。但仍存在不足,例如覆盖技术要求用户按模块化结构编制程序,并要写出覆盖文件;交换技术以整个作业交换为代价,花费了大量 CPU 时间。由此而引发了虚拟存储技术的出现。

3.2.3 虚拟存储管理

在前述的各种分区管理技术中,其共同的特点是作业运行时整个作业的地址空间必须全部装入内存的一个连续空间中,反之作业就无法运行。这类存储管理技术通称为"实存"。

与"实存"相对应的另一类存储管理技术称为"虚拟存储"管理技术,简称"虚存"。虚拟存储管理技术是用软件方法来扩充存储器,20 世纪 70 年代以后这一技术被广泛采用。

虚拟存储器的概念是指一种实际上并不存在的虚假存储器,它能提供给用户一个比实际内存大得多的存储空间,使用户在编制程序时可以不必考虑存储空间的限制。

在前面已经提到,逻辑地址和存储地址是两个不同的概念,在虚存管理中,把程序访问的逻辑地址称为"虚拟地址",而把处理器可直接访问的主存地址称为"实在地址"。虚拟地址的集合称为"虚拟地址空间",把计算机主存称为"实在地址空间"。程序和数据所在的虚拟地址必须放入主存的实在地址中才能运行。因此要建立虚拟地址和实在地址的对应关系,这种地址转换由动态地址映象机构来实现。

当把虚拟地址空间与主存地址空间分开以后,这两个地址空间的大小就独立了,也就是说作业的虚拟地址空间可以远大于主存的实在地址空间。另一个相关的问题是作业运行时其整个虚拟地址空间是否必须全部调入主存中,如果必须的话,那么实在地址空间仍必须大于虚拟地址空间。但实际情况是程序运行中有些部分经常是不用的(如错误处理程序),有些部分用得很少(如程序中启动和终止处理部分),即使经常使用的部分也可以只将最近要执行的部分装入内存,其他部分到要用到时再调入内存,而这时又可以把暂时不用的部分调出内存,这一情况使虚拟存储管理技术有实现的可能。

在具有虚拟存储管理功能的操作系统中,用户作业的全部程序和数据构成的虚拟地址空间,通常存放在大容量的外存中。实际上用户的虚拟地址空间并不可能是无限大,它受到以下两个条件制约:

(1) 指令中地址场长度的限制。

(2) 外存储器容量的限制。

综上所述,虚拟存储管理技术需要解决以下三方面问题:

(1) 什么时候把哪部分程序装入内存。

(2) 放在内存什么位置。

(3) 当内存空间不足时,把哪部分程序淘汰出内存。常用的虚拟存储技术有:分页存储管理、分段存储管理和段页存储管理。

1. 分页存储管理

(1) 分页管理的基本概念

① 页面、页架(块)

分页存储管理取消了分区分配方式中每个作业必须要连续占用一个存储区的限制,它把内存划分成相同大小的存储区,称为"页架"或"块"。把用户作业的地址空间也按同样大小分成若干"页",系统以页架为单位把内存分配给各作业,每个作业占有的内存无须连续,而且作业的所有页面也不一定同时都装入内存,如图 3.15 所示。

② 分页系统中的地址结构

在分页系统中,每个虚拟地址用一个数对(p, d)来表示,其中 p 为页面号,d 是该虚拟地址在页面号为 p 中的相对地址,称为页内地址。为了计算方便,规定页的大小为 2 的幂。例如某系统页面大小为 $(512)_{10}$ 字节,即相当 $(1000)_8$ 字节,若逻辑地址为 $(1320)_8$,就可以方便地分解得 $p=1, d=320$。

③ 页表与页表地址寄存器

由于分页系统中的各页并不全部都在内存中,而且每个作业在内存中的页面可能分

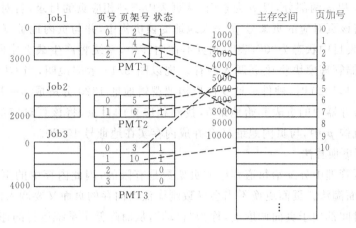

图 3.15　页面和页架

散在内存各页架中,因此当进程要访问某个虚拟地址时,系统如何判别该页是否在内存,若在内存又如何判别在哪一块中呢? 为此系统为每个作业建立一个页面映象表(PMT表),简称页表。页表中应包括:

页号:作业各页的页号,每个作业页号从零开始。

页架号:该页面在内存中的页架号。

状态:表示该页是否在内存中,通常用"0"表示该页不在内存,用"1"表示在内存中。

每当作业调度程序将某作业调入内存时,即为该作业建立页表,当撤消作业时,同时清除其页表。此外系统还设置一个页表地址寄存器(见图 3.16),它指示当前运行的作业页表的起始地址和页表表长。

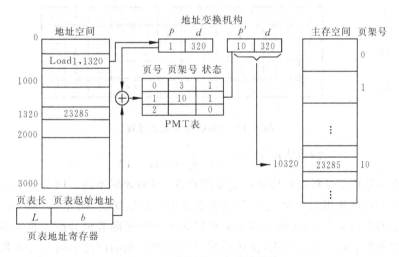

图 3.16　分页管理中地址转换

(2) 分页系统中的地址转换

当某作业被调度到处理器上运行时,操作系统自动将该作业的页表的起始地址和长度装入页表地址寄存器中,当 CPU 执行一条访问内存指令时,硬件地址变换机构把逻辑

地址分解成 p 和 d 两部分,以 p 为索引,从页表中查到相应页的目录,若对应表目中的状态为"1",则将该页对应的页架号 p' 送入地址变换机构中,并与页内地址 d 合并成内存实在地址号;若表目中状态为"0",表明此页不在内存中,系统将产生缺页中断,停止执行用户程序,由存储管理模块将该页调入内存。现以图 3.16 示例说明,当 CPU 执行一条访问 指令 Load 1,1320 时,硬件地址变换机构把逻辑地址 1320 分解成 $p=1,d=320$,由 p 及页表地址寄存器中的页表起始地址 b,找到相应页的目录,将该页对应的页架号 10 送入地址变换机构 p' 中,与页内地址 d 合并成内存实在地址号 10320。

（3）页面更换算法

由于分页管理中分配给每道程序的页架数是有限的,因此内存中的页面要随时进行更换,又称页面淘汰。页面更换不当会导致刚淘汰出内存的页面又要调入内存,这样使处理器大部分时间都用于页面调度上,称为"抖动",从而降低了系统运行的速度。为了避免产生这种现象,必须选择一种较好的算法进行页面淘汰,但是其难点在于人们难以预知一个作业未来访问页面的情况,所以所有的算法都是基于根据作业过去访问页面的情况来推测其未来对页面访问的可能性。由于考虑的角度不同,有各种不同的算法,这里介绍两种常用的算法。

① 先进先出法（FIFO）

这一算法的主要思想是认为最先进入内存的页面,不再被使用的可能性最大。这一算法的实现比较简单,只要把进入主存的页面按进入的次序用链指针链成一个队列,新进入的页面放在队尾,队头的页面首先被淘汰。下面通过一个简单例子说明。

设有一用户程序共分为 5 页,其执行时页面变化的规律称为页面走向 P,分配给该程序的页架数 M 为 3,其页面淘汰过程如图 3.17 所示,其中 F 为"+"号表示页面有交换。

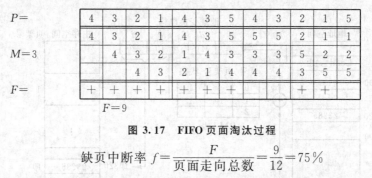

图 3.17　FIFO 页面淘汰过程

$$缺页中断率\ f=\frac{F}{页面走向总数}=\frac{9}{12}=75\%$$

这一算法适用于按线性顺序访问地址的程序,否则效率不高。因为最先进入内存的页面可能是经常被使用的页面,这样就会引起页面频繁地变换,此外 Belady 等人发现,对于某一特定的页面走向,先进先出算法会出现缺页中断率随着被分配的页架数增加反而上升的反常现象。这一现象说明,操作系统中所反映出来的问题有时是与人的直觉相背离的,因此它需要从实际和理论两方面加以研究。

② 最近最少使用法（LRU）

LRU（least recently used)法的基本思想认为过去一段时间中不被访问的页面,在最近的将来不被访问的可能性也最大,应将这种页面首先淘汰。这一算法比较普遍地适用于各种类型的程序,但实现起来较困难,因为要为每个页面设置自上次访问到现在的时间,工作量大,而且随时要进行更新,软硬件的开销太大。因此实际上是采用近似算法。

近似算法要求相应于每个页架中的页面有一位"引用位",由页面管理软件周期性地把所有引用位重新置为零。当该页面被访问时,系统自动将其置为"1",而未被访问的页面为"0"。当需要置换页面时,选择其中引用位为"0"的页。在实现中可将本程序的页架用链指针链成一个循环链表,通过循环地查找引用位为"0"的块进行置换,在查找过程中,那些被访问过的页所对应的引用位又重新被置为"0"。例如图 3.18 中为某程序在内存中由四个页架组成的循环链表,替换指针 q 总是指向最近被替换的页所在的页架,当发生缺页中断需要再次替换时,从它后一块开始检查其引用位,如引用位为"1",则置"0"后再向前检查,直到发现第一个引用位为"0"为止。图 3.18(a)表示当页面 2 被替换到内存后的状态,图 3.18(b)表示再次发生页面替换后状态。近似算法虽较简单,但对所有引用位重新置零的周期不易掌握。

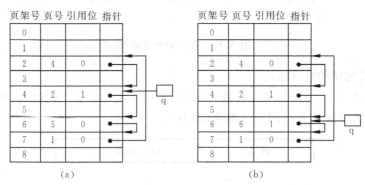

图 3.18　LRU 页面替换过程

（4）分页管理的存储保护

分页环境下的存储保护是通过页表地址寄存器中的页表长度来实现的,当 CPU 访问某逻辑地址时,硬件自动将页号与页表长度进行比较,如果合法才进行地址转换,否则产生越界中断。

（5）分页管理的优缺点

分页管理的优点是

① 不要求作业在内存中连续存放,较好地解决了碎片问题。

② 作业地址空间不受内存的限制,对一些不常用的部分不必常驻内存,为用户提供足够大的存储空间,从而更有利于多道程序作业。

其缺点是

① 要求一定的硬件支持,增加了成本。

② 系统要增加页表及其管理程序,因而增加了内存的开销。同时 CPU 要占有一定时间来处理页面交换。

2. 分段存储管理

（1）分段管理的基本概念

① 段

在前面介绍的各种存储管理技术中,用户作业的地址空间都被看作一个一维的线性地址空间,而实际上当前程序设计都采用模块化结构,即一个程序由若干个标准或非标准程序模块组成,如果能按模块来分配存储空间,则既便于作业执行,又能实现模块共享。分段管理把每个模块的地址空间称为段,每个段规定一个段号,每个段的地址空间都从"0"地址开始。例如图 3.19 程序由主程序、子程序、数据、工作区等模块组成。段式分配为每段在内存分配一块连续分区,一个作业各段在内存的各分区不要求连续,暂时不运行的段可以不调入内存。

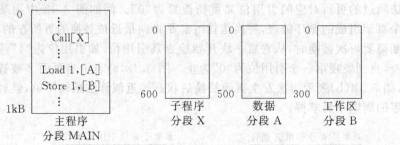

图 3.19　程序的分段结构

② 分段管理中的地址结构

在分段情况下,每一个虚拟地址需要用两部分来描述,即段号 s 及段内地址 w。因此在分段情况下作业的地址空间是二维的,如图 3.20 所示。

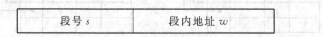

图 3.20　分段地址结构

③ 段表、段地址寄存器

与分页管理相似,系统为每个作业建立一个段映象表(SMT),简称段表,段表中包括:段号、段的长度、段在主存中的起始地址、段的状态以及存取权限等。同时系统设立一个段表地址寄存器,指出当前运行作业的段表在主存中的起始地址 b 以及段表长度 L。

(2) 分段管理中的地址转换

当作业要进行存储访问时,由硬件地址转换机构与段表地址寄存器找到段表中相应段的记录,从而将段式地址空间的二维地址转换成实际内存地址。例如图 3.21 中,将逻辑地址 $s=2,w=292$ 转换成实在地址 8292。

(3) 分段管理中的存储保护

分段情况下的存储保护包括两方面内容:

① 越界保护

与分页管理相似,当 CPU 访问某逻辑地址时,硬件自动将段号与段地址寄存器中段表长度进行比较,同时还要将段内地址与段表中该段长度进行比较,如果合法则进行地址转换,否则产生越界中断。

② 存取控制保护

由于分段情况下段是逻辑上完整的信息集合,因此要注意防止其中的信息被不允许

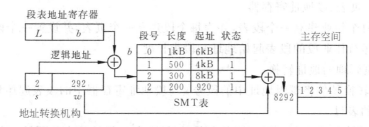

图 3.21　分段管理中地址转换

共享者窃取或修改,往往用存取权限来控制各类用户对信息的共享程度。常用的控制类型有读、写、执行、修改等,为此在相应的段表表目中增加"存取权限"一项。

（4）分段管理的优缺点

分段管理的优点是

① 便于程序模块化处理。在分段系统中,每个程序模块构成各自独立的分段,并可采用段的保护措施使其不受其他模块的影响和干扰。

② 便于处理变化的数据。在实际应用中有些表格或数据长度随输入数据多少而变化,在这种情况下要求能动态扩大一个分段的地址空间,这在分段系统中并不困难,而且这样做并不会影响地址空间中的其他部分。

③ 便于共享分段。在单一线性地址空间情况下,如果有两个作业同时要使用一个子程序,则在每个作业的地址空间中均需保留该子程序的一个副本,且相应地在主存中也出现重复的副本,这样造成对主存的浪费。在分段系统中分段的共享只要通过各作业段表的相应表目指向同一个共享段的物理副本来实现。

其缺点是

① 与分页管理一样要增加硬件成本;要为地址变换花费 CPU 的时间;要为表格提供附加的存储空间。

② 分段尺寸的大小受到主存的限制。由于段的长度不固定,又会出现"碎片"问题,处理机要为存储器的紧缩付出代价。

3. 段页式存储管理

（1）段页式存储管理的基本概念

① 段页结构

段页式管理是分页和分段管理结合的结果。段页式管理中,作业的地址空间采用分段方式,而作业的每一段又采用分页方式。整个主存分成大小相等的存储块,称为页架,主存以页架为单位分配给每个作业。

② 段页管理的地址结构

段页管理中的逻辑地址用三个参数表示,即段号 s,页号 p 和页内地址 d,如图 3.22 所示。

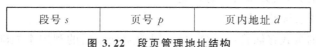

图 3.22　段页管理地址结构

③ 段表、页表、段地址寄存器

系统为每个作业建立一个段表,并为每个段建立一个页表,并设置一个段地址寄存器来指出当前运行作业段的段表起始地址和段表长度。

(2) 段页管理的地址转换

① 地址转换硬件将逻辑地址中的段号 s 与段地址寄存器中的段表起始地址 b 相加得到该访问段的表目。

② 从该段表目中得到该段页表的起始地址,并与逻辑地址中的页号 p 相加得到欲访问页在该段页表中的地址。

③ 从该页表目中得到对应的页架号 p' 并与逻辑地址中的页内地址 d 相加得到绝对地址。

图 3.23 表示段页管理的地址转换过程。

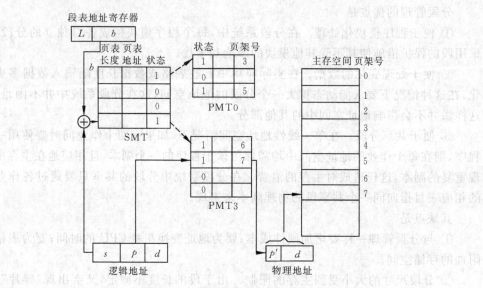

图 3.23　段页管理的地址转换

(3) 段页式管理的优缺点

段页式管理具有分页、分段管理的优点,是使用得最广泛、最灵活的一种存储管理技术。

其缺点是:需要更多的硬件支持,增加了硬件的成本,同时也增加了软件的复杂性和管理开销。

4. 分页环境下程序的行为特性

分页系统为存储管理提供了十分有价值的概念,但也由此引出很多新的问题,很多操作系统专家对在分页环境下程序的行为特性进行了大量的研究和观察,如作业占有的页架数与缺页频率的关系、页面大小的确定等。

(1) 局部性概念与工作集

在单处理器的页式存储管理系统中,人们期望处理器的利用率能随着多道程序数的增加而增加,但实际观察表明,只有在多道程序数低于某一级别时才如此,当多道程序数超过某级别时,处理器的效率会突然降低,如图 3.24 所示。这是因为多道程序程度过高,使内存不可能为每个程序保存足够多的页面,这样就必然产生大量的页面短缺而使系统发生"抖动",CPU 的利用率突然下降。因此每个程序在它有效地使用处理器之前,必须要在内存中保留一个最小数量的页面数。这一问题是通过对局部性理论的研究来解决的。

基于对大量程序运行特性的观察结果发现,程序对主存的访问不是均匀的,而是表现出高度的局部性,它包含时间局部性和空间局部性。

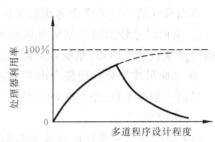

① 时间局部性:当程序中某个地址最近被访问了,那么往往很快又被再次访问。

② 空间局部性:当程序中某个地址最近被访问了,那么它附近的地址也会被访问。

图 3.24 处理器利用率与多道程序数关系

在分页环境中,程序访问的局部性表现为程序在某个时间内对作业地址空间中各页面的访问往往不是分散的、均匀的,而是比较集中于少数几页。随着时间的推移,又集中于另外的少数几页。图 3.25 表示分页情况下平均两次缺页时间间隔 T 与分给作业的页架数 M 之间的关系曲线。从曲线上看出,当对应较少的页架数时,如果再多分配给作业页架数,则平均缺页时间有明显的改善;但当页架数增至相当数以后,即使多分给页架数,其缺页时间间隔也改善不大,曲线在此出现明显的拐点。

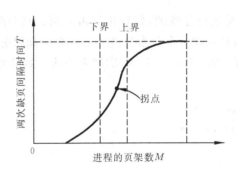

图 3.25 缺页时间间隔与作业页架数关系

T-M 曲线参数随程序的不同而不同。很多人对曲线的数学模型进行研究。如 Belady 提出的数学模型为

$$G(x) = ax^k$$

其中:x 为分配的主存大小;a 为常数;$k=1.5\sim3$;a 和 k 随程序不同而不同。这种模型在拐点以下与实际程序曲线很一致。

根据程序行为特性的局部性理论,Denning 于 1968 年提出了工作集理论。工作集是指程序在某段时间内实际上要访问的页面的集合。工作集中包含的页面数称为工作集尺寸,实际上工作集尺寸是随着程序运行时间而不同的。工作集尺寸的选择对存储管理的影响很大,如果选得过大,甚至把整个作业地址空间都包含进去,就失去了虚存的意义;而如果选取过小,则将引起频繁的缺页,降低系统的效率。不少学者认为,程序工作集大小可以粗略地选在 $T\text{-}M$ 曲线的拐点附近。因此实际上正确的策略并不是消除缺页现象,而是把缺页的间隔时间控制在合理的范围内,使分配给作业的页架数保持在上、下限之间。

(2) 页面大小的确定

页面尺寸的决定通常要考虑以下因素:

① 页面尺寸较大时将增加页内碎片的消耗,在分给作业内存大小固定的情况下,大页面会使缺页频率增加,系统效率降低。

② 页面尺寸较小将使整个内存的页架数增加,并要求更多的页表空间。

目前一般微型机、小型机的页面大小为 128kB～512kB,而大、中型机的页面大小约为 1k～4k 字长。

(3) 程序结构对系统运行效率的影响

程序的结构对系统的缺页频率以至整个系统的效率有一定影响,因此我们在进行程序设计的时候,应考虑提高程序访问的局部性,减少访问的离散性,以提高程序的质量。例如我们在页面为 128 字长的分页系统中,用 C 语言编写一个将 128×128 个元素的数组初始化的程序:

```
int A[128][128];
for(j=1;j<=128;j++)
   for (i=1;i<=128;i++)
      A[i][j]=0;
```

由于 C 语言中数组是按行存放的,每行正好占一页,而程序中的处理顺序却是按列进行,这样执行过程中每页处理一个元素就进入下一页。如果分配给这个程序的数组只有一个页架,那么将引起 128×128＝16 384 次缺页中断。如果将程序改为

```
int A[128][128];
for (i=1;i<=128;i++)
   for (j=1;j<=128;j++)
      A[i][j]=0;
```

这个程序执行中只引起 128 次缺页中断。

此外从程序访问的局部性角度考虑,应注意选择适当的数据结构以增加程序访问的局部性。例如堆栈是较好的数据结构类型,因为它的操作总是集中在栈顶,而链表与哈希表的局部性相对要差些。

3.3　处理器管理

处理器(CPU)是程序的执行机构,用户要求计算机完成一项作业,首先必须将作业程序调入内存,再由处理器逐条执行程序指令。在多道程序系统中,内存中同时有多道程序需要执行,如果程序数与处理器数相等,那么不会引起逻辑上的任何困难,但通常是处理器数少于程序数,于是处理器就在各程序之间进行切换,因此这时多道程序并发运行实

际上是在一个处理器上交叉运行若干道程序而达到的。处理器管理就是要解决用户提交的作业何时调入内存,在调入内存的各个作业程序间如何分配处理器,以达到各道程序能协调一致运行,而系统资源又能得到最大程度的利用。

3.3.1 基本概念与术语

1. 作业和进程

在多道程序系统中,多道程序并发运行,为了竞争有限的资源,相互间存在依赖与制约关系,因此它们在系统中的状态是不断变化的,即时而运行,时而停顿。这样,用原来的程序概念已无法刻画和反映系统的状况,因此有必要引入新的概念——进程,并对前面提到的作业、程序等概念作更确切的描述。

(1) 作业、作业步

作业是用户在一次算题过程中或一个事务处理中要求计算机系统所做工作的集合。

一个作业是由一系列有序的作业步所组成。一个作业步运行的结果产生下一个作业步所需的文件。例如要用高级语言编制程序并获得运行结果,就要经历编辑、编译、连接装配、运行四个作业步。

(2) 进程和程序

一旦操作系统接受了某用户的作业,并把它调入内存执行,系统就为此作业创建一个或多个进程。因此进程可以看成是程序的一次执行,即是在指定内存区域中的一组指令序列的执行过程。多个进程可以并发运行,并可能由于各种原因随时中断。

从对进程的描述来看,进程既与程序有关,又与程序不同,它们有如下区别:

① 进程是程序的执行,因此属于动态的概念;而程序是一组指令的集合,是属于静态的概念。

② 进程既然是程序的执行,因此它是有生命过程的,进程有诞生(创建进程)和死亡(撤消进程),因此进程的存在是暂时的,而程序的存在是永久的。

2. 特权指令、处理器状态

每个处理器都有自己的指令系统,在多道程序环境中为了保证系统正常工作,将指令系统中的指令分为两类:

(1) 特权指令:只能由操作系统使用。

(2) 非特权指令:供一般用户使用。

对应两种不同的指令,处理器有两种执行状态:

(1) 管态:又称主态、执行状态,此时处理器执行特权指令。

(2) 目态:又称算态、题目状态,此时处理器处于用户执行状态。

3. 处理器管理

在大型通用系统中,可能有数百个批处理作业存放在磁盘中,又有数百个终端用户与主机联接,如何从这些作业中挑选一些作业进入主存运行,又如何在主存各进程间分配处理器,是操作系统资源管理的一个重要问题。处理器管理又称处理器调度,一般分为两级:

• 作业调度:又称高级调度或宏观调度。它的主要功能是按照某种调度原则,选取某些作业进入内存,为它们分配必要的资源,建立相应的进程,并当作业完成后做好一切善后工作。

· 进程调度：又称低级调度或微观调度。它的主要功能是按照某种调度原则，实现处理器在各进程间的转换。

我们将在后面两节中分别讨论这两种调度。

3.3.2 作业调度

1. 作业状态转换及作业控制块

一个作业从进入系统到运行结束，一般要经历"提交"、"收容"、"执行"、"完成"四种状态，如图 3.26 所示。

（1）提交状态：用户向机房提交作业或通过终端键盘将作业输入，其作业所处的状态为提交状态。

（2）收容状态：作业的全部信息已输入外存储器中等待运行，又称后备状态。

（3）执行状态：作业被作业调度程序选中进入内存，称为执行状态。

（4）完成状态：作业执行完毕，释放其占用的全部资源，准备退出系统。

图 3.26 作业的四种状态

为了管理和调度作业，当作业被收容到外存储器中后，系统为每个作业建立一个作业控制块（JCB），它详细记录每个作业的有关信息。不同系统的 JCB 包含的信息不完全相同，主要有：

· 作业名：用户作业的名称，由用户定。

· 状态：输入/收容/执行。

· 优先数：根据作业的重要程度，由系统或用户确定。

· 运行时间：估计完成本作业所需时间。

· 位置：本作业在外存中的起始地址。

· 长度：作业的地址空间。

· 外设申请：作业运行时要求的外部设备。

所有的 JCB 可按作业的优先数大小或作业到达系统的时间顺序构成一个作业队列，如图 3.27 所示。

2. 作业调度的功能

通常作业调度程序要完成以下的工作：

（1）按照某种调度算法，从作业队列中选取作业进入内存。

（2）调用存储管理和设备管理程序，为被选中的作业分配内存和外设。

（3）为选中的作业建立相应的进程。

（4）作业运行完毕时回收该作业占用的资源，输出必要的信息，撤消该作业的 JCB 与相应的进程。

3. 作业调度算法

多道程序下作业调度的目标是在众多作业中选择一个或多个作业投入运行，这些作

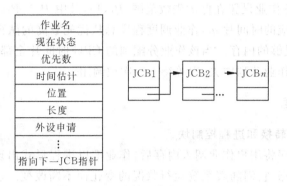

作业名
现在状态
优先数
时间估计
位置
长度
外设申请
⋮
指向下一JCB指针

JCB1 → JCB2 → JCBn
...

图 3.27　作业控制块与作业队列

业的组合使系统能运行尽可能多的作业,系统资源能得到充分的利用,而且能对所有作业尽量公平合理。但这些目标往往是相互冲突的,实际上系统采用的调度算法是兼顾各方面的折衷算法。一般在设计调度算法时考虑的因素有:

(1) 选择的调度算法应与系统整个设计的目标一致。如在批处理系统中,应着重提高处理器的使用效率:分时系统中应保证用户所能忍受的响应时间;而实时系统中应在保证及时响应的前提下才考虑系统资源的使用效率。

(2) 应注意系统资源的均衡使用。如将 I/O 繁忙的和 CPU 繁忙的作业搭配运行。

(3) 应保证进入系统的作业能在规定时间内完成,尽量缩短作业的平均周转时间。

这里介绍几种常用的调度算法:

(1) 先来先服务算法

这是最简单的一种调度算法。系统按作业录入的先后次序建成作业队列,调度程序从队头开始调度作业。这一方法从表面上看似乎对各个作业是公平的,但当一个大作业先到达系统时,会使其后的小作业等待很长时间。

(2) 基于优先级的调度算法

作业的优先级可以由用户在申请作业时根据作业的紧急程度指定一个优先数,系统在登录时按优先级数把该作业插入到作业队列中。有的系统中作业的优先数不是由用户给定,而由系统根据作业的某些属性来确定。如可设定处理器时间最短者优先、内存空间要求最少者优先等。有时为保证输出量少,要求运行时间短的作业或已等待较久的作业能得到优先运行,可用如下的优先数计算公式:

$$优先数 = (等待时间)^2 - (要求运行时间) - (输出量)$$

它的基本思想是既保证优先照顾各种短作业,但也不致使长作业因等待过久而得不到运行机会。

(3) 分时和优先级相结合的作业调度

这种调度算法主要用于具有分时操作的系统中,这类系统为了确保每个用户的合理响应时间,以及防止由于进入内存程序道数过多而使系统发生"抖动",因此对运行的用户数进行限制。假设系统设置的优先数为:$1 \leqslant L_1 < L_i < L_2 \leqslant n$。后备作业按优先数分成几个队列,系统为每个用户作业确定一个优先数范围(L_2, L_1),且开始时处于L_2。范围(L_2, L_1)表明该作业需要获得哪种类型的分时服务。一般将会话型作业设置在高优先数范围

(n, P_2),而将批处理作业设置在低优先数范围$(P_1, 1)$,其中$P_2 > P_1$。系统为每个后备作业队列分配一个相应的时间片qi,作业调度程序总从优先数高的队列中选择作业调入内存,条件是当时有足够的内存。当该作业分配到的CPU时间片全部用完后,它将回到比原先低一级的后备作业队列中去,以等待下一次被调用。

3.3.3 进程调度

1. 进程的状态转换和进程控制块

当作业管理程序将用户作业调入内存后,作业即以进程形式出现。在内存中的多个进程具有不同的状态,它们随着系统运行状况的变化而不断改变。进程的三种基本状态如下:

(1)就绪状态

这类进程已具备各种必需的资源,只等待获得CPU。

(2)运行状态

系统根据某种调度算法,将CPU分配给某一个就绪进程使之运行,该进程就处于运行状态。当运行的进程由于分配的CPU时间已到或是由于I/O要求,则必须交出CPU转入就绪或阻塞状态。

(3)阻塞状态

进程在运行中由于要等待I/O设备或发生其他错误时,就转入阻塞状态。待到阻塞原因消除后,重新回到就绪状态。

进程各状态之间转换的示意图见图3.28(a)。

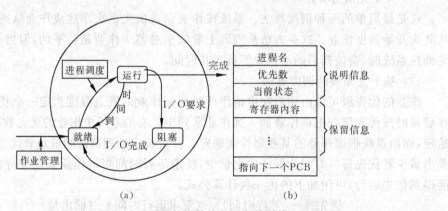

(a)　　　　　　　　　　(b)

图3.28　进程状态转换与进程控制块

与作业管理相似,系统为每个进程建立一个进程控制块(PCB)。PCB中的信息分为说明信息与保留信息两部分。说明信息包括进程名、优先数及当前状态;保留信息是保留该进程由运行状态转入阻塞或就绪状态时当时各寄存器的内容,以便当该进程重新进入运行时恢复当时各寄存器状况,如图3.28(b)所示。

在单处理器系统中,任何时刻只有一个进程处于运行状态,其他进程分别处于就绪或阻塞状态。为了调度方便,通常将处于就绪进程的PCB构成一就绪队列;按各种阻塞原因的PCB构成多个阻塞队列。

2. 进程控制

进程控制对系统中全部进程实施有效的管理,即它应具有创建进程、撤消进程、改变进程状态的功能。

在非结构系统中,进程控制功能由操作系统内部完成,用户无法参与,因此这类系统中的各进程是互相平等的。

在树形结构系统中,一个进程能够创建一个或多个进程,前者称为父进程,后者称为子进程。这样就形成了一个进程家族,如图 3.29 所示。这种结构中进程层次清楚,关系明确,得到了较为广泛的应用。对于这类系统,必须设置一个机构进行进程控制,它是用户通过各种原语操作来实现的。

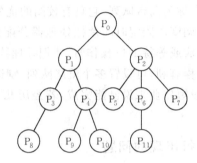

图 3.29 进程的层次结构

原语(primitive)是机器指令的延伸,由若干条机器指令构成,用以完成某一特定功能的程序段,又称为广义指令。原语在执行期间是不允许被中断的。它可以提供给用户在程序中调用,通常的调用形式为:原语名称(参数集)。

对应进程控制的原语有:

(1) 创建原语

按调用者提供的参数,构成该进程的 PCB。

(2) 挂起原语

中断该进程的运行,把 PCB 中的状态置为阻塞状态。

(3) 激活原语

把某阻塞进程置为就绪状态,等待分配 CPU。

(4) 撤消原语

停止该进程的执行,释放它所占有的各种资源,删除该进程的 PCB。

3. 进程调度的算法

进程调度的核心是采用某种算法动态地把处理器分配给就绪队列中的某一个进程。进程调度算法与作业调度算法有很多相似处。下面介绍几种常用的算法。

(1) 优先数法

这是一种常用的进程调度算法,即把处理器分配给具有最高优先数的进程。这一算法的关键问题是如何确定进程的优先数。一般根据进程的重要程度、要求的资源、计算时间的长短等因素来确定。

(2) 轮转调度法

优先数法适用于多道批处理系统。但这一算法只有在优先数高的进程完成或发生某种事件后,才转去执行另一个进程,而优先数低的进程必须等待很长时间,这在分时系统中不能允许,因为在分时系统中响应时间是有要求的,轮转调度可满足响应时间的要求。

简单轮转法是按规定的时间片将处理器轮流分配给就绪队列中的进程。这种方法比较照顾短进程,而对长进程的服务机会减少了,为使长进程也能有足够时间,有时可采用可变时间片方法,即增长长进程的时间片。

(3) 分级调度法

这是将上述两种算法结合的算法。因为在简单轮转法中,对于在一个时间片内不能完成的进程,优先数的作用不明显,为使进程能正比于优先数的速度向前推进,可将单就绪队列改为双就绪队列,一个称为前台队列,它具有较高的优先数,另一个称为后台队列,它具有较低的优先数。进程调度以固定时间片把处理器分配给前台队列中的进程,仅当前台队列中的进程已全部完成或等待 I/O 操作时,才把处理器分配给后台进程。

若希望能进一步对短进程有利,可设置多个就绪队列,刚进入的进程先在前台队列中轮流执行几个时间片,对一般短作业来说已能完成,若经历几个时间片仍未结束,则把它投入后台队列中去。

3.3.4 多道程序并发运行出现的问题

多道程序并发运行,给系统资源的利用带来很大好处,但也给程序设计带来巨大的影响,需要解决一些新的问题。如并行程序执行时对资源的共享问题,相关进程间的互相制约和通信问题以及由于资源分配不当出现的死锁问题等。

1. 进程的同步与互斥

(1) 同步与互斥现象

系统中的多个进程原本是相互独立的,也就是说各进程的进展情况随系统中随时发生的各种事件而变化,因此是不确定的。"同步"是指两个事件的发生存在某种时序上的关系,如果系统中有若干个进程要共同完成某一任务,那么它们相互之间必须协调配合,这就需要有一种工具使它们同步运行。

"互斥"是进程间的另一种关系。当多个进程要求共享系统中某些硬件或软件资源,而这些资源却又要求排它性使用时,这样往往引起由于多个进程竞争同一资源使运行结果出现问题。例如有多个进程都要求打印输出,而系统只有一台打印机,如果不采取任何措施,则会出现多个进程的输出结果交叉出现在打印清单上。又例如有两个进程 P_1,P_2 都对某公共变量 count 作加 1 运算,如果当时进程按下列方式交替运行:

$P_1 : R_1 \leftarrow count;$

$P_2 : R_2 \leftarrow count;$

$P_1 : R_1 \leftarrow R_1 + 1; count \leftarrow R_1;$

$P_2 : R_2 \leftarrow R_2 + 1; count \leftarrow R_2;$

虽然 P_1,P_2 都对 count 作了加 1 运算,但 count 中只增加 1。

为了防止发生上述情况,必须把多个进程使用同一资源的过程"分离"开来,也就是互斥地使用该类资源。

（2）解决同步与互斥的工具

解决同步与互斥的工具有多种，可以由硬件实现，也可以由软件实现。这里介绍一种用同步原语对某信号量进行操作以实现同步与互斥的方法，通常称为 P-V 操作。

P-V 操作对信号量 s（整型数）操作的定义为

· P 操作 P(s)

1. s←s-1

2. if(s<0)then

3. {status(q)←"blocked"　//将进程 q 置为"阻塞"//

4. insert(Q,q)}//将 q 插入阻塞队列 Q 中//

5. return

· V 操作 V(s)

1. s←s+1

2. if(s≤0)then

3. {remove(Q,R)　//将 R 移出阻塞队列 Q//

4. status(R)←"ready"//将 R 置为"就绪"//

5. insert(RL,R)}//将 R 插入就绪队列 RL//

6. return

其中 status,insert,remove 均为系统提供的过程；进程 q 为 P(s)所在的进程；R 为当时阻塞队列 Q 中第一个等待者。

（3）用 P-V 操作实现进程互斥

在上述例子中，如果在进程 P_1，P_2 中加入 P，V 操作后，可以实现对公用变量 count 的互斥使用。其中 P(s)，V(s)之间的程序段称为临界区。

$$P_1$$
$$\cdots$$
$$P(s)$$

$R_1←count$ ⎫ 临

$R_1←R_1+1$ ⎬ 界

$count←R_1$ ⎭ 区

$$V(s)$$
$$\cdots$$

$$P_2$$
$$\cdots$$
$$P(s)$$

$R_2←count$ ⎫ 临

$R_2←R_2+1$ ⎬ 界

$count←R_2$ ⎭ 区

$$V(s)$$
$$\cdots$$

设初值 s=1，当 P_1 进程要对 count 进行运算前先要执行 P(s)操作，当 P(s)出口时 s=s-1=0，然后进入临界区进行 count 加 1 运算，如果这时由于某种原因使 P_1 中断运行，同时使 P_2 开始运行，但当 P_2 执行到对 count 进行运算前也必须先执行 P(s)，当 P(s)出口时，s=s-1=-1<0，则系统将进程 P_2 插入到阻塞队列 Q 中，直到 P_1 进程执行完临界区程序，并执行完 V(s)操作后，使 s=s+1=0，才有可能重新激活 P_2，执行其临界区的程序，这样就实现了进程 P_1，P_2 在临界区的互斥作用。

（4）用 P-V 操作实现进程同步

① 非对称制约

如果进程 P_1 在执行到 L_1 处需要从进程 P_2 获取某些信息后才能继续执行,而这些信息却是 P_2 到达 L_2 处后才能提供,为此这两个进程必须采用如下方式进行同步:

P_1	P_2
…	…
L_1：$P(s)$	〔产生信息〕
〔获取信息〕	L_2：$V(s)$
…	…

设置初值 $s=0$,在进程 P_2 尚未完成 $V(s)$ 操作之前,进程 P_1 只能处于等待状态。

② 双向制约——生产者和消费者问题

生产者和消费者问题是并发进程内在关系的一种抽象,具有很大的实用价值。生产者生产物品存入公共缓冲区中以供消费者取用。但在运行过程中要防止生产者将物品放入已满的缓冲区中,同时也禁止消费者从空缓冲区中取物品。假设公共缓冲区中只能放置一件物品,我们用 P,V 操作来实现生产者和消费者两个进程之间的同步。

生产者	消费者
L_1：〔生产物品〕	C_1：$P(s_2)$
$P(s_1)$	〔从缓冲区取物品〕
〔将物品放入缓冲区〕	$V(s_1)$
$V(s_2)$	〔消费物品〕
$GotoL_1$	$GotoC_1$

设置初值 $s_1=1,s_2=0$,这样当以上两进程运行时,不论在何处中断,均能进行协调工作。读者可进一步考虑当缓冲区为任意大小以及有多个生产者和消费者时的同步措施。

2. 进程通信

由于一个作业可以被分解成多个进程并行执行,因此这些进程间应经常保持联系,这种联系通常表现为进程之间需要交换一定量的信息,称为进程通信。

P-V 操作也是一种通信方式,但只适合传递少量信息,效率较低,称为低级通信方式。除此以外还有以较高效率,传送大批数据的高级通信方式。

(1) 直接通信

直接通信又称消息缓冲区。是指一个进程直接发送一组消息给接收进程。发送的消息由消息头和消息正文两部分组成:

发送进程名(N)
消息长度(size) 〕消息头
消息正文(text)

系统提供发送和接受原语:

Send(P,Msg):向 P 进程发送一个消息,Msg 为发送区首地址。

Receive(P,Msg):接收来自 P 进程的一个消息,Msg 为接受区首地址。

发送进程用 Send 原语把发送消息从发送区复制到消息缓冲区,每个进程控制块 PCB 中增设一指针 Hptr,指向发送到该进程的第一个消息缓冲区始地址,所有发送到该进程的消息缓冲区构成一个消息队列。

接收进程用 Receive 原语接收消息,把发送来的消息复制到接收区,并将该消息缓冲区从队列中删除。

两个进程 A,B 进行通信的过程如图 3.30 所示。

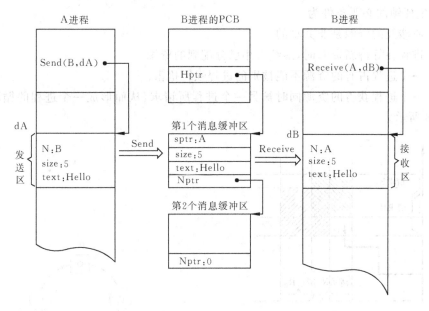

图 3.30 进程通信

（2）信箱通信

这是一种间接通信方式。进程间通信的消息以信件方式存放在信箱内。当两个进程要进行通信时,由发送方创建一个链接两个进程的信箱,信箱的结构形式也分为信箱头和正文(格子)两部分,待要进行通信时只须把信件投入信箱,接收进程可在任何时候取走。信箱通信的原语形式为

Send(A,Msg):发送消息到信箱 A。

Receive(A,Msg):从信箱 A 接收一个消息。

信箱通信的示意图见图 3.31。

3. 死锁

（1）死锁的原因和必要条件

死锁是指计算机系统中进程所处的一种状态。

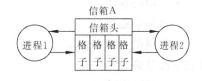

图 3.31 信箱通信

在多道程序系统中,实现资源共享是操作系统的基本目标,但不少资源要求互斥地使用,如果使用不当就会产生死锁。例如系统中有两个进程 P_1 和 P_2,在运行过程中分别已占有了打印机(R_1)和输入机(R_2),此时 P_1 又申请输入机而 P_2 又申请打印机,但系统只有一台输入机和一台打印机,那么这时 P_1,P_2 均无法运行,系统进入死锁状态。

我们用图 3.32 来描述上述情况,图中 x,y 轴分别表示进程 P_1,P_2 的运行方向,在单处理器系统中,两个进程的进展路线是一条台阶形的折线,在二维空间上的阴影区表示 P_1 和 P_2 同时要求占有同一资源部分,进程的进展路线若进入阴影区,则表明系统进入死锁状态。

从上述情况可以看出,产生死锁的原因为

① 系统资源不足。

② 进程推进的顺序不当。

产生死锁的必要条件为

① 所涉及的资源是非共享的。

② 进程在等待新资源时,继续占用已分配到的资源。

③ 一个进程占有的资源不能被别的进程强行抢占。

④ 一个进程获得的资源同时被另一个进程所请求,从而形成一个进程的循环链,如图 3.33 所示。

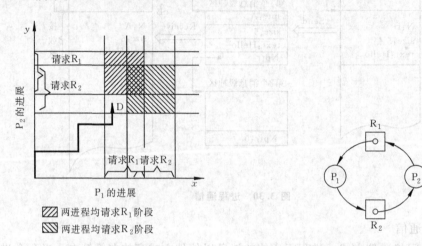

图 3.32　死锁图解　　　　　图 3.33　进程循环链

随着系统的不断增大和复杂化,产生死锁的可能性也随着增加,解决死锁的方法大致有以下三类:

· 死锁的预防

· 死锁的避免

· 死锁的检测和恢复

将在下面分别介绍。

(2) 死锁的预防

死锁的预防是研究如何破坏产生死锁的必要条件之一,从而达到不使死锁发生的目的。下面分别讨论破坏四个必要条件的可能和方法。

破坏条件① 较难实现,因为有些资源的性质是非共享的,但可采用假脱机技术(3.4.3节)将非共享设备变成共享设备来实现。

破坏条件② 的方法是规定各进程所需的全部资源只能事先一次申请(静态分配),并在没有获得全部资源之前,不能运行。这一方法实现起来比较容易,缺点是分配到的资源使用时间可能很短,但被某个进程占有的时间可能很长,导致严重的资源浪费。

破坏条件③ 的方法是制定一个规则,当某进程的资源请求被拒绝时,必须释放其所有已获得的资源。但这一策略对某些设备行不通,例如要某一进程暂时让出打印机,则会出现输出结果交叉的情况。

为了破坏条件④,可以对各类设备设置一个分配序号,如果某进程已分配到第 k 号设备,则以后只能再申请 k 以后序号的资源,称为按序分配。这种分配方法是动态分配方法,较前面的静态分配方法在资源利用率方面有所提高。这一方法的缺点是当进程请求分配高序号资源时,不得不提前请求以后需要的低序号资源,从而造成资源空闲等待的浪费现象。

(3) 死锁的避免

死锁的避免与死锁的预防区别在于,死锁的预防是严格破坏形成死锁的必要条件之一,使得死锁不在系统中出现。而死锁的避免并不严格限制必要条件的存在,因为必要条件存在并不一定产生死锁。而进程推进顺序不当,也可以导致系统发生死锁,因此死锁的避免是考虑万一当死锁有可能出现时,就小心地避免这种情况的最终发生。从图 3.32 中我们可以看到,当进程运动的轨迹进入区域 D 时,尽管不是死锁禁区,但死锁已不可避免了。因此死锁避免的算法需要随时关注进程运行轨迹,使之不进入危险区 D。其目的是为了能提高系统资源的利用率。相应的算法有银行算法和 Habermann 方法。

① 银行算法

银行算法是由 Dijkstra 于 1965 年首先提出的。它是研究银行与用户间的资金借贷问题,但和操作系统中资源分配问题十分相似。算法规定:

- 每个用户必须预先申请它所需的贷款总数,且此数值不能超过银行资金总数。
- 每个用户每次只能向银行申请一个单位贷款数。
- 银行根据当时的资金情况,可能立即满足用户申请,或者需要用户等待一段有限时间。
- 当用户贷款总数达到申请数后,必须在有限时间内一次归还所有贷款。

按上述借贷规定,若银行能满足每个用户的申请,又能收回其资金,则称此状态是安全的,否则为不安全的。

例如某银行资金总数为 10 万元,用户甲、乙、丙申请贷款总数分别为 8 万元、3 万元、9 万元。用户每次向银行申请贷款数为 1 万元。其借贷过程如表 3.1 所示。

表 3.1 银行借贷过程

状态	银行	甲	乙	丙
A	10	(8)	(3)	(9)
	...	...	...	...
B	2	4(4)	2(1)	2(7)

表 3.1 中状态 A 为初始状态,此时银行库存为 10 万元,甲、乙、丙申请资金分别为 8,3,9 万元,当借贷进行到状态 B 时,甲、乙、丙已分别得到贷款 4,2,2 万元,括号中的数字为尚可申请的贷款数。若甲、乙、丙继续提出贷款申请,此时银行要考虑库存情况与各用户尚可申请的贷款数,为使借贷安全进行,这时只同意继续提供用户乙贷款,而要求用户甲、丙暂时等待,待到用户乙获得全部贷款并在有限时间内全部归还银行后再继续考虑其他用户贷款,如此进行下去,各用户均能获得所要求的贷款,而银行也可以如数收回资金,其过程如表 3.2 所示。

表 3.2　银　行　算　法

状态	银行	甲	乙	丙
C	1	4(4)	3(0)	2(7)
D	4		归还	
	…	…	…	…
E	0	8(0)		2(7)
F	8	归还		
	…			…
G	1			9(0)
H	10			归还

反之,如果银行随意给各申请用户贷款,则有可能出现银行库存满足不了甲、乙、丙的申请余额,使他们永不归还借款,从而使银行无法收回资金,系统就处于死锁状态,其过程如表 3.3 所示。

表 3.3　非银行算法可能引起的死锁状态

状态	银行	甲	乙	丙
C	1	5(3)	2(1)	2(7)
D	0	5(3)	2(1)	3(6)
E	(死锁)			

② Habermann 算法

银行算法只考虑用户对一类资源提出的要求,Habermann 算法(1969)可以考虑用户对多类资源提出的要求。具体的算法实施为

根据系统中进程数和所需的资源写出进程请求矩阵 $\boldsymbol{B}$:

$$\boldsymbol{B} = \begin{bmatrix} b_{11} & b_{12} & \cdots & b_{1m} \\ b_{21} & b_{22} & \cdots & b_{2m} \\ \vdots & \vdots & \vdots & \vdots \\ b_{n1} & b_{n2} & \cdots & b_{nm} \end{bmatrix}$$

其中 b_{ij} 表示第 i 进程对第 j 类资源的需求情况,如果每种资源只有一个单位,则可表示为 $b_{ij}=0$ 说明进程 P_i 对资源 R_j 没有要求;$b_{ij}=1$ 说明 P_i 运行中会申请资源 R_j。

例如某系统由四个进程 P_1,P_2,P_3,P_4 组成,其相应的请求矩阵为

$$\boldsymbol{B} = \begin{bmatrix} 1 & 1 & 0 & 0 & 0 \\ 1 & 1 & 1 & 0 & 0 \\ 0 & 1 & 1 & 1 & 0 \\ 0 & 0 & 1 & 1 & 1 \end{bmatrix}$$

每当运行中进程 P_i 请求资源 R_j 时,系统便进行死锁检测,若有可能出现死锁,则拒绝此次分配,而 P_i 只能暂时阻塞起来,等到其他进程运行结束释放该类资源时,再重新被唤醒。

死锁检测的方法是采用进程有向图 $\{\pi,E\}$,其中 $\pi=\{P_1,P_2,\cdots P_n\}$,$e \in E$,有向边 $e_{ik} = \{P_i,P_k\}$ 表示进程 P_i 申请的资源 R_j 也可能为进程 P_k 所申请。每当有向图出现环路

时,认为该进程的资源请求将导致死锁,系统拒绝分配。图 3.34 为 P_1,P_2,P_3,P_4 运行过程中系统对资源分配的处理情况。

序号	事件	进程有向图	处理
1	开始	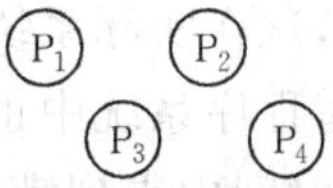	
2	P_1 请求 R_1	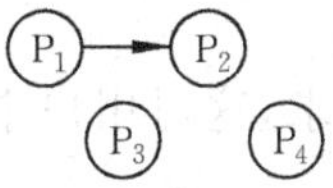	可以分配
3	P_2 请求 R_3	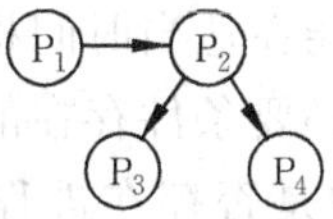	可以分配
4	P_2 请求 R_2	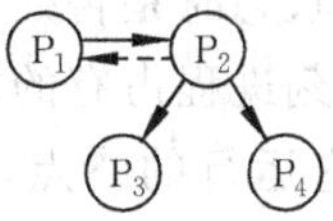	P_1,P_2 形成环路,拒绝分配,P_2 阻塞
5	P_3 请求 R_2	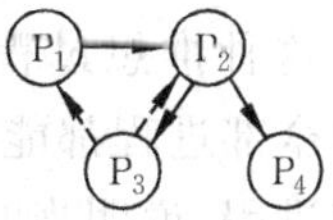	P_1,P_2,P_3 形成环路,拒绝分配,P_3 阻塞
6	P_4 请求 R_4	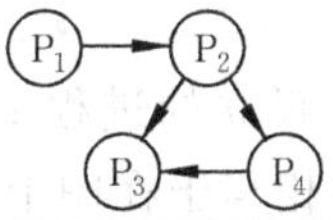	可以分配
7	P_1 请求 R_2	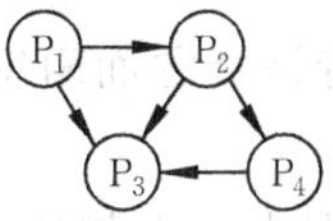	可以分配
8	P_1 运行完毕	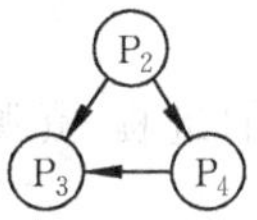	释放 R_1,R_2,唤醒 P_2,把 R_2 分配给 P_2
9	P_2 请求 R_1	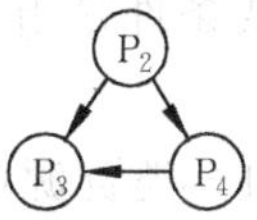	可以分配
⋮	⋮	⋮	⋮

图 3.34　Habermann 法

银行算法与 Habermann 方法,作为资源分配的一种算法,它允许死锁的必要条件存在,因此比预防死锁的方法限制条件放松了,资源利用程度也提高了,当某一个进程的资源申请将导致不安全状态时,系统就拒绝其申请,这样系统总是处于安全状态。但它也存在不足:

① 算法要求分配的资源数量是固定不变的,这在实际系统中较难做到。

② 算法要求用户数保持固定不变,这在多道程序系统中也难以做到。

③ 算法只能保证各用户的资源要求在有限时间内得到满足,但可能不易满足实时用户的响应要求。

④ 算法要求用户事先说明它的最大资源要求,这对用户来说也是困难的。

(4) 死锁的检测和恢复

这是一种变通的方法,它允许死锁发生,但能在适当时间检测出来,并设法进行恢复。

死锁检测算法通常使用在允许前三个死锁必要条件存在的系统中。检测算法主要是检查系统中是否存在第④种死锁条件,即系统中是否存在进程的循环链。我们利用化简进程-资源有向图的方法来检测系统在某一特定状态时是否处于死锁状态。

进程-资源有向图是表示系统运行中某一时刻进程占有的资源以及需要的资源情况。在某一特定状态下,一个非阻塞进程要想达到它运行的终点,它必须得到所需的全部资源,在有限时间内达到运行终点,并释放其占有的全部资源,而它释放的资源可能唤醒其他被阻塞的进程获得所需的资源,运行到终点。这种推想过程一直到状态不可能再有变化为止。这时可能出现两种局面:一种是系统中全部进程都能运行到终点,说明这种特定状态不是死锁状态;如果系统中出现若干个阻塞进程,说明当时状态是死锁状态。具体的简化过程如下:

① 从进程-资源有向图中找到既不阻塞又不孤立的进程 P_i,表明 P_i 可以获得所需的资源运行到终点,最后释放其占有的资源。也即相当于在图上消去 P_i 的所有请求边和分配边,成为孤立结点。

② 进程 P_i 释放的资源可能唤醒某些因等待该资源而阻塞的进程 P_j,P_j 运行完毕又释放其占有的资源,成为孤立结点。

③ 实施上述一系列简化步骤后,若能消去图中所有的边,则称该图是可以完全化简的;否则为不可完全化简的。

有关文献已证明:用不同的化简顺序对给定的进程-资源有向图进行化简,将导致相同的化简结果。由此有如下的死锁定理。

死锁定理:系统在某一特定状态下死锁的充要条件是当且仅当某一状态下的进程-资源图是不可完全化简的。

例如某系统由 5 个进程(P_1,P_2,P_3,P_4,P_5)和 3 类资源($R_1=7$,$R_2=2$,$R_3=6$)组成。其某一特定状态的进程-资源图如图 3.35 所示,是完全可化简的。但另一特定状态,如图 3.36 所示,为不可完全化简的。

在计算机中要实现对进程-资源有向图的分析和判断可采用矩阵作为相应的数据结构。设系统中有 n 个进程 P_1,P_2,…,P_n,m 类资源 R_1,R_2,…,R_m。这样在任一时刻 t,系统的进程-资源图可以用两个 $n×m$ 矩阵来表示:

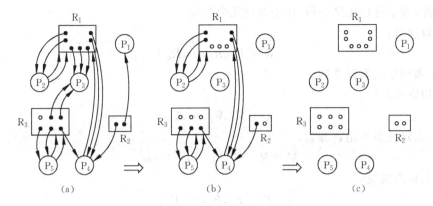

图 3.35 可完全化简的进程-资源图

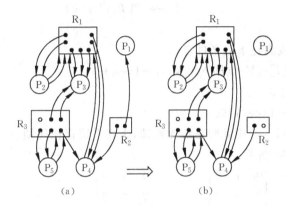

图 3.36 不可完全化简的进程-资源图

分配矩阵：

$$A = \begin{bmatrix} a_{11} & a_{12} & \cdots & a_{1m} \\ a_{21} & a_{22} & \cdots & a_{2m} \\ \vdots & \vdots & \vdots & \vdots \\ a_{n1} & a_{n2} & \cdots & a_{nm} \end{bmatrix}$$

其中每个元素 a_{ij} 表示分配给进程 P_i 的 R_j 资源个数。也即是进程-资源图中资源分配的有向边数。

请求矩阵：

$$B = \begin{bmatrix} b_{11} & b_{12} & \cdots & b_{1m} \\ b_{21} & b_{22} & \cdots & b_{2m} \\ \vdots & \vdots & \vdots & \vdots \\ b_{n1} & b_{n2} & \cdots & b_{nm} \end{bmatrix}$$

其中每个元素 b_{ij} 表示进程 P_i 请求资源 R_j 的数目。它表示进程-资源图中资源要求的有向边数。向量 $A[i]$ ($i = 1 \sim n$) 表示进程 P_i 占有的各类资源。向量 $B[i]$ ($i = 1 \sim n$) 表示进程 P_i 要求的各类资源。

此外,为了进行化简分析,还需要设几个向量。

资源总数向量:

$$\boldsymbol{R}=[R_1,R_2,\cdots,R_m]$$

其中 R_j 表示该类资源个数。

当前可用资源向量:

$$\boldsymbol{V}=[V_1,V_2,\cdots,V_m]$$

其中 V_j 表示该类可用资源数,

$$V_j=R_j-A[j] \quad (j=1\sim m)$$

进程状态标志向量:

$$\boldsymbol{F}=[F_1,F_2,\cdots,F_n]$$

其中

$$F_i=\begin{cases} \text{True}(当\ \boldsymbol{B}[i]=0) \\ \text{False}(当\ \boldsymbol{B}[i]\neq 0) \end{cases}$$

算法实施步骤如下:

1. 在 $i=1\sim n$ 中查找满足下列条件者:

$F_i=$ False 且 $B[i]\leqslant V$ (即 $b_{ij}\leqslant V_j,j=1\sim m$)

若查找不到转向 3。

2. $\boldsymbol{V}=\boldsymbol{V}+A[i],F_i=$ True,转向 1。

3. 若 $F_i=$ True$(i=1\sim n)$则此时系统无死锁,否则系统存在死锁。

对应上述图 3.35 例子:

$$A=\begin{bmatrix} 0 & 1 & 0 \\ 2 & 0 & 0 \\ 3 & 0 & 2 \\ 2 & 1 & 1 \\ 0 & 0 & 2 \end{bmatrix} \quad B=\begin{bmatrix} 0 & 0 & 0 \\ 2 & 0 & 2 \\ 0 & 0 & 0 \\ 1 & 0 & 0 \\ 0 & 0 & 2 \end{bmatrix}$$

$$W=[7,2,6]$$

$$V=[0,0,1]$$

$$F=[\text{True},\text{False},\text{True},\text{False},\text{False}]$$

用死锁检测算法结果不是死锁状态。但如果把 $\boldsymbol{B}$ 矩阵改为对应于图 3.36,此时

$$B=\begin{bmatrix} 0 & 0 & 0 \\ 2 & 0 & 2 \\ 1 & 0 & 0 \\ 1 & 0 & 0 \\ 0 & 0 & 2 \end{bmatrix}$$

则系统为死锁状态。读者可自行推导。

死锁检测可以在每次资源分配后进行,也可以按固定时间间隔进行。

死锁的恢复技术有:

① 强制性地从系统中撤消某些进程,并剥夺它们的资源给剩下的进程使用。这样被撤消进程前面已完成的工作全部损失了。

② 使用一个有效的挂起和解除挂起机构来挂起一些进程,从挂起进程那里抢占资源以解除死锁。

3.3.5 多道程序设计基础——并行程序设计

由于多道程序环境下系统有比单道程序环境下更为复杂的情况,因此多道程序环境下的程序设计也具有与单道环境不同的特点,例如上一节中提到的进程间同步、互斥与死锁等问题。为此我们把多道环境下的程序设计称为并行程序设计,而把传统的程序设计方法称为顺序程序设计。

随着计算机的广泛应用以及多处理机系统的发展,多道程序并行运行不仅是操作系统为提高资源利用率必不可少的手段,而且有些用户为了提高其作业的处理速度或实时性,也往往需要将其作业中某些部分作并行处理。因此,在这一节中主要介绍顺序程序设计与并行程序设计的特点以及如何用具有并行处理能力的高级语言进行并行程序设计。

1. 顺序程序设计

顺序程序设计是大家比较习惯的程序设计方法。这是由于计算机的工作本身是顺序处理的,即执行完一条指令再执行一条。而顺序处理也是人的思维方式,人们习惯于把一个复杂的问题分解成若干个问题,再逐个解决,因此顺序程序设计的工作流程如图 3.37 所示。其中 S 为起始,F 为结束,$P_1 \sim P_i$ 为程序段。

顺序程序设计的特点为

(1) 程序的顺序性:程序的执行严格按照程序所规定的顺序,每一个操作必须在下一操作开始之前结束。

(2) 程序环境的封闭性:由于运行程序独占系统全部资源,只有程序本身的动作才能改变环境,不受任何其他程序等外界因素影响。

(3) 程序运行的确定性与可再现性:程序运行与执行速度、时间无关,可以用相同的初始条件再现前一次计算情况。

图 3.37 顺序程序设计   图 3.38 并行程序设计

2. 并行程序设计

有些作业各操作之间只要求部分有序,有些部分可以并行执行。例如要计算两个矩阵求逆后相加,那么两个矩阵求逆操作可以分别在一台或两台处理器上并行执行,而加法运算则必须在求逆操作之后串行地进行。它们的操作流程如图 3.38 所示,其中 P_1,P_2 为矩阵求逆,P_3 为相加运算。

概括并行程序设计的特点为

(1) 并行性:多个程序或程序段可以并行执行,在单处理器系统中即可互相切换。

（2）共享性：系统中各程序不但共享硬件资源，而且共享软件资源（程序副本和数据集）。

（3）同步与互斥：这是并行性与共享性带来的必然结果，因此并行程序设计最后归结为能否正确处理好进程间的同步与互斥问题。在前面我们已通过系统原语来解决同步与互斥问题，下面将通过高级语言来解决。

3. 并行程序设计语言

目前具有并行程序设计功能的语言已有多种，例如并行 PASCAL，CSP/K，MODU-LA，并行 C，Ada 等。用高级语言编制程序可以不受机器指令以及单处理器多处理器等限制，使程序具有通用性与可移植性。下面以 Ada 语言为例，说明并行程序的编制以及处理同步、互斥的方法。

在 Ada 语言中提供一个称为任务(task)的特种程序单位，它的结构形式与其他高级语言中的函数或过程相似，由任务说明与任务体两部分组成。任务之间可以互相调用，每一个任务相当一个进程，多个任务可以并行运行，因此只要把作业中需要并行运行的部分编成任务即可。这里着重讨论如何解决任务之间的同步与互斥问题。Ada 语言通过采用一种称为会合(rendezvous)的特殊机制来解决同步与互斥。

（1）同步问题

我们仍用生产者(PRODUCER)与消费者(CONSUMER)为例，在这里将生产者与消费者分别作为两个并行的任务，称为调用者；另增加第三个任务 BUFFER 作为服务者，通过它分别与 PRODUCER 与 CONSUMER 进行会合，以达到相互间同步。程序如下：

```
task BUFFER is
    entry PUT(C:in character);
    entry GET (C:out character);        说明部分
end BUFFER;
task body BUFFER is
    BUF:character;
begin
    loop
    accept PUT(C:in character)do
        BUF：=C;//语句体//
    end PUT;                            任务体
    accept GET(C:out character)do
        C：=BUF;//语句体//
    end GET;
    end loop;
end BUFFER;
task PRODUCER;
task body PRODUCER is
```

· 146 ·

```
        C:character;
begin
    loop
    PRODUCE(C);//生产产品//
    BUFFER.PUT(C);//放入缓冲区//
    end loop;
end PRODUCER;
task CONSUMER;
task body CONSUMER is
        C:character;
begin
    loop
    BUFFER.GET(C);//取产品//
    CONSUME(C);//消费产品//
    end loop;
end CONSUMER;
```

在任务 BUFFER 的说明部分定义了两个入口(entry),每一个入口与一个过程说明相似,由入口名(PUT,GET)和参数表(C)组成。在任务体中有两个 accept 语句,每一个 accept 语句相当于一个过程体,它定义了入口调用的操作。

在任务 PRODUCER 与 CONSUMER 中分别出现调用任务 BUFFER 中的 PUT 与 GET 语句。

在运行过程中,当任务 BUFFER 遇到 accept PUT 语句时,它必须在此等待,直到 PRODUCER 调用入口 PUT 去启动一个会合。当这个会合产生时,由入口调用提供的实在参数,被复制到 accept 语句的相应的形式参数中,然后执行 accept 语句体。语句体将输入字符复制到变量 BUF 中。在 accept 语句一旦完成之后,PRODUCER 与 BUFFER 再次分别独立地继续运行。当 BUFFER 遇到 accept GET 语句时,它又须再一次等待,直到 CONSUMER 调用 GET 入口而启动另一次会合,这时 GET 的语句体将 BUF 的值复制到形式参数 C 中,在完成了这次会合后,C 的值被复制到 CONSUMER 相应的实在参数中。中止了会合,两个任务又再一次继续独立运行。两个任务的会合与入口调用和 accept 语句发生的先后次序无关。这样在 PRODUCER 与 CONSUMER 之间可以安全正确地传送数据了。

(2)互斥问题

用会合也可以实现进程间互斥地使用共享资源问题。这里我们也以两个任务(P_1,P_2)共同对公共变量 count 作加 1 运算为例:
```
task CONTROL is
    entry SECURE;
```

```
        entry RELEASE;
end CONTROL;
task body CONTROL is
begin
    loop
    accept SECURE;
    accept RELEASE;
    end loop;
end CONTROL;
task P1;
task body P1 is
begin
    loop
    CONTROL. SECURE;
    count：＝count＋1；  ｝ 临界区
    CONTROL. RELEASE;
    end loop;
end P1;
task P2;
task body P2 is
begin
    loop
    CONTROL. SECURE;
    count：＝count＋1；  ｝临界区
    CONTROL. RELEASE;
    end loop;
end P2;
```

这里任务 CONTROL 中入口 SECURE 和 RELEASE 均没有参数,它们只是为了起到互斥作用。因此在相应的 accept 语句中没有语句体。CONTROL 的工作过程为:当任务 P_1,P_2 都要调用 SECURE 对公共变量进行运算时,只有其中一个(排在队列前面)能与 CONTROL 会合,剩下的任务则排在与入口 SECURE 相关的等待队列中。在 accept SE-CURE 语句执行后,CONTROL 将马上执行 accept RELEASE 语句,但它必须在此等待,直到当前任务执行完临界区程序调用入口 RELEASE 产生第二个会合。然后 CON-TROL 将再次执行 accept SECURE 语句,把等待在 SECURE 队列中的第一个任务当作会合对象。如此继续下去,如果某一时刻 SECURE 队列为空,则任务 CONTROL 将会在 accept SECURE 语句处等待,直到有一个调用 SECURE 的新任务出现。

3.4 设备管理

计算机的外部设备是信息的输入输出(I/O)机构,它为进程提供与外部世界的通信。I/O操作是系统中比较繁琐的部分,这是由于I/O设备的多样性所致,各种I/O设备具有不同的性能和操作方式,诸如:

- 速度差异:不同设备的数据传输速率可能有几个数量级的差别。
- 传送单位不同:不同设备数据传送单位可以有字符、字、字节、块或记录等不同。
- 数据表示方式不同:不同的I/O介质,其数据采用不同的编码方式。
- 操作方式不同:如输入,输出方式的不同,顺序或随机存取等不同方式。

设备管理的基本任务是按照用户的要求来控制外部设备的工作,以完成用户所希望的输入输出操作。

3.4.1 设备管理的功能及基本概念

1. 设备管理的功能

在设计设备管理的功能时,应力求达到以下目标:

(1) 方便性:在没有设备管理情况下,当用户要启动具体设备进行数据传输时,必须用机器指令编制该设备的输入输出程序,这会给用户增加很大的负担和困难。操作系统的设备管理能提供标准的输入输出控制系统供用户使用,为用户提供一个友好的使用环境。

(2) 设备独立性:这是指用户的程序与设备互相独立。即用户在程序中只须用相对设备代号来表示设备而不必用绝对设备名称,这相当于存储管理中的相对地址与绝对地址。当程序运行时由设备管理根据当时系统的实际情况把相对设备号与具体设备对应起来。

(3) 并行性:为了提高设备利用率和系统效率,设备管理应使外设与CPU工作高度重叠,并使各设备充分地并行工作。同时也需要防止由于设备分配不当而使系统出现死锁。

(4) 有效性与均衡性:由于输入输出设备工作速度与CPU差异很大,因此输入输出操作往往成为计算机系统中的"瓶颈",因此设备管理应使各设备尽可能有效地工作,即充分地保持忙碌,避免各设备间的忙闲不均现象,最大限度地发挥设备的潜力。

2. 设备分类

(1) 按设备的使用性质分:

- 独享设备:一般低速输入输出设备为独享设备,在整个作业运行期间为此作业所独占,如打印机等。
- 共享设备:允许多个用户同时共同使用的设备,如磁盘、光盘等。
- 虚拟设备:通过软件功能,把原来的独享设备转换成共享设备。

(2) 逻辑设备与物理设备

为使用户程序与使用的物理设备无关(独立),引入逻辑设备名与物理设备名两个概念。操作系统中对设备的命名通常有:

- 绝对设备号:按物理设备编号。

·相对设备号:又称设备类型号或逻辑设备号,在多道程序系统中,用户只关心使用设备的类型,而具体使用哪一台设备由操作系统完成。

·相对号:如果用户要使用几台同类型的设备时,则应再加上该类设备的相对号。

·符号名:在操作系统的命令语言中,通常用符号名来代替设备类型号。例如 LPT 为并行打印机,COM 为串行打印机。

3. 通道与中断

计算机访问外设的方式是随着通道与中断的产生逐渐得到改进的。

(1) 循环测试 I/O 方式:在没有中断与通道时,CPU 启动外设后就要不断询问外设的忙/闲情况,当该外设为"忙"时,CPU 不断对它进行测试,直到外设为"闲"时再进行输入输出操作。在此期间 CPU 不能另作它用。

(2) 程序中断 I/O 方式:当有中断设施时,CPU 启动外设后就可转向其他程序,只在发出 I/O 中断请求时,再转去进行输入输出操作,因此大部分时间 CPU 可作它用。

(3) 通道 I/O 方式:程序中断 I/O 方式中每处理一个字即要进行一次中断处理,这样当有大批数据需要传送时,中断次数很多,仍要花费很多处理器的时间,通道的出现建立了 I/O 的独立管理机构,这时只要 CPU 给通道发一条 I/O 指令,告诉通道要执行 I/O 操作的设备,传送数据的位置,由通道独立完成成批数据的传送,此时 CPU 可以运行其他程序。

4. 缓冲技术

缓冲技术是指在内存中划出一个由 n 个单元组成的区域,称为缓冲区,作为外部设备在进行数据传输时的暂存区。引入缓冲技术的根本原因是 CPU 处理数据速度与设备传输数据速度不相匹配,利用缓冲区来缓解其间的速度矛盾,减少瓶颈现象。根据需要可以采用不同的结构形式。

(1) 单缓冲区和双缓冲区

单缓冲区中系统仅设置一个缓冲区,当进程要输入数据时,外设先把数据输入到缓冲区,再由 CPU 把数据从缓冲区取走;而当进程要输出数据时,先把数据送入缓冲区,再由外设输出。在单缓冲区情况下,当某一外设占用缓冲区后,必须等缓冲区中数据被取空后才能放入新数据,因此外设间的工作是串行的。如果开设两个缓冲区,并且配合合适,就有可能使两个外设并行工作,设备利用率可以提高。

(2) 多缓冲区

当进程输入输出数据量很大或很不均匀时,为使外设与 CPU 能很好地并行工作,应设置多缓冲区,一般将输入、输出缓冲区分别连接成环形多缓冲区,如图 3.39 所示。对输入缓冲区,指针 p 指示进程下次可取用的缓冲区地址,指针 q 指示输入设备输入时可用的缓冲区地址。对输出缓冲区来说,进程把输出数据按指针 q 依次输入缓冲区,而输出设备则按指针 p 依次输出。

(3) 缓冲池

把输入输出缓冲区统一起来,形成一个既能用于输入又能用于输出的缓冲区,称为缓冲池。在缓冲池中存在三种类型缓冲区:

·输入数据缓冲区

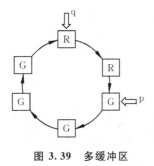

图 3.39　多缓冲区

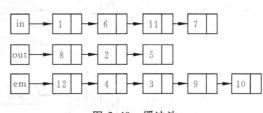

图 3.40　缓冲池

- 输出数据缓冲区
- 空白缓冲区

每一种缓冲区都通过链指针分别链成三个队列,称为输入队列(in),输出队列(out)和空白队列(em),如图 3.40 所示。

当输入设备要求输入数据时,系统从空白缓冲队列中取出一缓冲区,收容输入数据,并将它挂在输入队列末尾。

当进程要求输出数据时,系统从空白队列中取出一空白缓冲区,作为收容输出缓冲区,并将它挂在输出队列末尾。

当进程取用完输入数据或外设处理完输出数据后,就将该数据缓冲区挂到空白缓冲区队列的末尾。

3.4.2　设备管理的工作过程

1. 通道、控制器和设备

计算机的外设由控制部分与设备本身两部分组成,有时将控制部分分离出来成为控制器,可以用来控制若干个设备。这样由通道、控制器和设备构成一个输入输出通路,它们之间可以有不同的连接方式,如图 3.41 所示。

不同的连接方式需要有不同的控制管理方法。对于第一种连接方式(图 3.41(a)),控制器与设备是一一对应的,当系统对某设备提出申请时,CPU 将设备号及有关操作要求传送给通道,由通道启动该设备,并完成对该设备的操作。对于第二种连接方式(图 3.41(b)),一个控制器控制若干个设备,只有当被申请的设备及相应的控制器均为空闲状态时才能启动。对于第三种情况(图 3.41(c)),通道、控制器与设备交叉连接,提高了控制的灵活性,但必须在相应的设备及控制器、通道均为空闲时才能工作。

为了对设备进行有效的管理,需要对每台设备的情况进行登记,因此系统为每个设备、控制器和通道建立目录,称为设备控制块(DCB)、控制器控制块(CUCB)和通道控制块(CCB),它们的结构及内容如图 3.42 所示。

2. 设备分配程序

当用户进程提出 I/O 请求后,设备分配程序根据进程提出的设备名,查找 DCB 表,查看该设备的忙闲情况,若该设备当时处于"忙"的状态,则将申请 I/O 的进程插入到等待该设备的队列中;若该设备当时状态为"闲",则从 DCB 找到对应的 CUCB,检查该控制器的忙闲情况,若为"忙",则将该进程插入等待该控制器的队列中;若为"闲"再找相应的

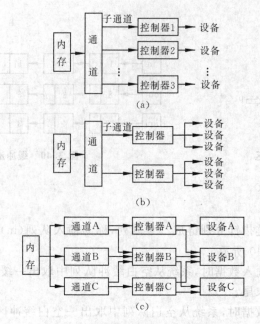

图 3.41 通道、控制器、设备连接方式

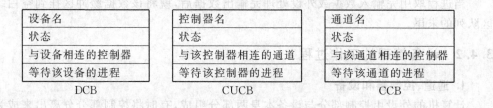

图 3.42 DCB,CUCB 和 CCB

CCB,只有当相应的设备、控制器、通道均为"闲"时才进行 I/O 操作。

当有多个进程对同一设备提出 I/O 申请时,设备分配程序按一定的分配算法进行选择。

(1) 先请求先服务:本算法按发出请求的先后对进程进行排队,I/O 分配程序把设备首先分配给队头的进程。

(2) 优先数法:系统把设备分配给优先数高的进程,使它获得足够的资源,尽快完成,从释放它所占用的所有资源。

在进行资源分配时,还要注意防止系统因分配不当产生死锁。

3. 设备处理程序

当设备分配程序为要求 I/O 的进程分配了设备及相应的控制器和通道后,设备处理程序为它实现 I/O 操作。设备处理程序主要完成下述工作:

(1) 发出 I/O 指令,去启动指定的 I/O 设备,进行 I/O 操作。

(2) 当 I/O 操作完成或发生其他事件时,I/O 设备向处理机发出中断请求,要求处理机作相应的处理。

在具有通道的计算机系统中,I/O操作是由通道执行通道程序来完成的,对于不同的设备应执行不同的通道程序,因此设备处理程序应具备根据不同的I/O要求编制相应的通道程序的功能。总之,设备处理程序的最基本任务是使外部设备与处理机之间进行通信。

设备处理程序的工作过程如下:

设备处理程序本身是一个进程,平时处于阻塞状态,仅当有I/O请求或I/O中断时才被唤醒。唤醒后首先分析被唤醒原因,若是I/O请求,则编制相应的通道程序,然后启动指定的I/O设备,进行I/O操作。若是I/O中断请求,则进一步判别中断原因,若是由于I/O任务的正常完成,则去唤醒要求该I/O的进程;若是由于不正常情况出现的中断,则转入相应的处理程序。当完成上述任务后,设备处理程序又把自己阻塞起来。

3.4.3　虚拟设备——假脱机系统

系统中的独占类型设备,只能由单个作业独占,这样使其他需要该设备的进程由于等待设备而被阻塞,成为系统的“瓶颈”,其次,我们希望所有设备工作时最好有一个平稳的使用流,与它本身的特定速率相匹配,此时设备发挥的效用最好。

为了解决上述问题,在早期操作系统中曾使用脱机输入输出处理(参见3.1.1节),它使用一台卫星机来承担许多慢速的输入输出工作以提高主机的使用效率。我们称这种方式为脱机外围操作。

假脱机系统又称连机外围操作(SPOOL,simultaneous peripheral operation on line),它将原来由卫星机完成的输入输出工作重新又由主机来承担,为此系统必须配置通道能力较强的直接访问存储设备(DASD),一般为磁盘。假脱机系统利用高速的直接存储设备来模拟低速的独占设备,并使其转换成共享设备。这种技术被称为虚拟设备技术。

Spooling系统通常由输入Spooling和输出Spooling两部分组成。其实现的基本思想是:

(1) 输入Spooling:系统把原来使用独占设备的输入过程分成两步,第一步是将用户的作业由输入设备以文件形式保存在DASD的一个专门区域——输入井中,这一工作是由Spooling系统中输入收存程序来完成的。当运行的进程需要输入信息时,由Spooling系统中的输入发送程序负责从输入井中将有关文件读入内存。在这里输入井起到了虚拟输入机的作用。

(2) 输出Spooling:当作业执行过程需要打印输出时,由Spooling系统中的输出收存程序负责将要求输出的信息以文件形式暂存到DASD中的另一个专门区域——输出井中,等到该作业运行完毕,Spooling系统的输出发送程序将对应该作业的输出文件通过输出设备输出。因此输出井起到了虚拟打印机的作用。

Spooling系统的工作示意图如图3.43所示。

假脱机技术把独占设备改造成为共享设备,对用户是完全隐蔽的,它减轻了对频繁使用的外设的压力,而且也防止由于不恰当的外设分配而引起的死锁,其代价是要占用大量的DASD空间,并使连接DASD的通道信息传送任务十分繁重。一般假脱机系统不适用于实时环境,因为对这些系统要求I/O传输立即执行。

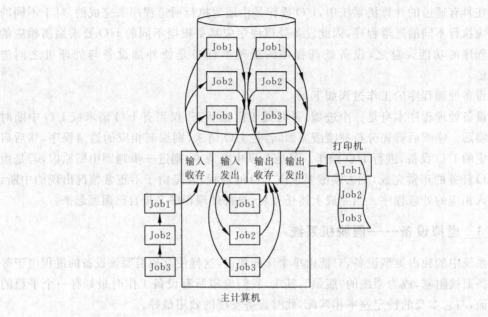

图 3.43 Spooling 系统工作示意图

3.5 文件管理

计算机系统是一个信息加工系统,所有的信息以程序、数据或表格形式存放在外存储器中,称为文件。在多道程序系统中,系统程序和大量的用户作业共享外存空间,这样外存空间的管理和分配变得十分复杂,稍有不慎将会导致严重的后果,因此需要操作系统对它进行统一的管理,以确保信息的完整和安全。同时为方便使用,要求操作系统为用户提供各种存取信息的命令而不必了解外存的物理特性及操作指令。

3.5.1 基本概念及术语

1. 文件及文件系统

(1) 文件:在逻辑上具有完整意义的数据或字符序列的集合,例如各种源程序、机器语言程序、数据组、各种报表等。

(2) 文件名:每一个文件有一个文件名,作为该文件的标识符。

(3) 记录:文件由若干个记录组成,每一记录是一些相关信息的集合。例如每一行程序、每一行数据或每一行报表内容均可视作一个记录。

(4) 信息项(数据项):由若干个字节或字符组成,例如表格中每一列为一数据项。

(5) 字符:包括字母、数字及专用符号。

(6) 字节:计算机中可以编址的最小信息项。

(7) 文件系统:负责存取和管理文件的机构,又称为文件管理系统。

2. 文件分类

(1) 按用途分类,可分为

• 系统文件：与操作系统有关的程序和数据，它只供操作系统自身调用，一般不提供给用户使用。

• 库文件：系统提供给用户使用的标准过程、函数及各种实用程序，用户可以调用，但不允许修改。

• 用户文件：各用户根据需要编制的程序及数据，其使用权由文件主决定。

（2）按存取权限分类，可分为

• 可执行文件：用户可以执行该文件，但不允许读也不允许修改该文件。

• 只读文件：允许读出、执行该文件，但不准修改该文件。

• 读写文件：允许读、写、执行该文件。

• 不保护文件：可以被系统中任一用户使用的文件。

3. 文件存储介质及其物理单位

用于存储文件的介质有磁盘、磁鼓、磁带、光盘等，现介绍当前使用最普遍的磁盘的物理结构。

磁盘由若干个盘面组成，它们沿同一个轴旋转，每一盘面上有活动磁头可以伸缩移动，因此磁头在盘面上运动的轨迹是一组同心圆，称为磁道，由外向内编号为 $0,1,2,\cdots$ 道，通常每一磁盘有 $300\sim1\,000$ 以上磁道。每一盘面又被分割成若干扇区，它将磁道分割成若干段，编号为 $0,1,2,\cdots$ 段，每一段一般为 512 字节，它是存取信息的基本单位。磁盘结构示意图见图 3.44。

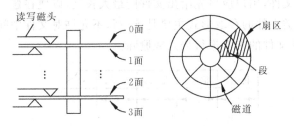

图 3.44　磁盘结构示意图

3.5.2　文件结构及存取方式

1. 文件的逻辑结构

文件的逻辑结构是从用户的角度看到的文件面貌，也就是它的记录结构。文件由若干个相关的记录组成，对每个记录编以序号，分别为记录 1，记录 $2,\cdots$，记录 n，称为逻辑记录号。记录有等长和变长两种，前者文件中各记录长度相等，而后者记录长度可以不相等。图 3.45(a)为记录长度为 l 的文件，图 3.45(b)为记录长度为 $l_1,l_2,\cdots,l_n$ 的文件。

2. 文件的物理结构及存取方式

文件的物理结构是指一个逻辑文件在外存储器上的存放形式。外存储器是以物理段或物理块为单位来存放文件记录的，称为物理记录。物理记录的大小随外存设备的不同而不同，而各文件的逻辑记录的长度也是不同的，因而逻辑记录与物理记录之间不可能有固定的对应关系。有时一个物理记录可以存放几个逻辑记录，而有时一个逻辑记录要占

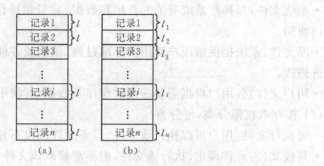

图 3.45　等长和变长记录文件

用几个物理记录。

由于各种文件应用场合不同,对文件的存取要求也不同,例如有的只对文件记录进行顺序访问,有的需要对记录进行直接(随机)访问,而有的则需要对文件记录进行插入或删除操作。对应不同的存取方式,对文件的物理结构有不同的要求,常见的有以下三种:

(1) 顺序结构

顺序结构是将逻辑文件的记录依次存于外存连续的物理记录中。对于变长记录的逻辑文件,由于各记录长度不同,需要在每个记录前用一个单元来指示本记录的长度。图 3.46(a)和(b)分别表示等长及非等长记录文件的顺序结构形式。

对于顺序结构文件,用户应事先给出文件的最大长度,以便在建立文件时为它分配足够的外存空间。这类文件的存取形式主要是读、写,不允许对文件中间的记录进行插入或删除操作,只允许在文件的末端进行插入或删除。

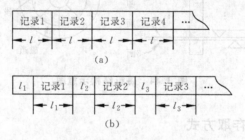

图 3.46　等长及非等长记录文件的顺序结构

(2) 链接结构

采用链接结构的文件,它的逻辑记录可以分配在不连续的物理段中,而且也不必顺序排列。为了使系统能找到逻辑上连续的下一个记录,在每一段中设有一个指针,指向下一个逻辑记录的物理段。第一个记录的物理段地址在该文件目录的文件说明中指出,如图 3.47 所示。

链接结构的文件克服了顺序结构文件的不足,如在建立文件时无需事先确定好文件的长度,而且这种文件结构在任何记录之间插入或删除一个记录都较方便,只要修改相关记录的指针即可。但链接结构也存在它固有的缺点,由于文件的记录分散在整个外存空间中,即使是顺序访问各记录,也使查找时间较顺序结构方式长得多。如果用于非顺序随

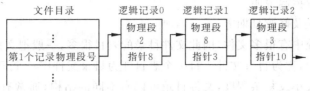

图 3.47　文件的链接结构

机访问记录时,也必须从文件的第一段开始,沿整个链进行依次追寻,查找时间更长,因此链接结构形式不适用于随机访问的应用方式。此外,每个物理段都需要有一个链指针,增加了外存空间的开销。

(3) 索引结构

上述两种结构形式比较适用于顺序访问的应用场合,当用户希望经常随机访问文件中某个记录时,以采用索引结构为好。

索引结构是系统为每个文件建立一张索引表,索引表中包含两个主要内容:关键字和记录的物理地址。关键字是用户在检索记录时用作索引的数据项,如学生登记表中学生的姓名、学号等均可作为关键字。索引表按关键字递增序列排序。物理地址是指该记录所在的物理段号。按这种形式组织的文件,既可按索引顺序进行顺序访问,也可按关键字直接(随机)访问某个记录。索引结构如图 3.48 所示。

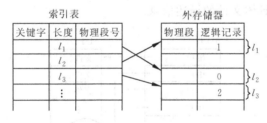

图 3.48　文件的索引结构

一个文件的记录可能有成千上万个,构成的索引表也很长,因此通常把索引表本身也作为一个文件,称为索引文件,放在外存中,当需要时再调入内存。因此这种结构的文件在进行存取操作时,先调用索引表,再存取相应的记录。在这个过程中,要对外存进行两次访问。

3.5.3　文件目录

为了便于对文件进行存取和管理,所有计算机系统都设置一个文件目录,每个文件在文件目录中都有一个表目,存放描述该文件的有关信息。文件目录中通常应包含以下内容:

- 文件符号名:由文件建立者提供。
- 文件内部名:由文件系统为每个文件提供的唯一的标识符。
- 文件在外存的起始地址。
- 文件结构形式(顺序、链接、索引)。
- 文件类型。

· 文件的存取控制说明。

· 文件的建立及修改日期等。

由于文件系统中有很多文件,因此文件目录的表目很多,一般把文件目录也作为一个文件存放在外存中,称为目录文件。每一个表目即为目录文件中一个记录。

根据系统的大小及复杂程度,文件目录可以有不同的结构,通常有一级目录、二级目录及多级目录结构。

1. 一级目录结构

这是一种最简单的结构形式,它把系统中所有文件都建立在一张目录表中,整个目录结构是一个线性表。

一级目录结构存在以下缺点:

(1) 所有文件在一张目录表中,由于表目很多,查找时要扫描整个目录,增加查找时间。

(2) 目录中的文件符号名不能相重,即不允许用户对不同文件起相同的名字,这在多用户环境下很难做到。因此一级目录结构主要用于单用户的操作系统中。

2. 二级目录结构

二级目录结构由主目录文件(MFD)与用户目录文件(UFD)组成,如图 3.49 所示。在主目录文件中每一个用户有一个表目,指出各用户文件目录的所在位置,而各用户文件目录才指出其所属各具体文件的描述信息。

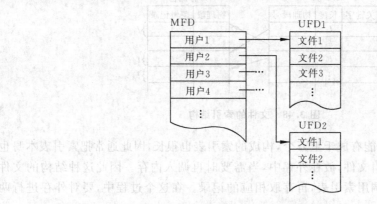

图 3.49 二级目录结构

在二级目录中当用户要访问一个文件时,先按用户名在主目录中找到该用户的二级目录位置,然后在二级目录中按文件名找出该文件的起始地址并进行访问。因此不同用户的文件可以起相同的名字。

3. 多级目录结构

在较大的系统中,为了给大作业用户带来更多的方便,可以为每个用户按任务的不同层次、不同领域建立多层次的分目录,称为多级目录结构。多级目录结构形式如图 3.50 所示,它是树形结构,每一个结点(目录)出来的分支可以是文件,也可以是下一级目录。图中用圆代表文件,用矩形代表目录文件。

当用户要访问多级目录中某一个文件时,一般用文件的"路径名"来标识文件。文件

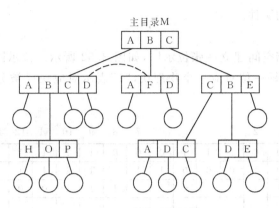

图 3.50　多级目录结构

的路径名是指从主目录(目录树中的根结点)出发,一直到要找的文件,把沿途各结点名连接在一起形成的。例如图 3.50 中 M/C/B/D 表示访问的是从主目录 M 到子目录 C,B 下的 D 文件。用文件路径来标识文件,只要在同一结点的目录文件中没有重名文件,那么路径名就能唯一地确定一个被查找文件。

　　但是多级目录结构沿着路径查找文件时要经过若干次间接查找才能最后找到该文件,这可能会耗费较多时间,为此引进了一个"当前目录"来克服这一缺点,即由用户指定,在一定时间内以某一级目录作为当前目录,用户只需从"当前目录"查起即可。

3.5.4　文件存储空间的管理

　　由于文件的物理结构不同,文件在外存储器中存放的方式有连续的和不连续两种。在多用户系统中,外存储器由系统及各用户共享,因此如何有效分配文件的存储空间,是所有文件系统要解决的一个重要问题,它在许多方面与主存储器的管理很相似。常用的管理方法有以下几种。

1. 空白文件目录

　　我们称一个连续的未分配区为一个"空白文件",系统为所有的"空白文件"建立一个目录,其中每一个表目的内容为空白块地址、空白块数目,如图 3.51 所示。

序号	第 1 个空白块号	空白块数	物理块号
1	2	4	2,3,4,5
2	9	3	9,10,11
3	15	5	15,16,17,18,19
4	…	…	…

图 3.51　空白文件目录

　　当要求分配存储空间时,系统依次扫描空白文件目录表,直到找到一个合适的空白文件为止。当用户撤消一个文件时,系统将回收的空间建立一个新的空白文件。这种分配方式适用于连续结构文件。

2. 位示图

系统为文件存储空间建立一张位示图,如图 3.52 所示。位示图反映了整个存储空间的分配情况,其中每一位对应一个物理块,"1"表示对应块已被分配,"0"表示对应块为空白。

	0	1	2	3	4	5	6	7	8	9	10	11	12	13	14	15
0	1	0	0	0	1	1	0	0	0	1	1	1	1	1	0	1
1	0	0	0	1	0	0	0	1	1	1	1	1	1	1	1	1
2	1	1	1	0	0	0	1	1	1	1	1	0	0	1	0	0
⋮																

图 3.52 位示图

3. 空白块链

在 UNIX 系统中采用空白块链方法管理存储空间。它把空白块分组,再通过指针把组与组之间链接起来,如图 3.53 所示。

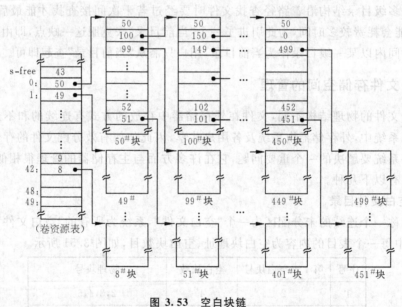

图 3.53 空白块链

假设磁盘共有 512 块,每块 512 字节,块号从 0# 到 511#,其中 0#～7#,500#～501# 用于存放系统引导程序、盘片标识、目录、交换区及卷资源表等,余下 492 块可作为文件存储空间。假定文件存储空间开始时全为空白块,将其中 8#～49# 块作为第一组,其后每 50 块编为一组。每组的总块数及相应的块号记在前一组的最后一块中,第一组的总块数(43)及各块块号登记在卷资源表中。

在系统开工后,把卷资源表复制到主存指定的区域中,使以后空白块的分配和释放都可在主存中进行,这样可以节省时间并减轻通道的压力。

卷资源表中 s-free 的内容 43 表示当前可被分配的存储区块数,0~49 地址中存放当前可被分配的外存储器块号。当系统要求分配一块空间时,修改 s-free 的内容为 43-1 =42,从而从 42 号单元中取得当前分配的空间为 8# 块。直到 s-free 中内容为 0 时,表示这一组存储块已被分配完。由此可见卷资源表是一栈结构,s-free 是栈顶指针。当 s-free 的内容为 0 时,将对应于 0 号单元中的块号(50#)内容调入主存的卷资源表中,而 50# 块中内容已不再需要,可以把它分配出去。此后再有请求分配时,则从 51#,52#,…向上分配。如此不断进行,直到分配最后一组的最后一块后,出现 s-free 的内容为 0,而对应 0 单元中的内容也为 0 时,表示此时外存空间已全部分配出去,系统发出报警信息。

当回收空白块时,首先把要回收的空白块号放入按 s-free 指示的单元中,再将 s-free 的内容加 1,如此继续,直到 s-free 的内容为 50 时,表示栈满,如图 3.54(a)所示,此时如再有回收块(例如 48#)时,系统将当前卷资源表中的空白块数及空白块号记入 48# 块中,再将卷资源表中 s-free 内容置为 1,在 0 单元中记入 48,如图 3.54(b)所示。

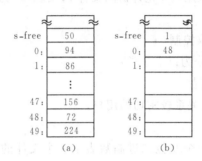

图 3.54　回收空白块

成组链接法的优点为

(1) 空白块号登记不占用额外空间,只借用每组的最后一个空白块。

(2) 当前可分配的物理块号存放在卷资源表中,因此绝大部分的分配和回收工作是在主存中进行,可以节省时间。

3.5.5　文件的共享与文件系统的安全性

文件的共享和安全性是一个问题的两个方面。所谓共享,是指在不同用户之间共同使用某些文件。但为了系统的可靠和用户的安全,文件的共享必须是有控制的。因此当前计算机系统既为用户提供了文件共享的便利,又充分注意到系统中文件的安全性与保密性。

1. 文件的共享

通常可用以下方法实现文件共享:

(1) 通过文件路径实现共享

当用户要共享系统文件(如库文件、标准过程文件等),或其他已知用户的文件,且已知该文件的路径,用户可以提供从根目录出发的路径来共享这些文件。

(2) 通过联接实现共享

在用户自己的文件目录中对欲共享的文件建立一个相应的表目,通过联接实现共享。

在 UNIX 系统中可以通过系统调用"Link"来实现不同结点之间文件共享。例如图 3.50 中,B 用户欲用文件名 F 来共享 A 用户中的文件 D,则可用系统调用

$$Link(A/D,B/F)$$

来实现联接,联接后如图中虚线所示。这样用户 B 不必从根目录开始寻找文件 D,可以直接用自己的文件名 F 来共享 D 文件。但因为联接后的目录结构已经不是树形结构,而成为网状结构了,因此文件的访问路径已经不是唯一的了,这样在删除该文件时要十分小心,只有在该文件所有的联接都被取消时才可以删除。

2. 文件的存取控制

文件的存取控制是指用户对文件的访问权,可以有多种方式实现。

(1) 存取控制矩阵

用一个二维矩阵,其行坐标表示系统中的全部用户,列坐标表示系统中全部文件,矩阵元素 a_{ij} 的值为"1"表示该用户 i 允许访问文件 j;反之,a_{ij} 为"0"表示用户 i 不允许访问文件 j。

(2) 按用户分类的存取控制

一般把系统中的用户分为以下三类:

· 文件主:文件的创建者。

· 同组用户:与文件主关系较密切的用户。

· 一般用户。

在 UNIX 系统中,用一个 9 位二进制数表示一个文件的存取权,其中每一类用户占用 3 位,每一位代表对文件的读、写、执行权,为"1"时表示允许此类访问,为"0"时表示不允许此类访问。

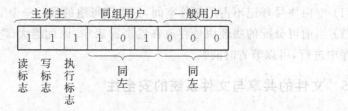

(3) 口令

用户为自身文件设置规定的口令,附在文件目录中,凡请求访问的用户必须提供口令。

3.5.6 文件的操作使用命令及文件系统一般模型

1. 文件的操作使用

文件系统提供给用户一系列操作使用命令,其中最基本的命令是查询文件目录。由于计算机系统中有成千上万个文件,因此文件目录也很长,不可能将全部目录内容都存放在主存中,通常是以目录文件形式存放在外存储器上,当需要查找某文件时必须把目录文件逐块调入内存,这样内外存之间将频繁交换信息,既浪费时间又增加通道压力。为此在内存中开辟一个"活动文件表"区,当用户打开某个文件时,系统将该文件表目从文件目录

中复制到活动文件表中,这样当用户再次访问该文件时,就不必再到外存中去查找文件目录了。当文件关闭时,将此文件的表目从活动文件表中撤消。

操作系统为用户提供各种文件操作使用命令,它们可以通过系统调用或各种高级语言来调用,这些命令使用户能灵活、方便、有效地使用文件。各种操作系统的命令格式各有不同,但一般要求用户给出操作名称(如读、写、建立、撤消等)以及相关的参数(如文件名、逻辑记录号、存取控制信息等)。现将其中最基本的操作命令解释如下:

(1) 建立文件 当用户需要将其信息作为文件保存时,向系统提出建立文件命令,系统按照用户提供的参数为该文件建立一个表目,放入相应的文件目录中。

(2) 打开文件 当用户需要访问文件中某个记录时,首先要进行打开文件操作,此时系统将欲访问的文件表目从目录文件调入活动文件表中。

(3) 读文件 把文件中相关的记录从外存储器的文件区中读入主存用户工作区中。

(4) 写文件 把用户要求插入、增加或删除的记录写入文件区相应位置。

(5) 关闭文件 文件暂时不用时,必须将它关闭,这时系统撤消该文件在活动文件表中的表目,并将此表目内容写回外存该文件的相应表目中。

(6) 撤消文件 当该文件已完成它的使命不再需要时,应撤消此文件,这时系统清除该文件在目录文件中的表目,释放该文件在外存中的存储空间。

2. 文件系统的一般模型

文件系统的一般模型结构是 Madnick 于 1969 年提出的,他将层次结构模型用于文件系统。根据这一思想,可以把文件系统的各种功能用一系列软件模块来描述,从最接近于硬件的文件存储直到面向用户的接口分为多个层次,在层次结构中,每一层次模块只与它的下层模块有关。在介绍各模块功能前,先通过一个简单的文件存取例子,说明文件系统的工作过程。

设有一个文件 MYFILE,共有 7 个逻辑记录,存放在外存物理块 6,7,8,9 中,如图 3.55 所示。

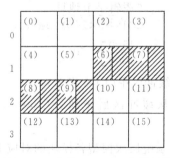

图 3.55 文件 MYFILE 存储结构

文件结构为顺序连续存放,每一逻辑记录长为 500 字节(等长),外存物理块长度为 1000 字节。该文件的有关说明如图 3.56 所示。

执行文件命令:READ(MYFILE,4,12000)

即将文件 MYFILE 中第 4 个逻辑记录读入内存 12000 单元中。其执行步骤如下:

（1）查找文件目录，找出 MYFILE 文件表目。

内部名	文件名	逻辑记录大小	逻辑记录个数	第一个物理块地址	存取控制
1	CHANG	80	10	2	R/W
2	LU	1000	3	3	R/W
3	MYFILE	500	7	6	R/O
4	…	…	…	…	…

图 3.56 文件目录

（2）从文件表目中取出相关信息：

逻辑记录大小＝500

逻辑记录个数＝7

第一个物理块地址＝6

存取控制权限＝R/O（只读文件）

（3）根据存取保护权来决定是否允许发送这个请求命令。由于本执行文件命令是读取文件命令，满足存取控制权，继续执行后续步骤。

（4）求逻辑记录 4 的逻辑字节地址

$$逻辑字节地址＝（记录－1）×（记录大小）$$
$$＝（4－1）×500＝1500$$

（5）由逻辑字节地址计算物理块号及物理块相对地址

$$物理块号＝第一个物理块地址＋\left[\frac{逻辑字节地址}{物理块大小}\right]_{取整}$$

$$＝6＋\left[\frac{1500}{1000}\right]＝6＋1＝7$$

$$物理块相对地址＝\left[\frac{逻辑字节地址}{物理块大小}\right]_{取余数}$$

$$＝\left[\frac{1500}{1000}\right]＝500$$

（6）把物理块 7 读入主存缓冲区中（1000 字节）。

（7）按物理块相对地址，从缓冲区后半部分（500～999）送入主存 12000～12499 单元中。

上述例子中各步骤与文件系统层次模型各模块的对应关系见图 3.57。

（1）用户接口：对用户的命令进行语法检查，并将命令改造成内部调用格式。

（2）符号文件系统（SFS）：按用户提供的文件名为该文件设置唯一的内部标识符（内部名）。

（3）基本文件系统（BFS）：根据文件的内部名查找该文件的有关说明。

（4）存取控制模块（ACV）：把用户提出的访问要求与文件表目中的存取控制权进行

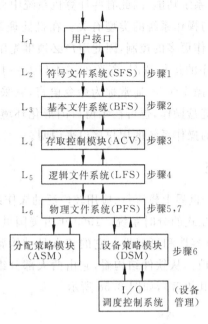

图 3.57 文件系统的层次模型

比较,以确定访问的合法性。

(5) 逻辑文件系统(LFS):根据文件表目中有关逻辑结构的信息,把对逻辑记录的请求转换成文件的逻辑字节地址。

(6) 物理文件系统(PFS):把逻辑字节地址转换成相对物理块号和物理块地址。

(7) 分配策略模块(ASM):分配或回收外存储器上的空白块。

(8) 设备策略模块(DSM):把物理块号转换成相应外存要求的地址格式。

(9) I/O 调度控制系统:这是操作系统设备管理部分,它实现 I/O 请求排队、调度、启动等控制操作,实现内存缓冲区与外存物理块之间的信息交换。当信息交换完成后,又返回到 DSM 进行正确性检查,再返回到 PFS,PFS 把所需的信息从缓冲区送到用户的工作单元中。

3.6 操作系统的用户接口

当用户利用计算机来完成其相应的作业时,除了运行其编制的程序外,还需告诉机器如何来运行自己的程序,要求系统提供何种服务以及当出现各种错误时应如何处理等。因此需要操作系统为用户提供一个使用界面,也称为用户接口。通常操作系统为用户提供两类接口:一类是程序一级的接口,另一类是作业控制方面的接口。

程序一级的接口是由一组系统调用命令组成,它是操作系统提供给用户的各种服务,以子程序的形式供用户在程序中调用。当程序执行该系统调用命令时便暂时中断当前执行的程序转去执行该系统调用命令子程序,完成后自动返回当前执行程序。系统调用命令扩充了机器指令,增加了系统功能,因此有些计算机系统中称之为"广义指令"。

作业控制方面的接口与操作系统的类型有关。在批处理系统中,当用户一旦提交了作业,就无法对作业的运行作更多的控制,因此用户必须事先用该操作系统提供的作业控制语言告诉操作系统对程序的运行意图、资源的需求以及一旦出现问题作何种选择等。对于分时系统,则提供一组操作命令,通常称为命令语言,它采用人机交互会话方式来控制作业的运行。用户通过键盘操作,也可在多窗口图形化环境中通过鼠标器选择各种操作。我们将通过几种常用的操作系统的用户接口来说明。

3.6.1 UNIX 操作系统

UNIX 操作系统是当今世界上较流行、应用较广泛的操作系统,它适用于小型和微型机领域,是一个通用的、交互式的分时系统。1969 年由美国贝尔(Bell)实验室研制,1972年用 C 语言改写,提高了兼容性和可读性。它的特点是结构紧凑、功能强大、使用方便、易于扩充、修改、维护和移植。从软件结构看,它由两大部分组成,一个是 UNIX 系统的内核,另一部分是外壳(shell 语言),如图 3.58 所示。

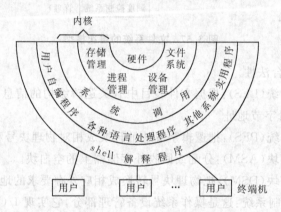

图 3.58 UNIX 系统软件结构

UNIX 的内核部分是进程管理、文件管理、存储管理、设备管理等系统主体;核心的外层是各种语言处理程序、实用程序和软件开发工具;shell 语言是用来控制、使用上面两部分内容。

1. 系统调用

UNIX 向用户提供一组应用界面——系统调用。用户可以用汇编语言或 C 语言调用系统调用命令来要求系统提供各种服务。UNIX 系统调用大致可分为三类:进程管理和控制、与文件系统有关的调用以及其他部分,命令内容见表 3.4。

2. shell 语言

shell 是 UNIX 系统的命令语言,它既可作为终端用户与操作系统的会话语言,又可作为程序设计语言。shell 的形式由命令名及多个参数组成。表 3.5 给出主要的命令及功能。

表 3.4　UNIX 系统调用

名称		功　　能
与进程管理有关	fork	建立子进程
	exec	执行一个文件
	wait	等待子进程信息
	rexit	终止本进程
	ssleep	睡眠一段时间(睡眠时间,秒)
	ssig	设置软中断(软中断号,程序入口地址)
	kill	发送软中断给同一终端上各进程
	ptrace	跟踪子进程
	sbreak	改变数据区大小
与文件管理有关	creat	建立文件(同时打开)
	link	联接文件
	open	打开文件
	close	关闭文件
	read	读文件
	write	写文件
	seek	读写指针定位
	unlink	取消联接
	smount	安装系统文件卷
	sumount	拆卸文件卷
	pipe	建立 pipe 文件
	chdir	更改当前目录
	chmod	修改文件属性
	chown	改变文件的用户和同组用户名
	mknod	建立一个特殊文件或目录文件
	stat	按文件名取内、外存中的 i 结点内容
	fstat	按文件内部名取内、外存的 i 结点内容
	dup	为文件再取一个内容名
	sgnc	文件系统转储
其他	getuid	取当前进程的有效用户号、实际用户号
	setuid	置当前进程的有效用户号、实际用户号
	getgid	取当前进程组号(有效组号、实际组号)
	setgid	置当前进程组号(同上)
	getpid	取当前进程号
	gtime	取日历时间
	stime	设置日历时间
	gtty	取终端设备表 tty
	stty	置终端设备表 tty
	times	读本进程运行时间
	nice	设置 proc 的 p-nice 项
	getswit	读出 sw 寄存器内容
	profil	建立程序运行统计表

表 3.5　UNIX 系统主要 shell 命令

命令名	功　　　能
ar	调库维护程序以删除、取代、读出库文件
/etc/mknod	建立特别文件
chgrp	改变用户组
chmod	改变存取控制权
chown	改变文件主
chri	消除 i 结点
cmp 或 comm	比较两个文件
cat	串联文件
/etc/mkfs	构造一个文件系统
cp	复制文件
file	确定文件类型
df	磁盘空闲空间
/etc/umount	拆卸文件系统
grep	在文件中进行匹配的查寻
nchech	根据 i 结点产生路径名
tty	取终端名
/etc/mount	安装文件系统
Is	列出目录内容
mv	移动文件
pr	打印文件
rm	消除文件
sort	排序或合并文件
find	寻找文件
pwd	给出当前工作目录路径名
who	给出系统中所有注册用户名字
write 或 wall	写给某用户或所有用户
WC	计算文件中行数、字数、字节数
tee	管道安装
ps	列出所有进程或与终端有关进程
kill	结束一进程
stty	设置终端
sleep	中止执行一段时间
nice	以低优先权运行一条命令
date	打印或设置日期
mail	发送与接收信件
dump	增量文件系统转储
restore	增量文件系统恢复

3.6.2　DOS 操作系统

DOS 是磁盘操作系统(disk operating system)的简称。DOS 有很多版本,DOS 4.0 以下版本为单用户单任务操作系统,4.0 以上版本具有多任务功能。DOS 的主要类型有 MS-DOS,IBM PC-DOS 和 CCDOS,它们的基本功能是相同的。

MS-DOS 是美国 Microsoft 公司产品;PC-DOS 是 IBM 公司在 1981 年推出 IBM-PC 机时采用的基本操作系统;CCDOS 是 Chinese Character Disk Operating System 的简称,

是国内在 MS-DOS 基础上增加了汉字功能的操作系统。

DOS 为用户提供的界面主要是命令形式,通常分为三大类命令:

(1) 内部命令:这部分命令常驻内存,当 DOS 启动后,随时可以使用这类命令。

(2) 外部命令:它们通常是以"COM"或"EXE"扩展名建立的文件,存放在磁盘上。

(3) 专用键:DOS 提供某些专用键或键的组合来完成某种特殊功能。

表 3.6～表 3.8 列出 DOS 的常用命令及其含义。

表 3.6　内 部 命 令

命令助记符	命令含义
DIR	列文件名清单
MD(MKDIR)	建立子目录
RD(RMDIR)	删除子目录
CD(CHDIR)	改变当前目录
PATH	建立搜索目录
TYPE	显示文件内容
DEL(ERASE)	删除文件
REN	文件重新命名
COPY	拷贝文件
VOL	显示磁盘卷标
VERIFY	验证写盘数据
PROMPT	设置系统提示
TIME	输入系统时间
DATE	输入系统日期
CTTY	改变主控台
CLS	消除显示屏幕
SET	设置系统运行环境
VER	显示 DOS 版本
ECHO	命令显示开关
FOR	命令重复执行
GOTO	控制转向标号
IF	条件执行命令
PAUSE	暂停系统运行
SHIFT	移位替换参数
BATCH	执行一批文件
REM	显示注释信息
BREAK	中断 DOS 开关
BUFFERS	置 DOS 缓冲区
COUNTRY	指定国别格式
DEVICE	安装设备驱动
FCBS	置打开 FCB 数
FILES	置打开文件数
LASTDRIVE	置最后驱动器
SHELL	装载外壳程序

表 3.7 外 部 命 令

命令助记符	命令含义
TREE	显示树形目录路径
COMP	磁盘文件比较
RECOVER	恢复磁盘文件
ATTRIB	置文件只读属性
EXE2BIN	.EXE 文件转换成.COM 格式
FORMAT	磁盘扇区格式化
FDISK	硬盘 DOS 分区
SYS	传送系统隐含文件
DISKCOPY	复制整张软盘
DISKCOMP	比较两张软盘
CHKDSK	硬盘状态检验
BACKUP	硬盘文件转储
RESTORE	硬盘文件复原
LABEL	设置磁盘卷标名
ASSIGN	分配驱动器请求
SELECT	选择国别代码
MODE	设置设备操作方式
KEYBYY	装载键盘替换程序
GRAFTABL	装入附加图符表
GRAPHICS	拷贝图形屏幕
PRINT	假脱机打印文件
SORT	文件排序过滤
FIND	输出指定字符串
MORE	屏幕显示过滤
COMMAND	加载命令处理程序
DEBUG	DOS 调试程序
EDLIN	DOS 编辑程序
JOIN	驱动器连结目录
LINK	DOS 连结程序
SUBST	驱动器替换
SHARE	装入文件共享程序

表 3.8 专 用 键

键名组合	特 性 含 义
Ctrl Alt+Del	系统复位,热启动
Ctrl+Break(或 Ctrl+C)	终止一个命令或一个程序的执行,终止或退出当前操作
shift+Prtsc	在打印机上对当前屏幕进行硬拷贝,即拷贝一帧
Ctrl+Prtsc(或 Ctrl+P)	按此组合键后,屏幕显示内容同时送打印机打印;再按此组合键,则停止打印输出
Ctrl+Numlock	暂停屏幕显示的滚动,以便阅读,然后按任意键,便可恢复滚动
F1 或→	复制一个字符
F2	先按此键,再按某一个字符,则复制指定字符之前的所有字符
F3	从当前字符开始复制到行末的所有字符
F4	先按此键,再按某一字符键,则删除指定字符之后的所有字符
F5	存储当前行
F6	给出文件结束符 Ctrl+Z

3.6.3 Windows 操作系统

20 世纪 90 年代以来微型机已普及到办公室和家庭,因此如何为用户提供一个简单、方便的操作环境成为推广和普及计算机应用的重要问题。为了方便用户使用,要求操作系统向用户提供简单、明了的提示,以尽可能少的键盘操作来使用计算机。Windows 正是这一目标的体现。

1990 年 Microsoft 公司隆重推出 Windows 3.0,它允许多个应用程序同时运行,并采用菜单、图标和对话来代替 DOS 命令。1992 年 Windows 3.1 诞生,它提供了对象的联接和嵌入、联机教学、多用户处理等功能,并把多媒体技术带到了 PC 世界。之后又推出 Windows 3.11,3.2,Windows 95/98,Windows NT 等版本,使 Windows 性能进一步稳定,功能进一步加强,Windows 95 及以上版本还提供了强大的网络功能。

Windows 向用户提供灵活方便的窗口操作、弹出式菜单以及命令对话框,为用户提供了更宽阔的视野,因此更能吸引用户,提高了人们使用计算机的兴趣。灵活的鼠标操作也是 DOS 操作系统无法比拟的。概括起来,Windows 具有以下特点:

(1) 全新的、友善的用户界面。它以窗口作为人机界面,用户可以用鼠标或键盘移动各工作对象。它具有固定的操作方法和易学易用的特点。

(2) Windows 提供了功能强大的应用程序,包括多媒体功能的书写软件、绘图软件、桌面办公工具及多媒体播放器等。

(3) Windows 具有多任务并行处理功能,各应用程序之间可以方便地进行切换和交换信息。

(4) 具有强大的内存管理能力,支持扩展内存功能,提高系统运行效率。

因此,Windows 的问世,对 CAI,办公自动化应用及事务处理等软件的开发应用起到很大的促进作用。

习　题

3.1　操作系统的基本功能是什么? 它包括哪些基本部分?

3.2　试说明虚拟机的概念以及实现的方法。

3.3　通常操作系统有哪几种基本类型? 各有什么特点及适用于何种场合?

3.4　试说明你所使用过的操作系统的类型和特点。

3.5　解释名空间、作业地址空间和存储空间的关系以及逻辑地址和物理地址的区别。

3.6　什么是重定位? 静态重定位和动态重定位的区别是什么? 各举一例说明。

3.7　存储管理的功能是什么? 为什么要引入虚拟存储器的概念? 虚存的容量由什么决定?

3.8　在分页管理的页面淘汰算法中,若 $M=4$,计算 FIFO 及 LRU 两种算法下页面中断率,并与 $M=3$ 时进行比较。

3.9　对各种存储管理方式从以下几方面作一小结:

(1) 分配方式

(2) 地址转换方式

(3) 存储保护方式

　　(4) 需要的硬软件支持

　　(5) 基本优缺点评价

3.10　什么是作业、作业步和进程?

3.11　处理器管理主要解决什么问题?

3.12　什么是进程的同步和互斥? 什么是临界区?

3.13　设由 n 个单元组成的环形队列缓冲区,进程 A 和 B 要共享这些缓冲区,试用 P-V 操作来实现进程间的同步与互斥。

3.14　设有两个进程 A,B,各自按如下的 P-V 操作实现进程同步:

进程 A　　　　　　　　　　进程 B

⋮　　　　　　　　　　　　⋮

$P(s_1)$　　　　　　　　　　$P(s_2)$

⋮　　　　　　　　　　　　⋮

$P(s_2)$　　　　　　　　　　$P(s_1)$

⋮　　　　　　　　　　　　⋮

$V(s_2)$　　　　　　　　　　$V(s_1)$

⋮　　　　　　　　　　　　⋮

$V(s_1)$　　　　　　　　　　$V(s_2)$

⋮　　　　　　　　　　　　⋮

　　(1) 试分析 A,B 在各种推进情况下可能引起的问题。

　　(2) 分析 A,B 进程运行中能否产生死锁,若会产生死锁,应如何改进?

3.15　进程间的通信可以由哪些方式进行?

3.16　死锁产生的必要条件是什么? 死锁的预防、避免和检测各有什么不同? 各举出一种相应的方法。

3.17　通道、控制器和设备的各种不同连接方式各有什么特点?

3.18　什么是"瓶颈"问题? 引入缓冲区为何可以解决这一问题?

3.19　设备管理的功能是什么? 怎样把一台物理设备虚拟为多台设备?

3.20　什么是记录、文件、文件系统?

3.21　文件的逻辑结构和物理结构有何区别? 文件的存储方式与文件的存取有何关系?

3.22　什么是文件目录? 有几种目录结构形式? 各有什么特点?

3.23　文件的共享与安全保密问题如何解决?

3.24　什么是文件操作命令? 每个命令的具体功能是什么?

3.25　将文件系统一般模型中的例子改为执行向文件 MYFILE 中写入一个新记录(文件控制保护改为 R/W)命令格式为

WRITE(MYFILE,8,12000)

试写出执行此条命令时操作系统所进行的一系列工作。

3.26　操作系统与用户的接口有几种? 各有什么特点? 试举例说明你所使用过的接口形式。

参 考 文 献

1. 汤子瀛,杨成忠等. 计算机操作系统,西安:西北电讯工程学院出版社,1984

2. 屠立德. 操作系统基础(第 2 版). 北京:清华大学出版社,1991

3. Deitel Harvery. M. An Introduction to Operating Systems. Addison-Wesley Publishing Company Inc,1984

4. [英]利斯特著,徐良贤、尤晋元、王志良译. 操作系统原理. 上海:上海科学技术出版社,1986

5. Peterson James L. Operating System Concepts. Addison-Wesley Publishing Company,1985

6. 师颖峰. 从 DOS 到 Windows. 北京:清华大学出版社,1996

7. 王传华. Windows 3. x 简明教程. 北京:清华大学出版社,1996

第4章 数据库系统

4.1 概述

数据是人类活动的重要资源,目前在计算机的各类应用中,用于数据处理的约占百分之八十左右。数据处理是指对数据进行收集、管理、加工、传播等工作,而其中数据管理是指对数据的组织、存储、检索、维护等工作,因此它是数据处理的核心。数据库系统是研究如何妥善地保存和科学地管理数据的计算机系统。

数据库技术产生于 20 世纪 60 年代末、70 年代初,它的出现使得计算机应用渗透到工农业生产、商业、行政管理、科学研究、工程技术以及国防军事等各个领域。80 年代微型机的出现,在多数微机上配置了数据库管理系统,使得数据库技术得到了广泛的应用和普及。

4.1.1 数据管理的三个阶段

1. 人工管理阶段(20 世纪 50 年代中期以前)

当时计算机主要用于科学计算,数据量不大,一般不需要将数据长期保存,只在输入程序时同时输入。由于当时尚未产生操作系统,因此没有专门的软件对数据进行管理,程序员在设计程序时不仅要规定数据的逻辑结构,而且还要设计其物理结构,即数据的存储地址、存取方法、输入输出方式等,这样使得数据与程序相互依赖,一旦数据的存储方式稍有改变,就必须修改相应的程序。此时程序与数据的关系如图 4.1 所示。

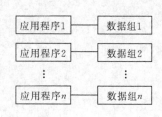

图 4.1 人工管理阶段

2. 文件管理系统(20 世纪 50 年代末~60 年代中)

此时计算机不仅用于科学计算,而且大量用于数据管理,同时磁盘、磁鼓等大容量直接存储设备的出现,可以用来存放大量数据。操作系统中的文件管理系统就是专门用来管理数据的软件。这一阶段数据管理的特点是

(1) 数据以文件的形式可以长期保留在外存上反复使用。

(2) 文件管理系统对文件进行统一管理,它提供各种例行程序对文件进行查询、修改、插入、删除等操作。这样程序员可以集中精力研究算法,而不必过多地考虑数据存储的物理细节。由于文件的逻辑结构与存储结构分开,使程序与数据具有一定的独立性,即数据在存储器上的物理位置的改变不会影响用户程序。

(3) 文件由记录组成,记录是数据存取的基本单位。

(4) 一个文件对应一个或几个程序。如果一个程序想用几个文件中的数据产生一个新的报表,则必须重新编写程序。

（5）由于各个应用程序各自建立自己的数据文件，因此各文件之间不可避免地会出现重复项，造成数据冗余。例如在职工工资管理文件和职工人事管理文件中可能都包含有职工姓名、年龄、职称等数据项。这种数据冗余不仅浪费了存储空间，而且还可能导致数据不一致等问题。

文件管理系统的示意图如图 4.2 所示。

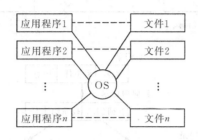

图 4.2　文件管理系统

3. 数据库系统（20 世纪 60 年代后）

这一时期数据管理的规模日趋增大，数据量急剧增加，文件管理系统已不能适应要求，数据库管理技术为用户提供了更广泛的数据共享和更高的数据独立性，进一步减少了数据的冗余度，并为用户提供了方便的操作使用接口。

数据库系统对数据的管理方式与文件管理系统不同，它把所有应用程序中使用的数据汇集起来，以记录为单位存储，在数据库管理系统（DBMS）的监督和管理下使用，因此数据库中的数据是集成的，每个用户享用其中的一部分。在数据库系统中应用程序与数据之间的关系如图 4.3 所示。

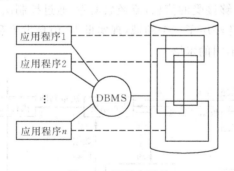

图 4.3　数据库系统

我们以一个学校管理系统为例。该系统为学校各个部门提供必要的信息。例如为领导部门提供各系的基本情况；为教务部门提供各系开设的课程情况；为人事部门提供有关教师的人事材料；为工资部门提供教师的工资情况等。因此必需按照各部门的要求综合设计和组织数据。图 4.4 是按上述要求设计的数据结构。各个部门取用数据集合中的一个子集，如表 4.1 所示。

从图 4.4 中可以看出，数据库系统中对数据的描述不仅要描述数据本身，还要描述各数据记录之间的联系，这也是数据库系统和传统的文件系统的根本区别。

表 4.1　各部门取用的数据记录

部门	系记录	教研组记录	教师记录	人事记录	工资记录	课程记录	开课记录
领导	√	√	√				
教务	√	√				√	√
财务	√	√			√		
人事	√	√	√	√			

注:表中√表示该子系统取用的信息。

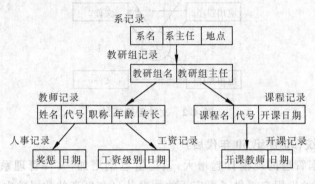

图 4.4　学校管理系统

4.1.2　数据描述

1. 信息的三个领域

一个信息管理系统的工作流程如图 4.5 所示,它总是从客观事物出发,经过人的综合归纳,抽象成计算机能够接受的信息,流经数据库,通过控制决策机构,最后用来指导客观事物。信息的这一循环经历了三个领域:现实世界、信息世界和数据世界。在这三个领域中对信息的描述采用不同的术语。

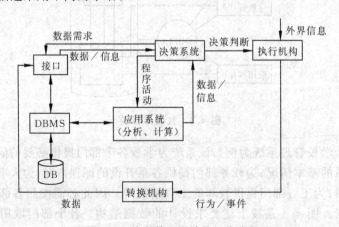

图 4.5　信息管理系统的工作流程

(1) 现实世界　它是存在于人们头脑之外的客观世界,由客观事物及其相互联系组成。我们把客观事物称为实体,如教师、学生、职工、部门、零件等。每一类实体具有一定的特征,如教师有姓名、年龄、性别、职称、专业等;零件有名称、规格、颜色、重量、产地等。具有相同特征集的实体集合称为实体集。能唯一区别实体集中一个实体与其他实体的特征项称为实体标识符,例如教师的姓名、零件的名称等。

(2)信息世界　信息是客观世界中实体的特性在人们头脑中的反映,它用一种人为的文字、符号、标记来表示。对应现实世界中的实体、实体集、特征、实体标识符,在信息世界中的术语为记录、文件、属性(字段)、记录关键字。

(3)数据世界　数据世界又称计算机世界,由于计算机只能处理数据化的信息,因此必须对信息进行数据化处理。对应于信息世界中的记录、文件、属性、记录关键字,在数据世界中为数据化的记录值、数据集、数据项、关键数据项。

三个世界中有关术语的对照见表 4.2。

表 4.2　三个世界术语对照表

现实世界	信息世界	数据世界
实体	记录	记录值
实体集	文件	数据集
特征	属性(字段)	数据项
实体标识符	记录关键字	关键数据项

2. 实体间的联系

现实世界中的事物是彼此关联的,任何一个实体都不是孤立存在的。实体之间的联系错综复杂,但经抽象化以后可以归结为三种类型。

(1)1—1 关系

定义:如果两个实体集 E_1,E_2,其中任一个实体集中的每一个实体至多和另一个实体集中的一个实体有联系,则称 E_1,E_2 为"一对一关系",记为"1—1 关系"。例如教研组与教研组主任之间的联系(若每个教研组只设一名主任、每名主任仅担任一个教研组主任),部门与部门经理之间的联系等。1—1 关系如图 4.6 所示。

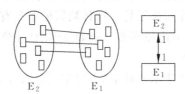

图 4.6　1—1 关系

(2)1—m 关系

定义:两个实体集 E_1,E_2,如果 E_2 中每个实体与 E_1 中任意个实体有联系,而 E_1 中每个实体至多和 E_2 中一个实体有联系,则称该关系为"从 E_2 到 E_1 的一对多关系",记为"1—m 关系"。例如教研组与教师的关系,部门与职工的关系等。1—m 关系如图 4.7 所示。

(3)m—m 关系

定义:如果两个实体集 E_1,E_2 中的每一个实体都和另一个实体集中任意一个实体有关,则称这两个实体集是"多对多关系",记为"$m—m$ 关系"。例如学生与课程之间的关系,供应商与零件之间的关系等。$m—m$ 关系如图 4.8 所示。

图 4.7　1—m 关系　　　　　　　　　图 4.8　$m—m$ 关系

从上述三种关系可以看出,1—1 关系是 1—m 关系的特例,而 1—m 关系又是 $m—m$ 关系的特例。

4.1.3　数据库组织

数据库组织是指从全局出发,对数据库中的数据、数据之间的联系以及用户的要求进行综合平衡考虑,从而提出数据模型以及数据库系统的结构形式。数据库组织的好坏会影响系统的效率和用户对数据库使用的方便程度。我们将从数据模型和数据库系统结构两部分来讨论。

1. 数据模型

数据库系统的一个核心问题是研究如何表示和处理实体以及实体之间的联系。我们把表示实体和实体之间联系的模型称为数据模型,它是人们对客观世界的认识和理解,也是对客观现实的近似描述。不同的数据库管理系统采用不同的数据模型,常用的数据模型有三种。

(1) 层次模型

用树形结构来表示实体及实体之间联系的模型称为层次模型。在现实世界中,许多实体及其联系本身就是一个层次关系,如行政机构、家族关系等。例如上一节中图 4.4 的学校行政管理系统就是一个层次结构。这种数据模型具有层次清楚、容易理解等优点,所以在早期数据库系统中采用这种模型。例如 60 年代 IBM 公司推出的 IMS(information management systems)等。

在层次模型中每一个结点表示实体集,指向结点的指针表示两个实体集之间的联系,如图 4.9 所示。

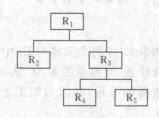

图 4.9　层次模型

在层次模型中两个结点间的关系只能是 $1-m$ 关系,通常把表示"1"的实体集放在上方,称为父结点,而表示"m"的实体集放在下方,称为子结点。树的最高位置上只有一个结点,称为根结点。每个结点由若干个记录值组成,对应图 4.4 的层次模型若用记录值表示如图 4.10 所示。

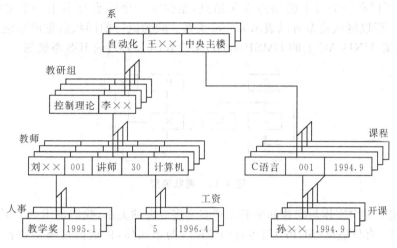

图 4.10　用记录值表示的层次模型

下面我们再用一个例子说明。

例 4.1　假设有两个实体:部门(DEPT)和职工(EMP),一个部门可以有多个职工,而一个职工只能在一个部门工作。部门和职工分别具有如下的属性:

DEPT:部门号(D—NO),部门名称(DNAME),部门经理(MANAGER),部门所在位置(LOCATION)。

EMP:职工号(E—NO),职工姓名(ENAME),职务(JOB),工资(SALARY)。

由于 DEPT 与 EMP 为 $1-m$ 关系,因此能很方便地用层次模型来表示,如图 4.11 (a)所示,其相应的记录值表示如图 4.11(b)所示。

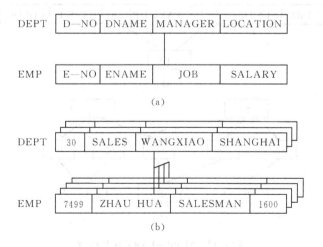

图 4.11　DEPT—EMP 层次模型

但是对于 m—m 关系就不能直接用层次模型来表示,必须设法将其分解为两个 1—m 关系。这是层次模型的局限性。

(2) 网状模型

如果实体及实体之间的联系组成的结构为一"有向图",则称为网状模型。网状模型的特点为:可以有一个以上的结点无父结点,至少有一个结点有多于一个父结点,如图 4.12 所示。所以网状模型可以表示 m—m 关系。较为流行的网状数据库系统有:富士通的 AIM 系统、UNIVAC 上的 DMS100,HONEYWELL 公司的 IDS 系统等。

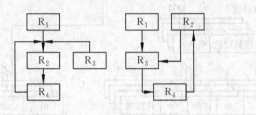

图 4.12 网状模型

在现实世界中实体与实体间的联系很多是多对多的关系,我们也用一个例子说明。

例 4.2 有供应商(SUPP)与零件(PART)两个实体,供应商可提供各种零件,每种零件可以由多个供应商提供。各种供应商提供各种零件的数量(QTY)由发货单(SUP—PART)表示。SUPP,PART 与 SUP—PART 分别具有下列属性:

SUPP:供应商号(S—NO),供应商姓名(SNAME),城市状态值(STATUS),供应商所在城市(CITY)。

PART:零件号(P—NO),零件名称(PNAME),颜色(COLOR),重量(WEIGHT),产地(CITY)。

SUP—PART:供应商号(S—NO),零件号(P—NO),数量(QTY)。

由于 SUPP 与 PART 之间是 m—m 关系,可用网状模型表示,如图 4.13(a)所示。图 4.13(b)表示两个供应商(S_1,S_2),三种零件(P_1,P_2,P_3),五张发货单构成的网状结构图。

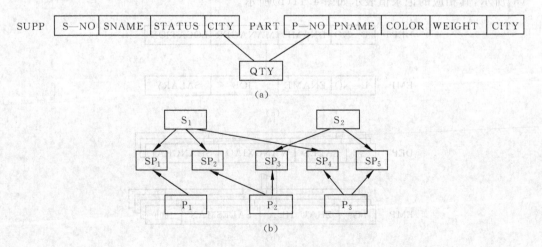

图 4.13 **SUPP—PART 网状模型**

（3）关系模型

用表格形式表示实体以及实体之间的联系，称为关系模型。它是以关系数学理论为基础的。20世纪70年代起E.F.Codd先后用关系代数定义了关系数据库的基本概念，引进函数依赖及规范化理论，为关系数据库的设计奠定了理论基础。20多年来关系数据库无论在理论上或实践上都有很大的发展。关系模型简洁明了，便于使用，具有很大的发展前景。我们在后面几节中将重点讨论该类数据库。较有代表性的关系数据库系统有70年代末IBM公司推出的System R，ORACLE公司的ORACLE系统，80年代推出的SQL/DS等，它们均具有比较齐全的系统功能，支持高级关系数据语言SQL，为用户提供满意的接口。80年代以来，用于微机上的关系数据库管理系统得到迅速发展，先后出现dBASE，FOXBASE以及FOXpro等系统，它们简单易学，用户使用的环境不断改进，已成为目前世界上最畅销的大众数据库系统。

将上述例4.1和例4.2用关系模型表示为

DEPT与EMP关系模型：

DEPT：

D—NO	DNAME	MANAGER	LOCATION

EMP：

E—NO	ENAME	JOB	SALARY	D—NO

SUPP与PART关系模型：

SUPP：

S—NO	SNAME	STATUS	CITY

PAPT：

P—NO	PNAME	COLOR	WEIGHT	CITY

SUP—PART：

S—NO	P—NO	QTY

层次模型和网状模型在本质上是一样的,它们都是用结点记录来表示实体,用指针来表示实体间的联系。而关系模型中存放的数据一部分为实体本身的属性,另一部分是实体之间的联系,这一点我们将在后面加以说明。

2. 数据库的结构

数据库系统(DBS)是指具有管理数据功能的计算机系统,在数据库系统中用于管理数据的一套软件称为数据库管理系统(DBMS),它借助操作系统(OS)来实现内外存之间的数据交换。因此如果把操作系统看作对计算机系统功能的第一次扩充,那么数据库管理系统是对计算机系统功能进行第二次扩充。数据库系统中的用户应用程序、DBMS 和OS 以及数据库(DB)之间的关系如图 4.14 所示。

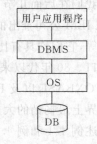

图 4.14 数据库系统的层次关系

DBMS 的主要功能是允许用户逻辑地、抽象地处理数据,而不必涉及这些数据在计算机中是怎样存放的。这一特点称为数据的逻辑独立性和物理独立性。

通常将数据库的结构划分成多个层次,一般分为三级,即用户级、概念级和物理级。数据库分级结构的示意图如图 4.15 所示。

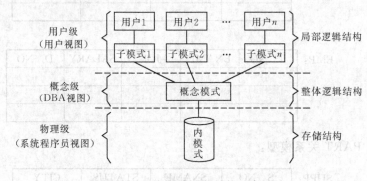

图 4.15 数据库分级结构示意图

(1) 用户级 又称外模式,这是从各个用户角度看到和使用的数据库,因此也称为用户视图。每个用户获准使用的部分数据称为子模式,这部分数据的逻辑结构称为局部逻辑结构。

(2) 概念级 又称概念模式,这是数据管理员(DBA)看到的数据库,称为 DBA 视图。它是所有用户视图的一个最小集合,是对数据库整体逻辑的描述,故称为整体逻辑结构。

(3) 物理级 又称内模式,是系统管理员对数据进行的物理组织,称为系统程序员视图,也称为数据的存储结构。

从以上数据库的结构中可以看到,在数据库系统中,用户看到的数据与计算机中存放的数据是两回事,它们之间已经过了两次变换,一次是系统为了减少冗余,实现数据共享,把所有用户的数据进行综合、抽象为一个统一的数据视图;第二次是为了提高存取效率,改善性能,把全局视图的数据按照物理组织的最优形式存放。DBMS 的中心工作之一,就是完成这二级数据之间的转换。

4.1.4 数据库设计

数据库设计是指按照用户的要求,结合某一个数据库管理系统,为被设计的对象建立数据模型,并编制相应的应用程序的过程。从本质上讲,它是将数据库系统与现实世界进行密切的、有机的、协调一致的结合的过程。因此要求数据库设计者对于数据库系统和实际应用对象两方面都必须有相当的了解。

数据库设计是一个应用课题,但由于它涉及的面较广,至今尚没有一个统一的设计方法,但一般都是从局部到全局,从逻辑设计到物理设计,即对客观世界的事物进行抽象,转换成依赖于某一个 DBMS 的数据。

1. 内容与步骤

归结起来,数据库设计包含两方面内容:

(1) 结构特性的设计,也就是数据模型与数据库结构的设计。

(2) 行为特性的设计,即应用程序的设计。

数据库设计与传统的软件工程有相同的地方,但在做法上侧重不同。它的主要精力首先是在结构特性的设计上,即要汇总各用户的要求,尽量减少冗余,实现数据共享,设计出满足各用户的统一的数据模型。数据库的设计可以分为以下几个步骤:

(1) 需求分析;

(2) 逻辑设计;

(3) 物理设计;

(4) 应用程序设计及测试;

(5) 性能测试及企业确认;

(6) 装配数据库。

上述几个步骤中,需求分析部分是在对被设计对象进行调查研究基础上提出的对系统的描述形式,它不依赖于任何形式的数据库管理系统。因此我们在这里作较详细的说明。而逻辑设计与物理设计部分是在需求分析基础上将系统描述形式转换成与选用的数据库管理系统相适应的数据模型,因此我们将在关系数据库系统的相应部分作介绍。应用程序设计部分将在关系数据语言介绍后进行。

2. 需求分析

需求分析是整个数据库设计中最重要的步骤之一,是其他各步骤的基础。它对客观世界的对象进行调查、分析、命名、标识并构造出一个简明的全局数据视图,是整个企业信息的轮廓框架,并且独立于任何具体的 DBMS。需求分析的目的是根据企业各级管理人员和终端用户的要求,决定整个管理目标、范围及应用性质。它又可以分为以下几步:

(1) 系统调查

这部分工作要求设计人员会同企业各部门有关人员对企业的业务现状、信息流程、经营方式、处理要求以及组织机构等各方面进行调查。例如信息的种类、流程处理方式、各种业务工作过程、各类报表、机构的作用、现状、存在的问题和是否适合计算机管理等。

(2) 系统分析

对调查得到的第一手资料进行综合分析,权衡各方面的利弊,确定结构设计和行为设计的策略及方案。

系统分析涉及到政策、组织机构、经营方针等问题,因此系统分析结果应向企业及上级机关提出对整个企业经营管理及组织机构的改进方案,并确定计算机应当处理并且能够处理的范围和内容。

(3) 视图定义

采用某种工具或方法对设计对象进行定义和描述,建立起实体、属性以及实体之间的联系图,称为视图。视图定义包括两部分,首先建立局部视图,然后将局部视图合并构成一个全局视图。

在这里我们采用 E-R 图(entity relationship diagram)即实体-联系图方法作为视图定义的工具。它是用图解方法来描述实体、属性以及它们之间的联系,这种信息结构是独立于具体的数据库管理系统的,适用于概念设计。在 E-R 图中用矩形框表示实体,菱形框表示实体之间的联系,实体的属性用圆表示。

我们在例 4.1,例 4.2 的基础上再增加一个"工程项目"实体,构成某企业的人事、生产管理系统,作为设计的例子。工程项目(PROJ)具有下列属性:

PROJ:项目号(P—NO),项目名(PNAME),所在城市(CITY)。

工程项目与其他实体的关系为:一个工程可以由多个职工参加,一个职工可以参与多个工程。职工与工程决定开工日期(STARTING DATE)。一种零件可以由多个供应商提供给多个工程项目,一个工程项目可以使用多个供应商提供的多种零件。

上述各实体及其属性的 E-R 图如图 4.16 所示。

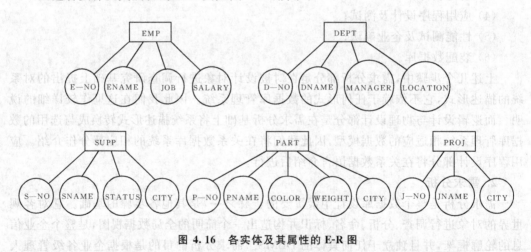

图 4.16 各实体及其属性的 E-R 图

用局部 E-R 图分别描述人事、生产子系统,如图 4.17 所示。其中 1,N,M,P 等表示实体之间的关系(N,M,P 为正整数)。

在局部 E-R 图基础上可以构成全局 E-R 图,即为系统的概念模式。在构成全局视图时,要求满足以下条件:

① 全局视图内部必须是一致的,不允许出现矛盾与冲突的内容。

② 在全局视图中应尽可能消除冗余数据和冗余的联系,保持最小冗余度。

③ 全局视图必须能准确反映每一个局部视图的要求。

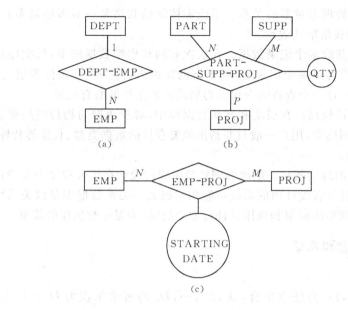

图 4.17 局部 E-R 图

根据以上条件,我们得到全局 E-R 图如图 4.18 所示。

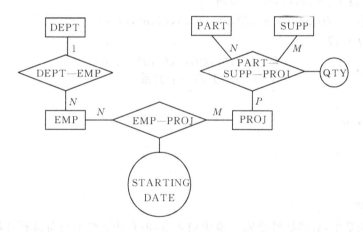

图 4.18 全局 E-R 视图

4.2 关系数据库系统

4.2.1 关系数据库的特点

在上一节中已指出关系数据库是以二维平面表作为数据模型的数据库系统。它与层次与网状数据库系统比较,有下列优点:

(1) 数据结构简单。层次与网状模型均使用指针实现实体之间的联系,错综复杂的指针会使程序员眼花缭乱,而关系模型均为表格框架,结构简单。

（2）可以直接处理多对多的关系。不论实体间的联系是一对多还是多对多，在关系数据模型中均可用表格形式表示。

（3）能够一次获取多个记录数据。在层次和网状模型数据库中，每次操作只能得到一个记录值，如果要得到多个记录值，则要借助高级语言的循环、条件等语句才能实现。而在关系数据库中，每一个查找命令可以得到满足该条件的所有记录。

（4）数据独立性较高。在层次和网状数据库中，对于数据的物理组织要进行一定的干预，而在关系数据库中，用户一般只要指出他要存放的数据类型、长度等特性，而不必涉及数据的物理存放。

（5）有较坚实的理论基础。层次和网状数据库的设计在很大程度上凭设计者的经验和技术水平，不同设计者设计出的系统可能相差很大。关系数据库是以关系数学理论为基础，这样使关系模型的研制和应用设计有理论指导，能保证数据库的质量。

4.2.2 基本概念和术语

1. 关系

设 $D_1, D_2, \cdots, D_n$ 为任意集合，$D_1, D_2, \cdots, D_n$ 的笛卡尔积为 $D_1 \times D_2 \times \cdots \times D_n = \{(d_1, d_2, \cdots, d_n) \mid d_i \in D_i, i = 1, 2, \cdots, n\}$。笛卡尔积的一个子集 R 称之为定义在 $D_1, D_2, \cdots, D_n$ 上的关系。$D_1, D_2, \cdots, D_n$ 称为 R 的域，$(d_1, d_2, \cdots, d_n)$ 称为一个 n 元组。

例 4.3 设 $D_1 = \{0, 1\}, D_2 = \{a, b, c\}$

则 $D_1 \times D_2 = \{(0, a), (0, b), (0, c), (1, a), (1, b), (1, c)\}$

$D_1 \qquad D_2 \leftarrow$ 域

$0 \qquad a \leftarrow$ 元组

$R = \{(0, b), (0, c), (1, a), (1, b)\}$
是 D_1, D_2 上的一个关系。

| 0 | b |
| 0 | c | $\leftarrow R$
| 1 | a |
| 1 | b |

$1 \qquad c$

2. 关键字

在一个关系中，有些属性能唯一地识别元组，但有些属性不具备这种性质。例如在零件的关系中 P—NO 可以唯一地识别某一个零件，但 COLOR 就不能唯一地识别一个零件。在关系 SUP—PART 中属性 P—NO，S—NO 单独都不能唯一地识别一个元组，只有 (P—NO，S—NO) 属性组才能识别。

定义：具有唯一标识关系中元组的属性或最小属性组，称为该关系的候选关键字。在一个关系中如果只有一个候选关键字，那么该候选关键字就指定为该关系的主关键字。如果有多个候选关键字，则可指定其中任一个为主关键字。

3. 关系模式

一个关系的属性名表，即二维表的框架称为关系模式，记为

$$\text{REL}(A_1, A_2, \cdots, A_n)$$

其中 REL 为关系名，$A_1, \cdots, A_n$ 为属性名。

4. 关系模型

又称为关系数据库模式，一个关系模型可以由多个关系模式组成。例如上述例 4.1 中由关系模式 DEPT(D—NO，DNAME，MANAGER，LOCATION)和 EMP(E—NO，ENAME，JOB，SALARY)组成人事管理的关系模型。

5. 关系数据库

对应于一个关系模型的全部关系的集合称为关系数据库。

概括起来一个关系应具备下列特点：

(1) 关系的每一列具有不同的名称(属性名)。

(2) 关系的每一列具有同一类型的域值。

(3) 关系中任意两行(元组)不能完全相同。

(4) 关系中每一列是不可再分的数据单位。

(5) 关系中行、列的次序可以互换。

(6) 每一个关系有一个唯一的主关键字。

4.2.3　关系代数

关系代数是 20 世纪 70 年代初由 E.F.Codd 提出的，它在关系数据语言发展和研究中具有重要作用，是衡量各种关系数据语言的尺度和工具。

关系代数是以关系作为运算对象的一组特定的运算，用户通过这组运算，对一个或多个关系不断地进行"组合"或"分割"，从而得到所需要的数据集合。关系代数常用的运算有并运算、交运算、差运算、笛卡尔积、投影运算、选择运算和连接运算。

1. 并运算

设 R 和 S 为同类关系，则 R 和 S 的并运算是由属于 R 或 S 或同时属于 R 和 S 的元组组成的新的关系，它与 R 和 S 是同类关系，即它的属性名及其排列完全和 R，S 一样。记为：$R \cup S$。

设 R 和 S 关系如表 4.3 和 4.4 所示，则 $R \cup S$ 如表 4.5 所示。

2. 交运算

设 R 和 S 是同类关系，则 R 和 S 的交运算是同时属于 R 和 S 的元组集，记为 $R \cap S$。显然，$R \cap S$ 与 R，S 为同类关系，如表 4.6 所示。

3. 差运算

设 R 和 S 为同类关系，则 R 和 S 的差是由属于 R 而不属于 S 的所有元组组成的集合，记为 $R-S$。$R-S$ 与 R 和 S 为同类关系，如表 4.7 所示。

表 4.3　关系 R　　表 4.4　关系 S　　表 4.5　$R \cup S$　　表 4.6　$R \cap S$　　表 4.7　$R-S$

A	B	C
a	b	c
d	a	f
c	b	d

A	B	C
b	g	a
d	a	f

A	B	C
a	b	c
d	a	f
c	b	d
b	g	a

A	B	C
d	a	f

A	B	C
a	b	c
c	b	d

4. 笛卡尔积

设 R 为 m 元关系，T 为 n 元关系(如表 4.10 所示)，则 R 和 T 的笛卡尔积 $R \times T$ 是一个 $(m+n)$ 元组集合，其中元组的前 m 个分量是 R 的一个元组，后 n 个分量是 T 的一个元组，则 $R \times T$ 共有 mn 个元组，如表 4.11 所示。

表 4.8 $\pi_{A,c}(R)$　　表 4.9 $\sigma_{B=b}(R)$　　表 4.10 关系 T　　表 4.11 $R \times T$

A	C
a	c
d	f
c	d

A	B	C
a	b	c
c	b	d

D	E	F
g	h	i
j	k	l

A	B	C	D	E	F
a	b	c	g	h	i
a	b	c	j	k	l
d	a	f	g	h	i
d	a	f	j	k	l
c	b	d	g	h	i
c	b	d	j	k	l

5. 投影运算

投影运算是从一个现有的关系中选取某些属性，并可对这些属性重新排序，最后从得出的结果中删除重复的元组，而得到一个新的关系。记作：

$$\pi_{属性名1,属性名2,\cdots}\ (关系名)$$

它表示在指定的关系上对指定的属性进行投影操作。表 4.8 表示关系 R 在属性 A,C 上的投影。

6. 选择运算

选择运算是从当前的关系中选择满足一定条件的元组，其运算结果是一个新的关系。选择运算表示为

$$\sigma_F\ (关系名)$$

其中 F 是条件，它是由常数、属性名以及算术比较符($<,=,>,\leqslant,\neq,\geqslant$)、逻辑运算符($\wedge,\vee,\neg$)所组成的条件表达式。表 4.9 表示选择关系 R 中满足 $B=b$ 的元组组成的新关系。

投影和选择运算是分割关系的有力工具。

7. 连接运算

设 R_1 和 S_1 分别为 m 元和 n 元关系，R_1 在第 i 列和 S_1 在第 j 列上的 θ 连接记作 $R_1 \underset{i\theta j}{|\times|} S_1$，其中 θ 是关系比较符，$R_1 \underset{i\theta j}{|\times|} S_1$ 是一个新的关系，它是笛卡尔积 $R_1 \times S_1$ 中满足 $i\theta(m+j)$ 的元组组成的子集。

当 θ 为 "=" 时称为等值连接；

当 θ 为 "<" 时称为小于连接；

当 θ 为 ">" 时称为大于连接等。

设关系 R_1,S_1 如表 4.12 和 4.13 所示，$R_1 \underset{A<D}{|\times|} S_1$ 结果如表 4.14 所示。

在连接运算中一种特殊的等值连接用处最大，称为自然连接，记作：$R_1 |\times| S_1$。它的

运算过程为

(1) 计算 R_1，S_1 的笛卡尔积 $R_1 \times S_1$；

(2) 挑选 R_1 和 S_1 中相同属性名中具有相等值的元组；

(3) 去除重复属性，形成新的关系。

表 4.15 表示 R_1 与 S_1 在属性 A 上的自然连接。

表 4.12 关系 R_1

A	B	C
1	a	b
3	c	d
5	e	f

表 4.13 关系 S_1

D	E	A
4	g	3
3	h	7
2	i	5

表 4.14 $R_1 \mid \times \mid S_1$ A<D

A	B	C	D	E	A
1	a	b	4	g	3
1	a	b	3	h	7
1	a	b	2	i	5
3	c	d	4	g	3

表 4.15 $R_1 \mid \times \mid S_1$

A	B	C	D	E
3	c	d	4	g
5	e	f	2	i

表 4.16 $\pi_{B,D,E}\sigma_{A<D}(R_1 \times S_1)$

B	D	E
a	4	g
a	3	h
a	2	i
c	4	g

在关系代数中，我们把各种基本代数运算经有限次复合而成的式子称为关系代数表达式，这种表达式运算的结果是一个新的关系。例如表 4.16 为表达式 $\pi_{B,D,E}\sigma_{A<D}(R_1 \times S_1)$ 的结果。

4.2.4 关系数据库的设计问题

数据库设计在经历了需求分析后进入逻辑设计阶段时，要求把描述系统的视图转换成与采用的 DBMS 相适应的数据模型。在关系数据库系统中就要求把视图转换成关系模型。在本节中主要讨论如何从 E-R 图转换成关系模型，并根据规范化理论，对模型作进一步优化处理。

在关系数据库设计中，核心问题是关系模式的设计。对于同一个数据库设计，可以有多种关系模式的选择，按什么原则来选择关系模式，如何区分关系模式设计的好坏是本节要讨论的问题。

1. 关系模型转换

我们首先讨论在关系数据库设计中如何合理地确定实体、属性以及实体之间的联系。我们仍以前面的例 4.1 和例 4.2 来说明。

(1) 实体及属性的确定

在例 4.1 中，部门和职工作为两个实体集是 1—m 关系，但它们可以有几种不同的划分方式：

① 把部门作为实体，把职工作为部门的属性，从而形成如下的一个关系 EMP1：

EMP1:	D—NO	DNAME	MANAGER	LOCATION	E—NO1	ENAME1	JOB1	SALARY1

E—NO2	ENAME2	JOB2	SALARY2	...

这个关系的缺点是明显的：

· 表太长,不便于显示和打印。

· 必须为每个部门的职工人数确定一个上限,否则数据库将瓦解。

· 如果职工人数少于上限,则会出现很多空值字段,浪费存储空间。

· 很难对职工按某种顺序排序。

· 查询困难,例如查找"职工号为×××所在的部门",或"部门××的平均工资是多少"等。

② 把职工作为实体,把部门作为职工的属性,从而形成另一个关系模式 EMP2：

EMP2:	E—NO	ENAME	JOB	SALARY	D—NO	DNAME	MANAGER	LOCATION

这个表的优点是职工所在部门的信息都包含在每个职工的记录中,因此若要查找某个职工及其所在部门的信息,在一个表中就能得到。它的主要缺点是数据冗余,由此引起的后果为

· 浪费存储空间。

· 可能造成数据更新时的不一致。例如某部门更换经理,则必需在表格中把有关该部门的经理名逐一更新,稍有疏忽会出现同一部门有两个不同的经理名,称为更新异常。

· 假定某部门当时只有一名职工,如果删除了该职工,侧将丢失有关该部门的所有信息,称为删除异常。

· 假设新成立了一个部门,但尚未委派经理,也还没有职工,则有关这一部门的信息无法入表,称为插入异常。

③ 把部门和职工各自作为实体形成的关系模式：

DEPT:	D—NO	DNAME	MANAGER	LOCATION

EMP:	E—NO	ENAME	JOB	SALARY	D—NO

这一形式改善了上述两种形式存在的不足。

分析了这个例子,我们从中得出一些广泛适用的原则：

① 一般情况下,将每个实体用一个关系来表示。当某个实体在所在的系统中只有很少的属性有用时,可将此实体作为另一个实体的属性。例如,如果只有部门号在本系统中有用,则可把它归属到职工实体中,作为职工的一个属性。因此,实体和属性也是相对而言的,要根据具体的问题而定。

② 必须为每个关系确定主关键字,主关键字的值必须是唯一的,且不得为空值。这说明了上述第二种形式中没有职工的部门无法入表的原因。

③ 实体的每一个属性,是作为单独的数据项出现。

这种简明的设计容易理解、使用,特别当以后需要将新的信息加入时,容易扩充,因此我们称这种设计是稳定的。

(2)建立实体之间的联系

对于例 4.1 来说,由于部门与职工是 1—m 关系,因此可将"1"表(DEPT)中的主关键字(D—NO)加入到"m"表(EMP)中,称为外界关键字,从而实现两个实体之间的联系。

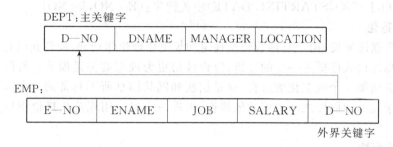

外界关键字是一个关系中的一个字段或字段组,它的值必须和其他某个关系的主关键字相匹配。外界关键字和主关键字的匹配是把关系数据库中数据联系在一起的纽带。

对于例 4.2 来说,供应商与零件是 m—m 关系,根据前面讨论的原则,我们把供应商(SUPP)和零件(PART)分别表示为两个关系。而货物量(QTY)只有当相应的供应商和零件都确定时才能存在,因此把供应商号、零件号与货物量单独构成一个关系(SUP—PART),它的主关键字由 S—NO 与 P—NO 组合而成。同时关系 SUP—PART 还起着联系实体 SUPP 与 PART 的作用,其中 S—NO 与 P—NO 是分别与 SUPP 和 PART 中主关键字相匹配的外界关键字。因此在多对多的关系中,一般用一个单独的关系实现实体之间的联系,而这个关系的主关键字是外界关键字的组合。

根据上面介绍的关于确定关系模型中实体、属性以及实体之间联系的原则,我们可以得出对应前面某企业人事、生产管理系统的全局 E-R 图的关系模式为

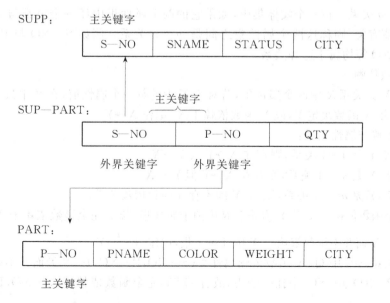

DEPT（D—NO,DNAME,MANAGER,LOCATION)主关键字:D—NO

EMP（E—NO,ENAME,JOB,SALARY,D—NO)主关键字:E—NO

SUPP（S—NO,SNAME,STATUS,CITY)主关键字:S—NO

PART（P—NO,PNAME,COLOR,WEIGHT,CITY)主关键字:P—NO

PROJ（J—NO,JNAME,CITY)主关键字:J—NO

SPJ（S—NO,P—NO,J—NO,QTY)主关键字:(S—NO,P—NO,J—NO)

EJ（E—NO,J—NO,STARTING DATE)主关键字:(E—NO,J—NO)

2. 模型规范化

对于关系数据库来说,由于有函数依赖理论和规范化理论作指导,使得我们有可能对现有的关系数据库模式作更进一步的分析,以设计出更为理想的关系模式。所以在关系模型的设计中又增加一个规范化的过程,这是层次和网状模型所不具备的。在这一节中我们先讨论关于关系的属性之间的函数依赖性,再进一步讨论用规范化理论指导关系模式的优化问题。

(1) 函数依赖性

① 属性间的关系

在前面我们曾讨论了实体与实体之间的三种关系,这是建立关系数据模型的基础。现在进一步讨论属性之间的关系,它们也可以分为三类:

• 1—1 关系　设 A,B 为某实体集的两个属性集,如果对于 A 中的任一具体属性值,在 B 中至多有一个属性值与之对应,而对于 B 中的任一具体属性值,在 A 中也至多有一个值与之对应,则称 A,B 两个属性集之间是 1—1 关系。如 S—NO 与 SNAME,P—NO 与 PNAME 等均满足这种关系。

• 1—m 关系　在一个实体中,如果它的一个属性集 A 中的一个属性值至多与另一个属性集 B 中的一个属性值有关,而 B 中的一个属性值却可和 A 中的 m 个属性值有关,则称该两个属性集之间的关系为从 B 到 A 的 1—m 关系。如 CITY 与 S—NO,LOCATION 与 D—NO 等均满足这种关系。

• m—m 关系　在一个实体集中,如果它的两个属性集中任一个值都与另一个属性集的 m 个值有关,则称这两个属性集之间是 m—m 关系。例如 S—NO 与 P—NO,E—NO 与 J—NO 等均属于这种关系。

② 函数依赖

设 X,Y 为关系 R 中两个属性集,若对于 X 中的每一个属性值,在 Y 中只有一个值与之对应,则称 X 函数决定 Y,或 Y 函数依赖于 X,记作 $X \rightarrow Y$。

函数依赖与属性关系:

如果 X,Y 是 1—1 关系,则存在 $X \rightarrow Y$ 或 $Y \rightarrow X$。

如果 X,Y 是 m—1 关系,则存在 $X \rightarrow Y$ 但 $Y \nrightarrow X$。

如果 X,Y 是 m—m 关系,则 X,Y 间不存在函数依赖关系。

• 完全函数依赖　设 X,Y 为关系 R 中两个属性集,若 Y 完全函数依赖于 X,则是指 Y 函数依赖于 X 而并不函数依赖于 X 中任一子集,记作 $X \xrightarrow{f} Y$。

例如关系 SPJ 中 QTY 函数依赖属性集(S—NO,P—NO,J—NO)而并不函数依赖于(S—NO,P—NO,J—NO)中任一子集,故称 QTY 完全函数依赖(S—NO,P—NO,J—

NO)。

·传递函数依赖 设 X,Y,Z 为关系 R 中三个属性集,若 $X \rightarrow Y,Y \not\rightarrow X$,而 $Y \rightarrow Z$,则称 Z 对 X 为传递函数依赖关系。例如 S—NO→CITY,CITY $\not\rightarrow$ S—NO,CITY→STATUS,因此 STATUS 传递函数依赖于 S—NO。

（2）关系模式的范式

关系模式的规范化工作是指在函数依赖理论基础上,设计出一个合理的、规范化的关系模式,规范化理论把关系模式分为几种等级,称为范式,我们从最基本的范式开始。

① 第一范式（1NF）

定义:如果一个关系模式 R 的每个属性值都是不可再分的数据单位,则称 R 满足第一范式。

这是关系模式最基本的要求,也就是说,关系模式中不允许有层次化的表结构。例如在 EMP 关系中,若在工资项中又分为基本工资（S1）和奖金（S2）两部分,如表 4.17 所示,就不满足 1NF,也就不满足关系数据库模式要求,必须进行改造,把它改成表 4.18 所示就满足 1NF 要求了。

表 4.17 层次化表结构

E—NO	ENAME	JOB	SALARY	
			S1	S2

表 4.18 满足 1NF 表

E—NO	ENAME	JOB	S1	S2

② 第二范式（2NF）

定义:如果关系模式 R 满足第一范式,且非主属性完全函数依赖于主属性（主关键字）,则该模式满足第二范式。

假设我们把关系 SPJ 和 SUPP 合并成一个表 SPJ1（S—NO,P—NO,J—NO,QTY,SNAME,STATUS,CITY）,其主属性为（S—NO,P—NO,J—NO）,我们用有向图来表示其属性间的函数依赖关系,如图 4.19 所示。

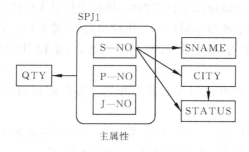

图 4.19 关系 SPJ1 的有向图表示

从图 4.19 中能看出,属性 QTY 完全函数依赖于主属性,即（S—NO,P—NO,J—

NO)$\xrightarrow{f}$QTY,而其余非主属性(SNAME,CITY,STATUS)只是部分函数依赖主属性(只依赖其中的 S—NO),因此不满足 2NF,这种范式在执行数据操作时会出现下述问题:

· 插入异常 当供应商尚没有零件时,该供应商的有关信息就不能插入关系中(因主关键字值不全)。

· 删除异常 当删除某供应商提供的最后一批零件时,有关该供应商的信息将丢失。

· 更新异常 当某个供应商的有关信息要更改时,需要更新所有与该供应商有关的记录,否则会出现数据的不一致。这是由于数据冗余引起的后果。

改进方法:用分解方法,将模式中部分函数依赖的属性分离出来,单独组成一个关系,以消除部分函数依赖。例如将上述关系 SPJ1 分解成 SPJ 与 SUPP 两个关系,则该两个关系均满足 2NF,其有向图表示如图 4.20 所示。

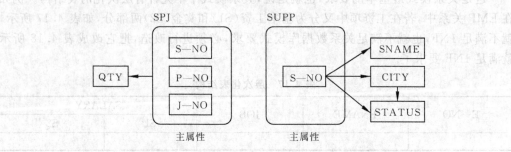

图 4.20 关系 SPJ 和关系 SUPP 的有向图表示

③ 第三范式(3NF)

定义:如果关系 R 满足第二范式,且每一个非主属性均非传递函数依赖于主属性,则该关系满足 3NF。

在关系 SUPP 中,其中属性 STATUS 是由所在城市决定的,即 S—NO→CITY,CITY$\not\to$S—NO,CITY→STATUS,因此属性 STATUS 传递函数依赖于主属性 S—NO,因而不满足 3NF。这种关系存在的问题为

· 数据冗余引起更新异常 当一个城市中有多个供应商时,这些记录中都存放相同的状态信息,有可能造成更新异常。

· 插入异常 当一个城市尚无供应商时,该城市信息无法插入关系中。

· 删除异常 删除某城市中最后一个供应商时,会将该城市有关信息删除。

改进方法:将 SUPP 分解成 SC,CS 两个关系,以消除其中的传递函数依赖,如图 4.21 所示。

应用函数依赖理论还可以对现有关系作进一步分解而得到更高的范式,这里不再讨论。

从上述的讨论中可以看出,分解关系,提高范式可以消除冗余,解决插入、删除、更新时出现的异常现象。三种范式间的转换关系如图 4.22 所示。

但是事情总是一分为二的,分解越细,查询时花费在关系连接上的时间也越多。在实际应用中,分解进行到 3NF 已足够,而且也不一定要到 3NF,这要结合实际情况,全面权衡利弊,适可而止,不应片面追求高范式。

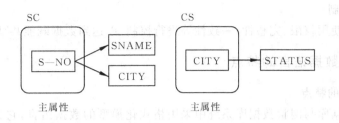

图 4.21 关系 SC 和关系 CS 的有向图表示

图 4.22 三种范式间的转换关系

至此完成了关系数据库的逻辑设计。

3. 物理设计

物理设计是数据库设计的最后一个阶段,在物理设计中要解决多方面的问题,如文件的组织方式和存取方法,索引项的选择,数据的聚集和压缩,决定访问路径等,目的是使系统有较高的性能。这些工作都与硬件环境密切相关,因此十分复杂。对于层次模型和网状模型,用户在定义模式时就要考虑到将来使用的实际情况,例如经常查询的是什么属性,怎样构造文件结构,必须指出查找文件的次序等,这样用户的负担较重,而在关系数据库中,这些工作大部分将由 DBMS 自动完成,例如在进行数据查询时已进行了查询优化处理,不需要用户选择查找路径。设计人员的主要工作是确定数据库文件的字段类型、长度以及在哪些字段上建立索引等。

4.3 关系数据语言

在关系数据库中,提供给用户对数据进行操作的语言称为关系数据语言,简称数据语言。它以关系运算和关系演算(谓词演算)为基础,结构简单,是一种十分方便的用户接口。

4.3.1 数据语言的功能

1. 数据定义

定义数据模式、数据类型以建立数据模型。

2. 数据操纵

对数据进行查询、更新(插入、删除、修改)等操作。

3. 数据控制

对数据的使用权限、完整性、一致性等进行控制,以达到数据既能共享又安全保密。

4.3.2 关系数据语言的特点

1. 一体化的特点

在层次数据库与网状数据库系统中采用格式化模型的数据语言,它分为模式数据定义语言、子模式数据定义语言、数据操纵语言和数据存储描述语言几部分,各自完成不同的功能。而关系数据语言不仅具有查询、更新等数据操纵功能,而且具有数据定义和控制功能,改变了用户对数据处理与 DBA 对数据描述分别采用不同语言的情况,从而增强了用户的使用能力。

2. 非过程化特点

格式化模型的数据语言描述是详尽繁琐的,操作是过程化的,即用户必须按照模型中所描述的存取路径来存取数据,因而用户使用比较复杂,较难掌握。而关系数据库把存取路径向用户隐蔽起来,用户不必了解存取路径,只要提出"干什么"而无需指出"怎么干",所以简单易学。

3. 面向集合的存取方式

与格式化模型的数据语言中一次一个记录的存取方式相比,关系数据语言的存取方式是面向集合的,它的操作对象是一个或多个关系,操作结果也是一个新的关系,语言简练,操作方便。

4. 两种使用形式

(1) 自含系统　某些关系数据语言可用键盘命令形式在屏幕上进行数据操作,也可以将数据语言编制成应用程序反复使用,但不能与其他算法语言混合使用,因而称为自含系统。

(2) 宿主系统　某些关系数据语言可以嵌入到其他主语言(例如 COBOL,FOR-TRAN,C 等)中编制成统一的程序,因而称为宿主系统。

目前已研制出数十种关系数据语言,为了对关系数据语言的特点、基本功能、语言形式、基本操作有初步了解,我们下面将对较有代表性的关系数据语言 SQL 作简单介绍。

4.3.3　SQL 简介

SQL 原文为 Structured Query Language,即结构化查询语言,是 1974 年 IBM 圣约瑟研究实验室为关系数据库 System R 研制的,当时称为 SEQUEL 语言。以后不断进行改进。80 年代初,先后由 Oracle 公司与 IBM 公司推出基于 SQL 的关系数据库系统。1986 年美国国家标准局(ANSI)批准 SQL 为数据库语言的美国标准,不久国际标准化组织(ISO)也批准 SQL 作为关系数据库的公共语言。此后各数据库产品公司纷纷推出各自支持 SQL 的软件或者与 SQL 的接口。这就有可能出现这样的局面:不管微型机、小型机或大型机,不管是哪种数据库,都采用 SQL 作为共同的数据存取语言,从而使未来的数据库世界可以连接成为一个统一的整体。因此 SQL 在未来相当长的一段时期中,将成为关系数据库领域中的一个主流语言。

1. SQL 特点

（1）SQL 是具有数据定义、查询、操纵及控制功能的一体化数据语言，可以实现数据库整个生命期中的所有活动。

（2）SQL 是基于关系代数与关系演算的非过程化语言，使用方便，它的语法与英语很接近，其核心功能为 8 个动词，如表 4.19 所示。

表 4.19　SQL 的核心功能动词

功　能	动　词
定　义	CREATE,DROP
查　询	SELECT
操　纵	INSERT,UPDATE,DELETE
控　制	GRANT,REVOKE

（3）使用方式有两种：

① 自含式：可在终端上以命令形式进行查询、修改等交互操作，也可以编制成程序（SQL 文件）执行。

② 嵌入式：可以嵌入到多种高级语言中一起使用，如 PL/1,COBOL,FORTRAN,PASCAL,C 等。

（4）具有完善的故障恢复功能，能快速处理由于软硬件故障产生的破坏。

（5）具有灵活分散的授权方式。各用户既有权在自己生成的关系或视图上进行操作，也可通过授权机制动态地使用其他用户数据或收回授权。

2. SQL 基本命令

为了便于说明，我们以例 4.1 中 EMP 与 DEPT 两个关系为例，使读者了解如何通过各种命令，对关系进行定义、分割、拼接、组装以获取所需的数据。

EMP：

E—NO	ENAME	JOB	SALARY	D—NO
7369	YANG JIAN	CLERK	800	20
7499	ZHAO HUA	SALESMAN	1600	30
7521	LI HONG	SALESMAN	1250	30
7566	MA JUN	MANAGER	2975	20
7654	LI YIAO ME	SALESMAN	1256	30
7698	WANG XIAO	MANAGER	2850	30
7782	CHEN HUA	MANAGER	2450	10
7788	ZHANG ZHI	ANALYST	3000	20
7839	CHEN PING	PRESIDENT	5000	10

DEPT：

D—NO	DNAME	MANAGER	LOCATION
10	ACCOUNTING	CHEN HUA	TIANJIN
20	RESEARCH	MA JUN	BEIJING
30	SALES	WANG XIAO	SHANGHAI
40	OPERATIONS		WUHAN

在 SQL 中称关系为表(TABLE),属性为列(COL),元组为行(ROW)

(1) 数据定义

① 定义关系(TABLE)

若关系模式已经确定,用户或数据库管理员可以用数据定义语言来建立库结构。

命令格式: CREATE TABLE〈关系名〉(属性 1 名 类型 1,属性 2 名 类型 2,……);

其中类型分为

NUMBER(n. d)　　　数字型,n 为字长,d 为小数位

CHAR(n)　　　　　字符型,n 为字长

DATE　　　　　　日期型、日-月-年

例:CREATE TABLE EMP(E—NO NUMBER(4),ENAME CHAR(10),JOB CHAR(9),SALARY NUMBER(7.2),D—NO NUMBER(2));

② 定义视图(VIEW)

视图是一种虚拟关系,用户可以通过建立视图的命令从一个或多个关系中选择所需的数据项构成一个新的关系。但视图并不以文件形式存放在外存中。视图一旦建立以后,就可以和其他关系一样进行各种操作。

命令格式: CREATE VIEW〈视图名〉AS SELECT 属性名 1,属性名 2,……,属性名 n FROM〈关系名〉WHERE〈条件〉;

例: CREATE VIEW EMP1 AS SELECT ENAME, JOB, SALARY FROM EMP WHERE SALARY>2000;

此时定义了一个名为 EMP1 的视图,其数据项是取关系 EMP 中的 ENAME,JOB 和 SALARY,且满足 SALARY>2000。

也可以从多个关系中建立视图,例:

CREATE VIEW EMP—DEPT(DNAME,ENAME,JOB,SALARY) AS SELECT ENAME,JOB,SALARY,DNAME FROM EMP,DEPT WHERE D—NO=DEPT. D—NO;

此时定义了一个名为 EMP—DEPT 视图,其数据项取自关系 EMP 中的 ENAME,JOB,SALARY 和关系 DEPT 中的 DNAME,且满足 EMP 与 DEPT 中 D—NO 相等的记录项。

③ 定义索引(INDEX)

为了加快查询速度,可以按某关键字建立索引表。

命令格式:CREATE INDEX〈索引表名〉ON〈关系名(索引关键字)〉;

例:CREATE INDEX EMP—ENAME ON EMP(ENAME);

此时以关系 EMP 中 ENAME 作为索引关键字建立索引表 EMP—ENAME。

④ 撤消定义

当要撤消已建立的关系、视图或索引表时,用 DROP 命令。例:

DROP TABLE EMP;撤消关系 EMP

DROP VIEW EMP—DEPT;撤消视图 EMP—DEPT

DROP INDEX EMP—ENAME;撤消索引表 EMP—ENAME

(2) 查询

查询是从某一关系中按用户需要查找相关的数据项(列)和记录项(行),相当于在原关系中裁剪下用户所需的部分数据。

① 查询列

命令格式:SELECT〈列表名〉FROM〈关系名〉;

例:SELECT ENAME,E—NO,JOB FROM EMP;

查找关系 EMP 中数据项 ENAME,E—NO 和 JOB 的全部数据。

② 查询行

命令格式:SELECT ＊ FROM〈关系名〉WHERE〈条件〉;

例:SELECT ＊ FROM EMP WHERE D—NO=10;

查找关系 EMP 中满足 D—NO=10 的职工所有数据项信息(＊表示全部数据项)。

把上述列查找与行查找命令组合起来,就可以根据需要取出所需的信息。

③ 排序

对关系中记录按某一关键字重新进行排序,如果事先对此关键字建立索引表,则可加快排序速度。

命令格式:SELECT〈列表名〉FROM〈关系名〉ORDER BY〈关键字〉[DESC];

例:SELECT ENAME,SALARY,JOB FROM EMP ORDER BY ENAME;

对关系 EMP 查找 ENAME,SALARY,JOB 三数据项,并要求其记录按关键字 ENAME 进行升序排序。如果命令中增加 DESC,则按降序排序。

(3) 数据操纵

① 插入

在已建立的关系中插入新的记录。

命令格式:INSERT INTO〈关系名〉(列表名)VALUES(列表值);

例:INSERT INTO DEPT(DNAME,D—NO)VALUES ('ACCONTING',10);

在关系 DEPT 中插入一条记录,其数据项 DNAME,D—NO 值分别为'ACCONTING'和'10',其他数据项为空值。

② 更新数据

对关系中某些满足条件的数据项数据进行修改。

命令格式:UPDATE〈关系名〉SET 数据项名=更新数据 WHERE〈条件〉;

例:UPDATE EMP SET JOB='MANAGER'WHERE E—NO=7654;

对关系 EMP 中 E—NO 为 7654 的记录中 JOB 值修改为'MANAGER'。

③ 删除行

命令格式:DELETE FROM〈关系名〉WHERE〈条件〉;

例:DELETE FROM EMP WHERE E—NO=7654;

删除关系 EMP 中 E—NO=7654 的记录。

(4) 控制

为保证数据库的数据既能共享又安全保密,并能使数据完整、一致,SQL 提供一些控制功能。

① 授权

授权是指对数据库中的数据使用权限的控制。在 SQL 中分为两级控制,在系统级中,当每个用户要参与享用数据库时,必须先由数据库管理员(DBA)为他建立用户名及口令,每次在进入数据库前必须告诉用户名及口令,系统核对口令并用 CONNECT 命令与数据库建立联系后才可使用;在用户级中,凡各用户自己用 CREATE 命令建立的关系和视图,本用户对它享有所有权限(SELECT,INSERT,UPDATE,DELETE,INDEX 等),其他用户若要共享,则必须由该关系或视图的主人授权后方可使用。

命令格式:GRANT〈授权的内容〉ON〈关系名〉TO〈用户名〉;

例:GRANT SELECT,INSERT ON EMP TO CHANG;

EMP 的主人把关系 EMP 的 SELECT,INSERT 权授予用户 CHANG。若关系的主人把所有的权限都授予某一用户,可用 ALL 代替,若把某关系授予所有用户,可用 PUBLIC 代替用户名。

例:GRANT ALL ON EMP TO PUBLIC;

当被授权用户使用该关系时,应在关系名前冠以该用户名。

例:SELECT * FROM SHEN. EMP;

其中 SHEN 是 EMP 关系的主人。

② 撤消授权

当关系的主人要撤消对某关系的授权时,用 REVOKE 命令。

命令格式:REVOKE〈授权内容〉ON〈关系名〉FROM〈用户名〉;

例:REVOKE INSERT ON EMP FROM CHANG;

撤消用户 CHANG 对关系 EMP 的 INSERT 权限。

③ 数据的完整性、一致性

在关系数据模型中,每一元组中主关键字项的数值不能为空值,为保证这一点,可以在建立关系命令中对主关键项后加"NOT NULL"。

例:CREATE TABLE DEPT(D—NO NOMBER(2) NOT NULL,DNAME CHAR(4),LOCATION CHAR(13));

这样,在输入数据时,若主关键项出现空值,系统就会发出出错信息。

在建立索引文件时,在命令中增加"UNIQUE"可以保证此项数值不能重复出现,从而保证主关键字数值的唯一性。

例:CREATE UNIQUE INDEX EMP—ENAME ON EMP (ENAME)

这时若插入两个相同的 ENAME,系统发出出错信息。

3. SQL 文件

可以将经常反复使用的一组 SQL 命令组成一 SQL 文件,启动此文件即可自动执行该组命令。

4. SQL 对主语言的嵌入

SQL 可以嵌入多种高级语言中混合使用,这样使程序既具有 SQL 的数据管理能力,又具有高级语言的运算能力。下面通过一个将 SQL 嵌入 C 语言的程序 SAMPLE.PC 来说明。

SAMPLE. PC

```
    main()
    {
1   EXEC SQL BEGIN DECLARE SECTION;
2   VARCHAR usern[20];
3   VARCHAR pswd[20];
4   char DNAME[14];
5   char ENAME[10];
6   char JOB[9];
7   int E—NO,D—NO;
8   float SALARY;
9   EXEC SQL END DECLARE SECTION;
10  strcopy (usern. arr,"用户名");
11  usern. len=strlen(usern. arr);
12  strcopy (pswd. arr,"口令");
13  pswd. len=strlen(pswd. arr);
14  EXEC SQL CONNECT:usern IDENTIFIED BY:pswd;
15  E—NO=10;
16  printf("Enter employee name:");
17  scanf("%s",& ENAME);
18  printf("\n");
19  printf("Enter employee job:");
20  scanf("%s",& JOB);
21  printf("\n");
22  printf("Enter employee salary:");
23  scanf("%f",& SALARY);
24  printf("\n");
25  printf("Enter employee dept:");
26  scanf("%d",& D—NO);
27  EXEC SQL SELECT DNAME INTO : DNAME FROM DEPT WHERE D—NO
    =:D—NO;
28  EXECSQL INSERT INTO EMP ( E—NO , ENAME , JOB , SALARY , D—NO )
    VALUES(:E—NO,:ENAME,:JOB,:SALARY,:D—NO);
29  printf("%s added to the %s department as employee # %d",ENAME,DNAME,
    E—NO);
30  EXEC SQL COMMIT WORK;
    }
```

(1) 源程序的结构及书写要求

① SAMPLE.PC 是嵌入 SQL 的 C 语言源程序,其程序结构由两部分组成:

·说明部分 这部分以语句 1 为开始标志,语句 9 为结束标志,其中对 SQL 与 C 共同使用的变量加以说明,变量名可以与数据库中的数据项名相同。

·应用程序体 从语句 10 到语句 30 为应用程序体,即程序本身,它由 SQL 与 C 语句组成。

② 在程序中,所有 SQL 语句前均冠之以"EXEC SQL"以与 C 语句区别。

③ 语句 10~14 是系统对用户名及口令进行合法性检验,检验合法后再通过语句 14 与数据库系统连接。

④ 在 SQL 语句中用到公共变量时,必须在变量前冠以":"以与数据项名区别,如语句 14 中:usern,:pswd,语句 28 中:E—NO,:ENAME,:JOB,:SALARY,:D—NO 等。

⑤ 语句 30 表示在此程序中结束 SQL 语句。

(2) 预编译

一个嵌入 SQL 的源程序,首先要经过预编译处理,预编译程序扫描这个源程序,找出所有 SQL 语句,经过语法分析、优化、代码生成,将 SQL 语句翻译成机器语言的存取模块,由主语言来调用;然后再将预编译后生成的源程序经过常规的编译、连接生成可执行程序,其过程如图 4.23 所示。

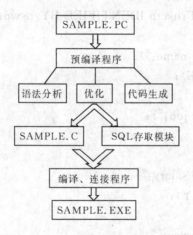

图 4.23 嵌入 SQL 源程序编译过程

4.4 应用系统开发

数据库应用系统是指在数据库管理系统支持下运行的一类计算机应用系统。对于大多数用户来说,数据库管理系统(DBMS)一般都使用市场上出售的现成的软件,不必自己设计,所以开发一个数据库应用系统实际上包含数据库模型设计和相应的应用程序设计两方面内容。我们在前面几节中已对数据库设计中的需求分析与数据模型设计作了介绍,这里着重介绍应用程序设计。

按照共享数据的用户范围大小的不同,数据库应用系统还可以进一步区分为"面向数据"和"面向处理"两大类,前者以数据为中心,多为拥有大量数据的大型数据库系统;后者则以处理为中心,包括大多数中小型数据库应用系统。两类系统都是通过应用程序向用户提供信息服务,但在开发步骤上,两类系统在具体做法上有所不同,以下将分别叙述。

4.4.1 以数据为中心的系统

这类系统都是大型的数据库系统,如国家经济信息系统、全国财政税务信息系统以及航天测控、公安信息、科技情报检索系统等。这类系统开发示意图如图 4.24 所示。

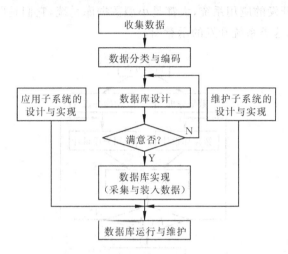

图 4.24 以数据为中心的系统开发流程图

1. 数据特点

这类数据库系统中数据的特点主要是数据量大而且数据量随时间增长,因此如何把数量巨大且不断增长的数据科学地组织到数据库中,是这类系统在开发中要解决的关键问题。图 4.24 中把数据库设计置于全图的中心,并指明要不断改进直至满足要求,形象地说明数据库设计在系统开发活动中所处的核心地位。图中还表明在数据库设计前要对大量数据进行分类与编码,在数据库设计之后,要进行数据的采集和录入。这里还要特别强调保持数据的正确性和一致性,在各个环节采取有效措施,防止可能发生的差错。

2. 应用程序设计

在图 4.24 中列出了应用程序设计所包含的两项工作,即应用子程序的设计和维护子程序的设计。

对于以数据为中心的系统,其应用子程序不仅数量大,而且随着用户的增加而不断扩充。系统除设置若干基本查询程序用于一般的对外信息服务外,应允许某些用户拥有专用的查询程序以及满足各自需要的统计和分析程序,因此这类系统的应用子程序可以在数据库设计之后,甚至已经运行后逐步开发与扩充。

此外在设计这类系统的应用程序时还需要注意以下几点:

(1) 由于用户众多,系统应十分重视数据的安全,防止有意无意地造成数据的破坏或泄密。程序应具有鉴别用户身份和限制操作权限等功能,并在维护子程序中设置对数据进行后备和转移等有关程序。

（2）维护数据的完整性。由于这类系统往往是适用于多用户的网络或分布式系统，这一点尤须引起足够重视。

（3）所有应用程序都应具有友好的用户界面，并尽可能利用图形、鼠标等技术以方便各类用户的操作使用。

4.4.2 以处理为中心的系统

一般在微机上开发的应用系统，大都是小型数据库系统，它们是以处理为中心的应用系统。图 4.25 显示这类系统开发的示意图。

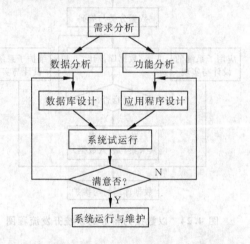

图 4.25 以处理为中心的系统开发流程图

从图上可以看到，整个开发活动是从对系统的需求分析开始的，系统需求包括对数据的需求和应用的需求两方面内容，图中把前者称为数据分析，后者称为功能分析，它们的分析结果将分别作为数据库设计和应用程序设计的依据。需求分析结束后，就分别开始数据库设计和应用程序设计。这两项工作完成后，系统应进入试运行，即把数据库文件连同有关的应用程序一起装入计算机，考察它们在各种应用中能否达到预定的功能和性能需求。若不能满足，则需返回前面的步骤，修改数据库或应用程序。试运行结束，标志着系统开发基本完成。但只要系统存在一天，对系统的调整和修改就会继续一天，必须继续做好系统的维护工作，它包括纠正错误和系统改进。

对应于这类系统的应用程序设计，和传统的软件工程开发很类似，一般采用如下步骤：功能分析—总体设计—模块设计—编码测试。其中功能分析部分已在需求分析中介绍，不再重复，其余三步分述如下。

1. 总体设计

通常一个应用系统的程序可以划分为若干个子系统，每个子系统又可以划分为若干个程序模块。总体设计的任务是根据系统需求，由顶向下对整个系统进行功能分解，以便分层确定应用程序的结构，它相当于软件工程中的概念设计。图 4.26 显示了用层次图表示的应用程序的总体结构图。图中顶层为总控模块，次层为子系统的控制模块，第三层为功能模块,它们是应用程序的主体,再以下是操作模块,它们是完成功能模块中各种特定的具体操作。

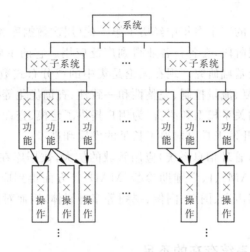

图 4.26 应用程序的总体层次结构图

例如对应于关系 EMP 与 DEPT 构成的某单位职工人事管理系统,作为某企业管理系统中的一个子系统可以具有图 4.27 的层次结构图。

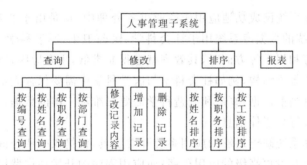

图 4.27 某职工人事管理系统层次结构图

2. 模块设计

模块设计包括确定模块的基本功能及画出模块的数据流图两部分。它相当于软件工程中的详细设计。

模块的基本功能应用简洁的语言来表达,包括输入、输出和主要处理功能,还可以采用流程图、盒图、PAD 图等设计工具(见第 6 章 6.2.5 节)。

数据流图(DFD 图)画出每个模块从接受输入数据起,怎样逐步通过加工或处理生成所需要的输出数据的全部流程(见第 6 章 6.3.1 节)。

3. 编码测试

按照所选择的数据语言,写出应用程序的代码。编码的风格与方法应遵循结构化程序设计的原则,这和一般的程序设计类似,在此就从略了。

4.5 数据库技术的发展方向

数据库系统在过去的三十多年中经历了第一代（层次数据库和网状数据库）和第二代（关系数据库）两个发展阶段，在各行各业得到广泛应用。它的主要成就是数据模型的建立和有关数据库的理论基础研究。现在无论是集中的或分布式数据库，其存取技术已非常成熟，且具备数据恢复、流量控制、完整性和一致性、查询优化等技术。尤其是建立在牢固的关系数学基础上的关系模型和语言，为用户提供了建模、查询和操作数据库的命令和语言，同时数据库应用开发工具也取得了长足的发展和进步。

近年来，随着 MIS（管理信息系统）应用领域的扩大，数据库在办公自动化、计算机辅助设计与制造（CAD/CAM）、医学辅助诊断（MAD）等方面得到应用，它们的数据除了数值和文本形式外还采用声音、图形、图像、视频等多种媒体，因而对数据库系统提出了新的要求。

4.5.1 当前数据库系统存在的不足

当前数据库中存取的是数据而不是信息，因而有相当一部分数据没有太多的使用价值，只有当数据转换成带有知识的信息时才对决策者有直接指导作用，因此现在更需要的是知识管理系统。

传统的数据库系统已成功地应用于商业事务处理中，这是由于商务处理的数据结构较简单，而当把传统的数据库系统用于社会科学、医药卫生、军事科学、制造技术、空间科学、地球科学、教育和娱乐等方面时，其效率就显得非常低，主要原因是由于传统的数据模型难以处理复杂的数据结构，例如社会科学与医学科学中需要保存大量的历史信息，但传统的数据库中只有当前数据；军事和制造科学需要二维和三维的数据；教育和娱乐方面要求声音、图像、动画等多媒体信息。

传统的数据库系统缺乏足够的应用系统开发工具，仅提供一些查询和操作的命令，用户必须在此基础上开发更高级的应用程序；而应用程序的开发往往费用很高而质量不高，从而大大降低了应用系统的实际效率。

4.5.2 数据库技术的发展研究方向

1. 面向对象的数据库技术

面向对象技术中描述对象及其属性的方法与关系数据库中的关系描述非常一致，它能精确地处理现实世界中复杂的目标对象。面向对象中属性的继承性可以实现在对象中共享数据和操作。在面向对象的数据库系统中把程序和方法也作为对象由面向对象数据库管理系统（OODBMS）统一管理。这样使得数据库中的程序和数据能真正共享。任何被开发的应用程序都作为对象目标库的一部分，被用户及开发者共享，这样就大大缩小了数据库和应用程序之间的距离，降低了应用系统开发费用，提高了系统的可靠性。

2. 基于知识的数据库管理系统

在基于知识的数据库管理系统中，知识不仅是传统的统计资料和数据，它也是以真实信息和能帮助决策者作出正确决策的专家知识的规则形式存在。数据库技术(DB)和人工智能技术(AI)结合推动了知识库(KB)、智能数据库、演绎数据库的发展,这种既具有传统数据库功能,同时又具有逻辑推理和知识定义的数据库系统称为智能推理数据库系统。

3. 多媒体数据库系统

在未来时代中,有用的信息不仅以数字形式存在,还可以以声音、图像等非文本形式出现。由于多媒体信息类型与传统数据库中的数据类型完全不同,因此要求建立能定义多媒体目标和逻辑概念的数学模型,需要开发新的数据库语言,这些都对数据库管理系统提出了新的挑战。

习　题

4.1　试比较数据库系统与文件系统,说明两者的异同。

4.2　说明三种数据模型的结构特点。

4.3　数据库系统的三级结构模式各起什么作用?

4.4　试说明数据库设计的主要步骤,各完成什么工作。

4.5　解释下列名词

(1) 数据库系统(DBS)

(2) 数据库管理系统(DBMS)

(3) 关系、元组、域

(4) 关键字、候选关键字、主关键字

(5) 关系模式

(6) 关系模型

(7) 关系数据库

4.6　总结关系模型的优缺点。

4.7　设有下列关系模型(见下页表):

SUPP(S—NO,SNAME,STATUS,CITY)主关键字 S—NO

PART(P—NO,PNAME,COLOR,WEIGHT)主关键字 P—NO

PROJ(J—NO,JNAME,CITY)主关键字 J—NO

SPJ(S—NO,P—NO,J—NO,QTY)主关键字(S—NO,J—NO,P—NO)

表 SUPP,PART,PROJ 和 SPJ 是设想的关系数据库,请用关系代数和 SQL 分别表示下列操作:

(1) 建立关系模式 SUPP,PART,PROJ,SPJ。

(2) 查询所有工程的全部内容。

(3) 查询在上海的所有工程全部细节。

(4) 查询为工程号 J—1 提供零件的供应商号 S—NO。

(5) 查询为工程号 J—1 提供零件号 P—1 的供应商号 S—NO。

(6) 查询提供零件名 PN3 的供应商号 S—NO。

(7) 查询供应商号 S—3 提供的零件名 PNAME。

(8) 查询为工程号 J—1 和 J—2 提供零件的供应商号 S—NO。

(9) 查询为上海所有工程提供零件的供应商号 S—NO。

SUPP

S—NO	SNAME	STATUS	CITY
S—1	SN1	A	上海
S—2	SN2	A	北京
S—3	SN3	A	北京
S—4	SN4	A	上海
S—5	SN5	B	常州

PART

P—NO	PNAME	COLOR	WEIGHT
P—1	PN1	红	12
P—2	PN2	绿	20
P—3	PN3	蓝	13
P—4	PN4	白	28
P—5	PN5	红	15
P—6	PN6	蓝	11

PROJ

J—NO	JNAME	CITY
J—1	JN1	北京
J—2	JN2	上海
J—3	JN3	广州
J—4	JN4	南京
J—5	JN5	上海
J—6	JN6	武汉
J—7	JN7	北京

SPJ

S—NO	P—NO	J—NO	QTY
S—1	P—1	J—1	200
S—1	P—1	J—4	700
S—2	P—3	J—1	400
S—2	P—3	J—2	200
S—2	P—3	J—3	200
S—2	P—3	J—4	500
S—2	P—3	J—5	600
S—2	P—3	J—6	400
S—2	P—3	J—7	800
S—2	P—3	J—2	100
S—3	P—4	J—1	200
S—3	P—6	J—2	500
S—4	P—6	J—3	300
S—4	P—2	J—7	300
S—5	P—2	J—2	200
S—5	P—5	J—4	100
S—5	P—5	J—5	500
S—5	P—6	J—7	100
S—5	P—1	J—2	200
S—5	P—3	J—4	1000
S—5	P—4	J—4	1200
S—5	P—5	J—4	800
S—5	P—6	J—4	400
S—5	P—4	J—4	500

（10）取出上海供应商为在上海的工程提供零件的所有供应商号 S—NO。

（11）取出北京供应商不提供红色零件的供应商号 S—NO。

（12）取出至少使用一种由 S—1 供应商提供零件的工程号 J—NO。

4.8 设有工厂产品生产管理系统

工人:代号,姓名,工种,工资

产品:代号,名称,性能参数

工人分成若干小组,每组生产某一种产品。每个工人生产某种产品数登记在册。

产品由某些零件和材料组成

零件:代号,零件名,产地

材料:代号,名称,单价,库存量

一种产品可使用多种零件与材料,一种零件和材料可供多种产品使用。此外一种零件可以由多种材料组成,一种材料可供各种零件使用。

请用 E-R 图画出:

（1）工人与产品管理子系统

（2）产品与零件、材料管理子系统

（3）零件与材料管理子系统

（4）汇总以上三部分，消除冗余部分，构成一个全局 E-R 图。

4.9　请用一种你熟悉的数据语言，将图 4.27 的应用子系统编制成应用程序。

参 考 文 献

1. 冯玉才. 数据库系统基础. 武汉：华中工学院出版社，1984

2. 萨师煊，王珊. 数据库系统概论. 北京：高等教育出版社，1984

3. Date C J. An Introduction to date base systems. Mass：Addison-Wesley，Volume Ⅰ. 3rd edition，1984；Volume Ⅱ，1st edition，1983

4. Date C J. 数据库入门. 成都：四川科学技术出版社，1985

5. 俞盘祥，沈金发. 数据库系统原理. 北京：清华大学出版社，1988

6. 史济民，邵存蓓，汤观全. Fox BASE$^+$ 及其应用系统开发。北京：清华大学出版社，1993

7. SQL ＊ PLUS Class Notes，Oracle Corporation，Beimont，California，1988

8. SQL ＊ PLUS programnatic interfaces，Oracle Corporation，Beimont，California，1987

9. 李刚泽. 数据库未来发展方向和挑战. 中国计算机报，1995.1.17

第5章　计算机网络与信息高速公路

5.1　什么是计算机网络

计算机网络是计算机与通信的结合,通信网络为计算机的数据传送和交换提供了必要的手段,而数字技术的发展又提高了通信网络的性能。20 世纪 80 年代由于个人计算机的广泛应用,带来了"第三次工业革命",而 90 年代计算机网络的发展和普及,引发了一场"信息系统"的革命。由于计算机网络的迅速发展,信息的收集、传送、存储和处理将跨越时间和空间的限制,人们可以方便地相互通信、对话、传送电子邮件。

5.1.1　计算机网络的发展过程

回顾计算机网络的发展过程,大致经历了三个阶段。

1. 远程终端计算机通信网

自 20 世纪 50 年代中开始,人们把远程终端与计算机相连,实现远程通信。经过不断改进,至 60 年代中,形成面向终端的计算机网络,如图 5.1 所示。

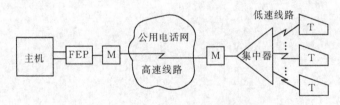

图 5.1　面向终端的计算机网络

图中,

主机:主要进行数据处理。

FEP:前端处理机(front end processor),分工完成通信任务的设备。一般用功能较弱的计算机。

M:调制解调器。它把计算机或终端的数字信号变换成可以在通信线路上传送的信号,以及完成相反的变换。

集中器:它是通信处理机。它的一端用高速线路与主机相连,另一端用多条低速电缆与终端相连。

远程终端计算机通信网是以单个主机为中心的计算机通信网,各终端通过通信线路共享主机的硬、软件资源,称为第一代计算机网络。

2. 以通信子网为中心的计算机网络

为了提高通信线路的资源利用率及通信的可靠性、正确性,20 世纪 60 年代中美国出现第一个分组变换网 ARPAnet。以后分组交换网的可靠和迅速的服务得到了各界的赞赏和广泛关注,很快在世界各国迅速发展,至今已有上百个国家,数百个公用分组交换网在运行,其结构如图5.2所示。

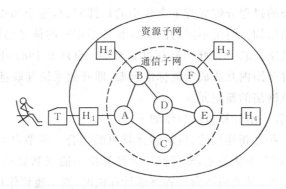

图5.2 公用分组交换网

其中,

$H_1 \sim H_4$:为独立的并可进行通信的主机。

A,B,C,…,F:结点交换机,是负责通信的计算机。

由 A,B,C,…,F 构成的交换网称为通信子网。

网络的工作过程为:当主机 H_1 要向另一主机 H_2 发送数据(报文)时,首先将数据划分成若干个等长的分组,然后将这些分组一个接一个地发往与 H_1 相连的结点 A,当 A 接到分组后,先放入缓冲区,再按一定的路由算法确定该分组下一步将发往哪个结点,如此一个结点一个结点传递,直到最终目的 H_2。由此可见,各结点交换机的任务是负责分组存储、转发及选择合适的路由。

当某一个分组由 H_1 发往 A 时,除 H_1—A 链路外,其他通信链路并不被目前通信的双方占用,而且在各分组传送的空隙时间,链路 H_1—A 仍可为其他主机的发送组使用,因此,实际上一个分组交换网可以容许很多主机同时进行通信,这样就大大提高了通信线路的利用率。

分组交换网是以通信子网为中心,主机和终端为外围构成用户资源子网,因此它不仅可共享通信子网的资源,而且还可共享用户子网中的硬、软件资源,称为第二代计算机网络。

3. 网络互联和网络层次协议

由于计算机和通信技术的发展,以及社会对计算机网络需求的不断增长,为使用户能更好地实现资源共享,而且也可以从整体上提高网络的可靠性,计算机网络的互联变得日益重要。但是计算机网络是一个复杂的体系结构,网上各主机之间要完成通信或传送文件必须具备以下条件:

(1) 发送端必须激活数据通信的通路,使在此通路上能正确发送和接收信息。

(2) 发送端必须告诉网络识别接受端的计算机。

(3) 发送端应查明接受端是否已作好准备。

(4) 若双方计算机的文件格式不同,则其中一方应具备格式转换功能。

(5) 对传输过程中网络各处出现的故障、差错有妥善处理措施,以确保对方收到正确文件。

因此要求双方高度协调工作。为了完成这一复杂的通信过程,网络设计者采用分层的方法将这庞大复杂的过程分解成若干个较小的局部问题,逐个加以解决。这就是当前普遍采用的网络体系结构。但是不同的网络具有各不相同的体系结构,这样很难将不同体系结构的计算机网络互联。为此国际标准化组织(ISO)于1984年提出了一个能使各种计算机网络在世界范围内互联成网的标准框架,即开放系统互联基本模型(OSI),这样开始了第三代计算机网络的新纪元。

通过上述叙述,我们给计算机网络作如下的定义:

计算机网络是一些互相连接的、自治的计算机的集合。所谓自治是指网络中的计算机是独立自主的,不存在主从关系,即任何一台计算机不能强制启动、停止和控制另一台计算机。按照这一定义,早期的面向远程终端计算机网,则不能算作计算机网络。

在这里我们还要说明计算机网络与多用户系统和分布式系统的区别。

(1) 计算机网络与多用户系统的区别　多用户系统是主机带多台设备构成的主从式系统或由一台主机加多台从属机构成的多机系统,均不是网络。

(2) 计算机网络与分布式系统的区别　分布式系统基于计算机网络系统,二者的区别是:分布式系统中的多台独立自主的计算机对用户来说是透明的,即用户意识不到多个处理机的存在,当用户将任务提交系统后,系统自动将任务分解成子任务分配给各计算机去执行,最后将结果收集起来,传送给用户,中间不需要用户干预;而使用计算机网络时,用户必须指定在某台机器上运行及运行结果存放的位置。因此可以把分布式操作系统看作计算机网络的高级形式。

5.1.2　计算机网络的分类

可以从各种不同的角度对计算机网络进行分类。

1. 按网络的拓扑结构分类

网络的拓扑结构是指网络中各结点之间互联的构形,不同拓扑结构的网络其信道的访问技术,利用率以及信息的延迟、吞吐量、设备开销等各不相同,因此分别适用于不同规模、不同用途的场合。常用的拓扑结构有星形、总线形、环形、网状及层次形几种,见图5.3。

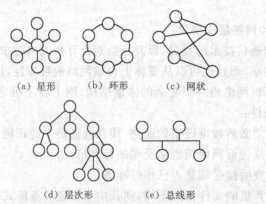

(a) 星形　　(b) 环形　　(c) 网状

(d) 层次形　　(e) 总线形

图 5.3　网络拓扑结构

2. 按网络的作用范围分类

网络的作用范围即网络中各结点分布的地理范围,可以分为局域网、广域网和互联网。

(1) 局域网 LAN(local area network)

美国电机及电子工程师协会 IEEE 的局部地区网络标准委员会对局域网的定义为:局部地区网络在下列方面与其他类型的数据网络不同:通信一般被限制在中等规模的地理区域内,例如,一座办公楼、一个仓库或一所学校;能够依靠具有从中等到较高数据传输率的物理通信信道,而且这种信道具有始终一致的低误码率;局部地区网是专用的,由单一组织机构所使用。

由上述定义,局域网的主要特点可以归纳如下:

· 地理范围有限,一般在 1 km～20 km 以内。

· 具有较高的通频带宽度和数据传输率,一般为 1 Mbit/s～20 Mbit/s。传输物理介质为双绞线、同轴电缆、光纤。

· 数据传输可靠,误码率低。

· 能直接在任何两个结点之间传输数据,而不需要像广域网那样在传输途径的中间结点进行存储－转发过程,保证最小的网络传输延迟。

· 布局规范:大多数局域网采用总线及环形拓扑结构,结构简单,实现容易。

· 结点间高度的互联能力,使每个联网设备都能与其他设备通信,从而保证网络中资源共享。

· 网络控制趋向于分布式,一般不需要中心结点或中央控制器,这样避免或减小了一个结点故障对整个网络工作的影响。

· 通常由单一组织拥有和使用,不受任何公共网络当局的规定约束,容易进行设备更新及使用新技术。

下面介绍几种不同拓扑结构的局域网。

① 星形网

星形局域网的配置图如图 5.4 所示,每个工作站与中央交换机双向连接,工作站可以是终端、微型或小型计算机;中央交换机是用于对整个网络进行控制和交换的设备。

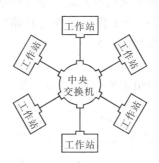

图 5.4 星形网的配置图

在星形网中,一个工作站与另一个工作站进行通信时,先把信息发送给中央交换机,交换机分析该信息的终点地址码,然后把信息发送到终点,因此中央交换机是一个信息中转站。它管理网中所有的通道,所以路径选择技术较简单,但它必须具有很高的可靠性,较强的计算能力,一旦中央交换结点机发生了故障,那么整个局域网就无法工作。星形网是早期网中最普遍的一种,现在大多数局域网使用总线形或环形网络拓扑结构。

② 环形网

图5.5是环形局域网的配置图。它含有很多动态转发器,传输介质把这些动态转发器相互联接起来,形成一个闭合环形。连接在转发器上的用户终端把数据分组填入环中,这些分组在环中传输,所经环中每个转发器,都检查该分组的地址域,并接受与该转发器地址相同的分组信息。

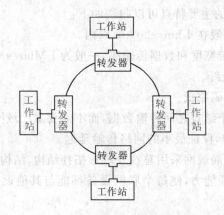

图5.5 环形网的配置图

环形局域网的特点是:整个网络采用同一传输介质,使信息很容易在网络中各工作站之间广播式传输。所谓广播式传送,即所有主机共享一条信道,某主机发出的数据,所有其他主机都能收到,由于信道共享,必然会引起访问冲突,因此必须解决访问控制问题。常用的有令牌控制技术,即有一个令牌信息在环中传输,环中每一个工作站都监视这个令牌,当某个工作站要传输信息时,就截获令牌,并把要传输的信息填入环中,信息发送完毕后,再重新产生一个新的令牌。由于只有拿到令牌的工作站才能传输信息,这样就可避免各工作站对传输线路的竞争。环形网的缺点是一个工作站的故障可能导致整个环路工作瘫痪,此外要在环上增加或删除一个工作站要断开环路,中断网络的正常操作。剑桥环(Cambridge Ring)是环形网的典型代表。

③ 总线网

总线形局域网是目前使用得最多的一种,图5.6是总线网的典型配置图。

图5.6 总线网的配置图

总线形的网络配置包括一根称为总线的中央电缆,网中所有工作站都由一个电缆接线盒接到总线上去,从工作站发出的信号经由电缆盒传到总线上,信号在总线上沿两个方向传输,信号可达网中每一个工作站,最终传到总线的两个端点上。与环形网相似,总线网也使用广播式传输方式,总线上所有工作站可同时收到某站发来的信息。这些工作站通过查核信息的目的地址域来鉴别送到本工作站的信息,并进行接收。

大多数总线形局域网都使用竞争的方法来使用网络的传输介质。最流行的一种竞争方法称为带有碰撞检测的载波侦听多点访问方法 CSMA/CD(carrier sense multiple access with collision detection)。当一个工作站要发送信息时,它监视网络总线,如当时总线已被其他工作站占用,就进行等待,直到其他工作站发送完信息并释放网络总线后,该工作站再发送自己的信息。在总线被释放后,如果有两个或两个以上工作站同时发送信息,就会发生信息碰撞,这时各站都停止发送信息,并等待一段时间再重新发送信息。美国 Xerox 公司的 Ethernet 网是总线形网络的典型代表。

(2) 广域网 WAN(wide area network)

广域网又称远程网 RN(remote network),当人们提到计算机网络时,通常指的是广域网,广域网的根本特点是其分布范围要比局域网大得多,通常从数公里到数千公里。网络所涉及的范围可以为市、地区、州(省)、国家乃至世界范围。由这一特点引出了它的一系列其他特点:

① 传输率低:由于广域网分布范围大,不可能为它建立昂贵的专用通信网,通常是借用传统的公共传输网(电报、电话),而这类传输网原本用来传送声音级信号,致使广域网的数据传输率较低,一般在几百 bit/s 到几千 bit/s 之间,通常最大传输率低于 64 kbit/s。

② 误码率高:由于传输距离远,又依靠公共传输网,因此误码率较高。

③ 网络分布不规则:由于租用通信线路费用很贵,所以考虑网络拓扑结构时,往往按业务量的分布来安排交换结点,因此分布不规则,大多趋向于网状结构。

④ 点到点的通信:网状结构是典型的点到点拓扑,网络中每两台主机或主机与结点交换机之间都存在一条物理信道,因此没有信道竞争和信道访问控制问题。但由于网状的结构复杂,每一结点有多条链路,到达一个结点的信息必须经过路径选择计算,才能决定它继续传输的路径。

⑤ 政府对网络的规定:由于政府对公共电话网或专用数据传输网有控制权,因此要求连到网上的任何用户都必须遵守政府制定的标准和规程,有时对数据的传输特性有严格的要求。

⑥ 环境影响:广域网的传输环境要受到外界天气条件的影响,有的还可能穿越沙漠和海洋,不像局域网那样在受控环境下工作。

有时把作用范围在一个城市的网络称为城域网 MAN(metropolitan area network),它介于广域网与局域网之间,它的传输率在 1 Mbit/s 以上,作用距离约为 5 km~50 km。

(3) 互联网

20 世纪 80 年代 ARPAnet 开发使用了 TCP/IP 协议,并把它加入到 UNIX 系统内核中,解决了异种机网络互联的一系列理论与技术问题,使 ARPAnet 与 MILnet 等几个计算机网络构成互联网 internet。此后又由于局域网与其他广域网的迅速发展,为了共享资源,提高网络的整体可靠性,互联网有了进一步发展。

网络互联包括局域网与局域网互联,局域网与广域网互联以及广域网之间互联。互联网是树形结构,又称层次形结构。位于树形结构的不同层次上的结点,其地位是不同的。树根对应于最高层的主干网,中间结点对应于地区网,而叶结点对应于最低层的局域网,不同层次的网络在管理、信息交换等问题上是不平等的。互联网络的层次结构如图 5.7 所示。

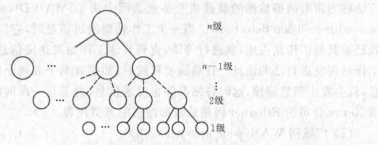

图 5.7 互联网的层次结构

计算机网络还可按网络交换功能(电路交换、报文交换、分组交换、混合交换)、通信性能(资源共享网、分布式计算机网、远程通信网)以及使用范围(公用网、专用网)等方面分类,这里不再详细介绍。

5.1.3 计算机网络的功能与应用

建立计算机网络的核心问题是实现资源共享和提供强有力的通信手段。所谓资源是指在有限时间内能为用户服务的硬软件设备,如高速激光打印机、传真机、高速调制解调器、高速大容量磁盘、光盘、共享文件等。同时用户通过使用网络上丰富的应用软件能方便地交换信息和报文,发送电子邮件、共享数据和程序,从而大大提高整个计算机系统的功能。

1. 客户机/服务器模式(client/server)

现在在一个计算机网络环境中,包含着大型机、小型机以及个人计算机,它们分别用来处理不同的事务,但一旦需要,希望某台计算机可以请求网络上的其他计算机完成某一特定任务,这种思想导致网络服务的"客户机/服务器"模式出现。

客户机/服务器模式是把网络应用程序分为两部分,称为前端和后端。前端程序装载在客户机上,它负责执行客户要求服务的可执行程序,并将服务器返回的内容反馈给客户;后端程序装载在服务器上,在服务器上运行着繁重的数据处理程序,为多个客户并发地提供各种服务,因此它还具有并发控制、保证数据完整性等功能。

客户机/服务器模式与传统的文件服务器模式相比较有明显的优点,在文件服务器的应用中,应用程序和数据都集中在共享文件服务器上,当用户需要服务时,相应的应用程序和数据文件就整个地从文件服务器下载到用户计算机上,这样如果大量用户要求类似服务,将会灾难性地增加网络的通信量。现在由于服务器能集中处理用户要求的服务,从而使得具有慢速计算机的用户可利用共享服务器提供高速运算能力。

2. 文件传输（FTP）

文件传输是将整个或一个文件的一部分从一台计算机传送到任何一台别的计算机，用户可以在本地计算机的终端上远程修改、删除及拷贝另一台机器中的文件。这些文件在形式上多种多样，可以是卫星图像的图片数据，高级语言编写的源程序，甚至包括英语词典。为安全起见，使用时要求用户输入用户名和口令，同时对用户的权限也有限制。

3. 远程登录（Telnet）

远程登录允许某台计算机用户连通一台远程计算机并建立交互式登录会话。它使得用户终端好像直接连到远程计算机上，用户在本地键盘上键入的任何字符都被送到远程计算机，由远程计算机解释信息的含义，完成相应的功能，并把结果输出显示到本地用户终端屏幕上。

4. 网络数据库（NDBS）

关系数据库系统可以运行在多种平台上，从 PC 机到大型机；也可以运行在各种操作系统上，从 DOS 到 UNIX。客户机/服务器的第一种应用程序就是数据库。数据库系统运行在后端服务器上，它保护公用数据，并允许用户通过前端应用程序来访问数据库。同时规定不同数据用户对数据访问的不同权限。前端计算机和后端计算机上数据库应用程序间的通信常使用通用的查询语言——SQL。数据库还必须保证数据的完整性、一致性，具有并发控制和故障恢复能力。

5. 电子邮件（E-mail）

电子邮件是网络中应用最广泛的一种报文传输系统。电子邮件受到人们青睐的主要原因是传递信息迅速。它能快速发送和分拣大量电子邮件。另一个特点是具有和电话通信相同的速度，但不要求双方在通信时刻都在场，电子邮件被自动存放在目的用户的邮箱中。此外，同一份电子邮件可以一次发给多个人。

6. 其他应用

网络中还存在很多应用，如

（1）目录服务：它相当于电子电话簿，帮助用户查找网络地址。

（2）远程作业录入：允许在一台计算机上工作的用户把作业提交给另一台计算机去执行，再将执行结果送回本机。

（3）图形及公共电信服务：随着网络技术发展，不再只限于处理文字信息，多媒体技术将给网络注入新的活力，如图形、图像的存储和传输，声音的处理、电子数据交换将使网络的应用更加丰富多彩。

5.2 计算机网络体系结构

5.2.1 网络的分层体系结构

计算机网络是由许多互相连接的结点构成，在这些结点之间不断地进行数据交换，要做到有条不紊地交换数据，每个结点都必须遵守一些事先约定的规则，这些规则明确规定了所交换的数据的格式以及有关信息同步等问题。这些为进行网络中数据交换而建立的规则、标准和约定即称为网络协议。一个网络协议由以下三个要素组成：

(1) 语法：数据与控制信息的结构或格式。

(2) 语义：需要发出何种控制信息、完成何种动作以及做出何种应答。

(3) 同步：各种事件出现的时序。

网络协议是计算机网络不可缺少的组成部分。由于网络的结构复杂，最好采用层次式的结构形式，我们用一个例子说明：

设有甲、乙二人打算通过电话来讨论某一专业问题，对此可以分为三个层次：

最高的一层称为认识层，它要求通信双方必须具备有关该专业方面的知识，因而能听懂对方所谈的内容。

第二层称为语言层，它要求通信双方具有共同的语言，能互相听懂对方所说的话。在这一层不必涉及谈话的内容，因为内容的含义由认识层来处理。如果两人语言相同，则语言层不作任何工作，如果双方语言不同，语言层要进行语言翻译。

最下层称为传输层，它负责将每一方所讲的话变换为电信号，传输到对方后再还原为可听懂的语音。这一层完全不管所传输的语言属哪国语言，更不考虑其内容如何。

这样的分层做法使每一层实现一种相对独立的功能，因而可将一个难以处理的复杂问题分解为若干个较容易处理的问题。

计算机网络协议采用层次结构有以下好处：

(1) 各层之间是互相独立的。本层不需要知道它的下一层是如何实现的，只需知道该层与下一层间的接口所提供的服务。

(2) 灵活性好。当任何一层由于某种原因发生变化时，只要接口关系保持不变，则在这层以上或以下各层均不受影响。

(3) 由于结构上分割开，各层可以采用各自最合适的技术来实现。

(4) 易于实现和维护。由于整个系统被分解为若干个范围较小的部分，较容易调试和实现。

(5) 能促使标准化工作。这主要是由于每一层的功能和所提供的服务已有了精确的说明。

我们将计算机网络的各层及其协议的集合称为网络体系结构，即计算机网络及其部件应完成的功能的精确定义，因此它是抽象的，而协议的实现则要通过硬件和软件来具体实现。

自 70 年代开始，具有一定体系结构的计算机网络获得相当规模的发展，但由于各家公司开发的网络体系结构各不相同，很难互相连接通信，因此需要制定一个共同遵循的标准。

1977 年国际标准化组织 ISO 成立一个新的委员会于 1984 年提出"开放系统互联参考模型"，简称 OSI。所谓"开放"是指世界上任何两个系统只要遵循同一协议就可互相进行通信。"系统"是指一台或多台计算机以及与其相关的外设、操作员、信息传输手段等的集合。这种正式标准的制定和实施要统一各方面的意见，往往要拖上很多年，我们称它为法定标准。而在此之前一些制造商已根据需要修订出一些共同的标准，并且已广泛使用，为区别于 OSI，称之为工业标准。工业标准带有工业化和广泛使用的特征，如 TCP/IP 目前正得到广泛使用。我们将在本节中介绍 OSI 协议,而将在 Internet 简介一节(5.3.2 节)中介绍 TCP/IP。

5.2.2 开放系统互联参考模型 OSI

OSI 共分为 7 层,其分层的原则为

(1) 当需要有一个不同等级的抽象概念时,就应当有一个相应的层次。

(2) 每一层的功能应当是非常明确的。

(3) 各层边界的选择应使界面的信息流量最少。

(4) 层次数应适中。层数太少,会使每一层的协议太复杂;而层数太多,又会在描述和综合各层功能时遇到较多的困难。

下面介绍各层的主要功能。

1. 物理层

这是最低层的协议。物理层并不是指连接计算机的具体物理设备或传输介质,它主要考虑的是怎样才能在传输媒体上传输各种数据的比特流。由于现在计算机网络中的物理设备和传输介质(电缆、双纽线、光导纤维等)非常繁多,而通信手段也有许多不同的方式,物理层的作用是要尽可能地屏蔽掉这些差异,使其上面的数据链路层感觉不到这些差异。

此外,物理连接并非在物理介质上始终存在,它要靠物理层来激活、维持和去活。当两个结点间要进行通信时,物理层首先要激活(建立)一个连接,即当发送端要发送比特时,在这条连接的接收端要做好接收的必要准备。双方在通信过程中要维持这个连接。通信结束时要去活(释放)这个连接,即释放所有资源,以便给其他连接使用。所以一台计算机可以建立多条连接。

2. 数据链路层

数据链路层负责在相邻两个结点的线路上,无差错地传送以帧为单位的数据。每一帧包括一定数量的数据和一些必要的控制信息。和物理层相似,数据链路层要负责建立、维持和释放数据链路。在传送数据时,若接收结点检测到所传数据中有差错,就要通知发送方重发这一帧,直到这一帧正确无误地到达接收结点为止。在控制信息中包括同步信息、地址信息、差错控制以及流量控制信息。所以,数据链路是把一条有可能出差错的实际链路转变成从它上一层(网络层)看起来不出差错的链路。

3. 网络层

在计算机网络中两个计算机之间进行通信可能要经过许多结点和链路,也可能要经过多个通信子网。在网络层,数据的传输单位是分组或包。网络层的任务是按通信子网的拓扑结构选择通过网络的合适路径和交换结点,使分组能够正确无误地按照地址找到目的站,这称为网络层的寻址功能。

由于网络层传送数据具有阵发性,在通信子网中有时会出现过多的数据分组,它们相互堵塞通信线路,因此网络层除了为上一层(传送层)提供数据传输外,还应进行拥塞控制,防止出现死锁。

对于广播式传播的通信子网,路径选择很简单,因此这种子网的网络层非常简单,甚至可以没有。

对于一个通信子网来说,最多只有到网络层为止的最低 3 层。

4. 传送层

传送层是整个协议层次结构中最核心的一层,它为会话层提供了透明的数据传输的可能性,它所提供的服务有

(1) 数据传输服务　在传送层数据传送单位是报文,当报文较长时,先要把它分割成好几个分组,然后再交给下一层(网络层)。

(2) 传送连接管理服务　传送连接是为两个端系统(源站和目的站)之间建立一条传送链路,以透明地传送报文。

(3) 将会话层给出的传送地址映射成网络层的网络地址。

(4) 确保不出现传输错误。

传送层只存在于端系统(主机)之中,传送层以上各层就不再管信息的传输问题了,因此它是网络体系结构中最为关键的一层。

5. 会话层

我们已讨论完 7 层协议中的下 4 层,它们是面向通信的;而会话层以上各层是面向应用的,会话层在这两种功能之间起了一个连接作用。会话层最主要的目的是提供一个面向用户的连接服务,它给合作会话用户之间的对话和活动提供组织和同步必需的手段,以便对数据的传送提供控制和管理。

为了更好地理解会话服务,我们以两个人对话过程的协调为例。当两个人是面对面谈话时,一般是一人讲另一人听,然后反过来,整个谈话过程就这样不断地交替进行。这种发言权的交替能很自然地进行,主要在于交谈双方可用各种表情、姿势及语调等来进行发言权的协调工作。一旦这种协调工作受到破坏,谈话会变得不顺利。例如两人在电话中交谈就不如面谈时协调得好,可能出现两人同时说或同时听的状态。

两人谈话过程中还可能出现一方未听清楚对方讲的某句话(即对话同步出了问题),于是向对方说:"请重复说一下",这就是再同步的概念。其目的是保证对话双方能重新使听说同步起来。这些也都是会话层要做的事。

会话服务主要分为两大部分,即会话连接管理和会话数据交换。会话连接管理服务使一个应用层的进程在一个完整的活动或事务处理中能与远端的另一个对等应用进程建立和维持一条畅通的通信信道。会话数据交换服务为两个进行通信的应用进程在信道上交换对话内容,并提供交互管理、会话连接同步及异常报告等服务。

6. 表示层

表示层主要解决用户信息的语法表示问题。由于各种计算机都可能有自己描述数据的方法,因此不同类计算机之间交换的数据一般要经过一定的数据转换才能保证数据的意义不变。表示层的功能是对源站内部的数据结构进行编码,形成适合于传输的比特流,到了目的站再进行解码,转换成用户要求的格式。

此外表示层还负责信息加密和解密等数据的安全保密问题。

7. 应用层

应用层是 OSI 参考模型中的最高层,直接为用户应用服务。它确定进程之间通信的性质以满足用户的需要,并负责用户信息的语义表示,完成一些为进行语义上有意义的信

息交换所必需的功能,因此它为用户提供了一个窗口,使用户能在 OSI 环境下工作。应用层的服务通常有以下几种形式:

(1) 虚拟终端协议 这是一种常用的协议,通过这个协议,一台计算机的终端通过计算机网络访问另一台计算机系统的资源,并实现进程间通信。从用户来看,这个终端的功能和直接接在另一台计算机上的终端一样,因此称为虚拟终端。

(2) 文件传送访问管理 它用于文件的远距离传送、访问和管理。实现所谓虚拟文件存储。

(3) 作业递交管理 它主要实现三方面功能:从一个系统将作业送到另一个系统去执行;作业所需的输入数据可以在任一系统中定义;作业执行结果可以向任一系统输出。

图 5.8 表示在开放系统互联环境下,两台主机经过数据通信网的两个交换结点进行通信的示意图。

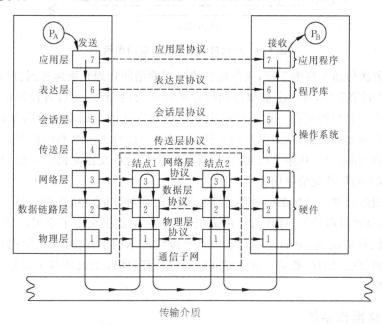

图 5.8 OSI 环境下两台主机通信示意图

主机中表示开放系统互联参考模型的 7 个层次以及数据通信子网的交换结点构成开放系统的互联环境,称为 OSI 环境。

信息传递的路线是:应用进程 P_A 从发送端的第 7 层向下依次传到第 1 层,然后通过网络的物理介质传到第 1 个结点,从该结点的第 1 层上升到第 3 层,完成路径选择后再下到第 1 层,然后通过网络传到第 2 个结点,最后传到接收端,从第 1 层上升到第 7 层后,到达应用进程 P_B。

为了说明应用进程的数据在各层之间传递过程中所经历的变化,图 5.9 表示出了应用进程数据在各层的表示。图中省去了中间结点的情况。

应用进程 P_A 先将其数据交给第 7 层,第 7 层加上若干控制信息后变成下一层的数据单元。第 6 层收到数据单元后加上本层的控制信息,再交给第 5 层,成为第 5 层的数据

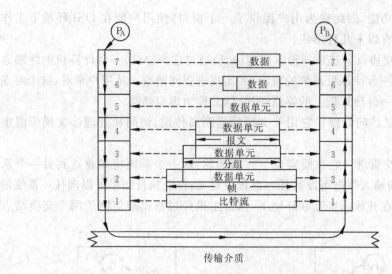

图 5.9 应用进程数据在各层的表示

单元。如此依次传递直到第 1 层,成为比特流。经网络的物理介质传送到目的站时,从第 1 层依次上升到第 7 层,每一层根据控制信息进行必要的操作,然后将控制信息剥去,将剩下的数据单元上交给更高一层。最后把应用进程发送的数据交给目的站的应用进程 P_B。这个过程犹如一封信,从最高层向下传,每经过一层套上一个新的信封,包有多个信封的信件传到目的站后,从第 1 层起,每层拆开一个信封后交给它的上一层,传到最高层后,取出发信人的信件交给收信人。

虽然应用进程要经过复杂的过程才能把数据送到对方的应用进程,但这些复杂过程对用户来说,都被屏蔽掉了,好像是应用进程 P_A 直接把数据交给了应用进程 P_B。同样,在任何两个同样的层次,也如同图 5.9 中水平虚线所示的那样,好像把数据直接传到对方。这称为对等层之间的通信。前面提到的各层协议,实际上就是各个对等层之间传递数据的各项规定。

5.2.3 网络操作系统

我们前面已经说过,计算机网络的体系结构(网络的各层及其协议)是抽象的定义,它要靠真正运行的计算机硬件和软件来实现。从层次结构上看,第 1 至第 3 层(物理层~网络层)是网络的通信部分,称为通信子网;从功能上看,它是通信服务的提供者。而第 4 至第 7 层,可看作通信服务的使用者。

在物理上,通信子网由一些物理部件组成,不同类型网络的通信子网的组成各不相同。局域网的通信子网由传输介质和主机网络接口板(网卡)组成。网络接口板一般覆盖网络层以下的协议。由于局域网一般不需要路径选择,因此可不设网络层。在广域网中,通信子网除包括传输介质和主机网络接口板外,还包括一组结点交换机,负责数据转发。

通信服务的使用者又称为资源子网。因为所有共享资源都是由上层软件管理的,因此从第 4 层以上可以说进入了网络操作系统的领域。

网络操作系统是将所有连入网络的计算机和各种软硬件资源当作一个整体,在整个网络范围内实现统一的调度和管理,并为网络中每一个用户提供一致、透明地使用网络资源的手段。

在单机条件下的操作系统主要特点是其封闭性,也就是它们有自己的用户、自己的资源以及自己规定的命令。但当计算机一旦加入到计算机网络后,就要和网络中更多的计算机和用户进行交往,从而变为开放式的、面向网络的计算机系统,由此也大大扩大了本机用户的资源,使自己的用户范围从本机用户扩大到网际用户。因此网络环境下的操作系统是单机操作系统的延伸和扩充,它同样存在多用户、多进程并发以及由于资源共享和竞争引起的进程间的同步、互斥和死锁问题,但解决上述问题的方法要复杂得多。

网络操作系统同一般的操作系统一样由多个模块组成,然而网络操作系统往往是建立在一般操作系统的基础上,如 DOS,UNIX,OS/2,VMS 等。网络操作系统的一些模块安装在网络上的计算机内充当服务器,另一些模块则安装在其他网络资源中。这些模块协同工作,为网络用户提供各种网络服务,如为两个用户提供通信服务,共享文件、应用程序和打印设备等。网络操作系统很大程度上对用户是透明的,但网络操作系统的优劣对最终用户的影响极大,网络设计者应仔细分析各种网络产品性能。

网络操作系统也可以分为局域网操作系统与广域网操作系统。

局域网的操作系统通常局限于一个部门或一个工作小组,它为本部门的网络用户提供一组网络服务,包括文件、数据、程序及各种昂贵设备的共享及一定程度的容错能力。

局域网操作系统大多基于流行的微机操作系统,目前较流行的有 3COM 的 3＋OPEN,Novell 的 Net Ware,Microsoft 的 LAN Manager 和 Bangan 的 VINES。它们支持的操作系统为 DOS,OS/2,UNIX 及 Windows NT 等。

评估局域网操作系统的一些关键因素是

(1) 支持多用户:具备多道程序处理能力,支持多用户对网络的使用。

(2) 硬件独立:具有在不同硬件环境下运行的能力。

(3) 桥接能力:在同一网络操作系统下,同时支持具有多种不同硬件和低层通信协议的局域网工作。

(4) 支持多服务器:支持多个服务器,并能实现它们之间管理信息的透明传送。

(5) 网络管理:支持系统备份,具有安全、容错和信能控制功能。

(6) 用户接口:为用户提供交互接口,如菜单、命令等手段。

广域网操作系统是整个网络的神经中枢,它负责网络通信服务,为不同系统提供互操作服务,协调多种不同协议。如果网络的各个子网采用不同的操作系统,例如:微机采用 DOS,Windows,OS/2,工作站和小型机采用 UNIX,VMS 等,那么网络操作系统必须保证这些不同系统可以互联。

评估广域网的操作系统原则为

(1) 必须具有高性能操作功能。由于网络操作系统要控制网上多台计算机的运行,并为网上用户提供网络服务,为提高服务性能,有些高性能的网络操作系统采用在服务器上运行一个专用的多任务操作系统,例如 NetWare 的服务器操作系统,有一个和 DOS,OS/2 和 UNIX 的接口——shell,从而大大提高网络性能。

(2) 必须支持多种通信协议。由于广域网中可能包含有多个局域网,它们可能不一定采用同一种局域网操作系统,应考虑网络操作系统支持不同类型的网络通信协议。

(3) 必须独立于硬件。由于网络中可能会更换计算机、添置新设备,不能因为硬件变化而要更换网络操作系统。

(4) 必须支持其他计算机工作平台。广域网中不仅有微型机,而且有小型机、中型机甚至大型机,因此网络操作系统应为网络上所有用户提供服务,必须支持多种计算机工作平台。网络操作系统需要运行在小型机操作系统上(例如 VMS 和 UNIX),还需要运行在中型机或大型机操作系统上(例如 VM 和 MVS);此外还必须支持全部个人计算机操作系统(例如 DOS,OS/2,Windows 等)。

(5) 必须方便用户访问网络资源。在不同计算机平台上工作的用户应该可以用他们本机操作系统的命令格式浏览文件和访问网络资源。例如使用 VAX 机的 VMS 操作系统的用户,可以用他们熟悉的查询命令访问 Windows 环境下的文件。

(6) 支持远程过程调用。它用于开发运行多种协议的应用程序。

(7) 此外还能有容错技术及网络管理工具。

网络设计者和网络用户可以从中选择认为最需要的几条。网络操作系统不能提供的特性可以从网络软件开发商处购得,如分组调度程序、电子邮件、打印队列管理程序等。

5.3 网络互联与因特网

5.3.1 网络互联

网络互联的方法有多种,但它们都应具备以下的要求:

(1) 在网络之间提供一条连接的链路。至少应当有一条在物理上连接的链路以及对这条链路的控制规程。

(2) 在不同网络的进程之间提供合适的路由以交换数据。

(3) 在提供各种服务时,应尽可能不要对互联在一起的网络的体系结构进行修改。

在网络互联时,一般都不能简单地直接相连,而是通过一个中间设备,称为中继系统。按中继系统属于的层次来划分可分为

- 转发器:物理层中继系统。
- 网桥:数据链路层中继系统。
- 路由器:网络层中继系统。
- 网关:网络层以上的中继系统。

网络互联的形式有多种:局域网—广域网、广域网—广域网、局域网—局域网以及局域网—广域网—局域网等,如图 5.10 所示。不同的连接形式有不同的要求,采用不同的中继系统。

下面简单介绍各种中继系统的作用。

1. 转发器

它是最简单的互联设备,它没有"智能",不能控制和分析信息,也不具备网络管理功能,只是简单地接受数据帧,逐一再生放大信号,然后把数据发往更远的网络结点,因此转

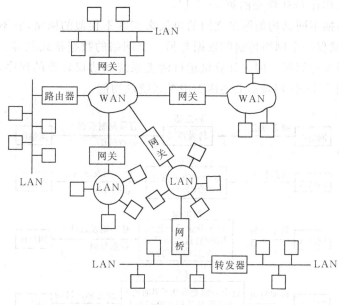

图 5.10 网络互联形式

发器只能用于同种网络的物理层上。对此,有时我们不认为是网络互联而只是将一个网络的作用范围扩大了而已。

2. 网桥

网桥是互联网络中最简单的具有"智能"的中继系统。它在 OSI 的数据链路层连接局域网。网桥只连接具有相同介质访问控制层的网络。它不区分高层协议,也不对这些协议进行解释,如同根本不知道高层协议的存在。如果两个要用网桥互联的局域网使用不同的协议,那么这两个局域网必须采用相同的操作系统,否则很难确定一个用户是否能与另一个网络的用户进行通信。

3. 路由器

随着网络上的工作站、服务器及中小型机、大型机互联要求的增长,路由器在网络互联中充当重要的角色。因为广域网需要适应更大范围内的互联和网络管理,路由器的应用也变得举足轻重。

路由器除了提供桥接功能外,还提供复杂的路径控制和管理。网桥常用于局域网点到点的互联,而路由器则可用于建立巨大的、复杂的互联网。不过路由器要求更多有经验的网络技术人员设置、安装、管理它们。

路由器工作在 OSI 参考模型的第 3 层——网络层。它将局域网协议转换成广域网信息分组网络协议,并且在远端执行这个逆过程,从而实现具有相同 OSI 网络层协议的局域网和广域网的互联。由于路由器一般只是实现一种特定协议,因此若广域网中存在着多种网络层的协议,就需要多种路由器来满足所有网络互联的需要。

4. 网关

网关是用来连接两类不相似的网络,并实现在不同类型网络之间进行信息交换的设备。由于网关基本上是充当不同协议层的"翻译",因此它在数据通信术语中又称为协议转换器。网关工作在 OSI 模型的第 4～7 层。

网关通过转换不同结构的网络之间的协议来互联不相似的网络,它不仅要连接分离的网络,还必须确保一个网络传输的数据与另一个网络的数据格式兼容。充当网关的设备一般是专用微型计算机。网关计算机运行两类系统间协议转换的程序,实现数据传输和协议对话。图 5.11 分别表示上述四类中继系统的功能。

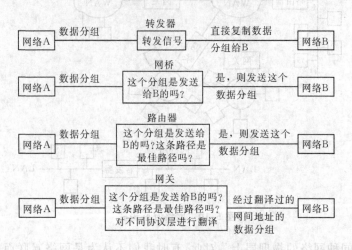

图 5.11　各种中继系统的功能

5.3.2　因特网简介

1. 概述

因特网(Internet)是当今全球性的最大的计算机互联网络。它起源于美国 1969 年实施的 ARPAnet 计划。该计划的目的是建立一个分布式的、存活力强的全国性信息网络。ARPAnet 基于分组交换的概念,在网络建设和应用发展的过程中,逐步产生了 TCP/IP 这一广泛应用的网络标准。随着 TCP/IP 协议被人们广泛接受和 UNIX 操作系统的发展,越来越多的计算机连接到 ARPAnet 上,于 1983 年产生了以 ARPAnet 为主干网的因特网。

此后,局域网和其他广域网的产生对因特网的进一步发展起了重要作用。其中最引人注目的是 1986 年美国国家科学基金会 NSF(National Science Foundation)在全国建立起六大超级计算中心,并建立起基于 TCP/IP 协议集的计算机通信网 NSFnet。NSF 在全国建立了按地区划分的计算机广域网,并将这些地区网与超级计算中心相连,最后再将各超级中心互联起来。这样,当一个用户的计算机与某一地区网相连后,他除了可以使用任一超级计算中心的设施外,还可以同网上任一用户通信,并可获得网络提供的大量信息和数据。这一成功的设计使得 NSFnet 于 1990 年 6 月彻底取代了 ARPAnet 成为因特网的主干网。同时,从这时开始,因特网不仅供计算机科学家、政府职员和政府项目承包商使用,而是对全社会开放。

今天的因特网将世界各地各种规模的网络连成了一个整体,人们可以将各自不同类型的计算机或工作站进入因特网。现在因特网已连接了世界上数万个计算机网络,数百万台计算机,数千万用户。预计到 2000 年将有 100 万个网络、1 亿台计算机连接到因特网上,其用户数将超过 10 亿。

1987 年,中国科学院高能物理研究所首先实现了与因特网连通,并于 1988 年实现与欧洲及北美地区的 E-mail 通信。1994 年,以清华大学为网络中心的中国教育与科研计算机网正式立项,并正式连通因特网。

因特网在世界范围得到普及的最重要原因是其丰富的应用环境和资源。因特网上的资源包括了超级计算中心、图书目录库、公共软件程序库、科学试验数据库、电子预印本库、地址目录库、网络信息中心等。在因特网上为用户提供的使用工具超过了 40 种,主要有电子邮件(E-mail)、远程登录(Telnet)、文件传输(FTP)、名址服务(Whois)、文档查询(Archie)、网络新闻、信息鼠(Gopher)、广域信息服务(WAIS)和环球信息网(WWW)等。

因特网越来越成为人们科研工作甚至日常生活中重要的一部分,因特网也已远远超出了网络的涵义,它是一个社会,人们的生活方式将因此而发生根本改变。

2. 因特网网络协议

因特网是网络的集合体,或称为网络的网络,它以 NSFnet 为主干网,将各种大网络或小网络连接起来,网上任意两个用户之间都可以彼此通信。因特网上的网络协议统称为因特网协议簇,其中主要有传输控制协议 TCP(transmission control protocol)和网际协议 IP(internet protocol)习惯上称为 TCP/IP。

TCP/IP 是一组计算机通信协议的集合,其目的是允许互相合作的计算机系统通过网络共享彼此的资源。这里的计算机系统既包括同构的系统,也包括异构的系统。TCP/IP 协议针对的是异构的网络系统,即着眼于由异构的网络系统构成的网络,通常将这种网络称为网间网(internet)或互联网。

无论哪一种异构网,其差异无非体现在协议上,即协议的层次结构不同、协议功能不同或协议细节不同等,异构网的互联就是实现不同协议的转换。只有在异构网中具有相同协议的对应层之间进行协议转换才能实现异构网的互联。网间网也是借助中间计算机实现网络互联。两个网络通过一台中间计算机实现物理连接,同时还要实现分组在网络间的交换,其中要涉及路径寻找和协议转换等问题。这种中间计算机称为网间网网关,简称 IP 网关。

网间网的目标是向用户或应用程序提供一致的、通用的网络传输服务,在实现时必须考虑下列要求:

(1) 对用户隐藏网间网低层结构,即网间网用户和应用程序不必了解硬件连接的细节。

(2) 不指定网络互联的拓扑结构,增加新网时,不要求全互联。

(3) 无直接物理连接的计算机用户能通过中间网络收发数据。

(4) 网间网的所有计算机共享一个全局的机器标识符(名字或地址)集合。

(5) 用户界面独立于网络,即建立通信和传送数据的一系列操作与低层网络技术和接收端无关。

这样,网间网将不同的低层网络细节隐藏起来,向上提供通用的、一致的网络服务。在用户看来网间网是一个统一的网络。

TCP/IP 不是人为制定的标准,而是产生于网间网研究和应用实践中,自 70 年代诞生以来已经过 20 多年实践检验,赢得大量投资和用户,广泛的应用基础使 TCP/IP 地位日益稳固。TCP/IP 也采用分层模式,由 4 个层次组成。

(1) 应用层

它是 TCP/IP 的最高层,与 OSI 参考模型上 3 层功能相似。它向用户提供一组常用的应用程序,例如:文件传输访问、远程登录、电子邮件、名字服务等。

(2) 传输层(TCP)

提供应用程序间(即端到端)的通信。其功能包括格式化信息、提供可靠传输。此外,因为在一般的通用计算机中,常常是多个应用程序同时访问网间网,为区别各应用程序,传输层在每一分组中增加识别源端和终端应用程序的信息。

(3) 网间网层(IP)

负责相邻计算机之间的通信,其功能为:把来自传输层的报文分组封装在一个 IP 数据报中,并加上报头,按照路由选择算法,确定是把这个数据报直接递交出去还是发送给某个网关,然后把数据报传递给相应的网络接口层。对于接收到的数据报,网间网层首先校验数据报的有效性,删除报头,根据路由选择算法确定该数据报应当在本地处理还是转发出去。网间网层的另一个重要服务是在相互独立的局域网上建立互联网络。网间的报文根据它的目的 IP 地址,通过路由器传送到另一网络。因特网的网间网层协议主要有 IP、网间控制报文协议 ICMP(internet control message protocol)、地址分解协议 ARP(address resolution protocol)等,其中最重要的协议是 IP。

(4) 网络接口层

这是 TCP/IP 软件的最低层,负责接收 IP 数据报并通过网络发送之,或者从网络上接收物理帧,抽出 IP 数据报,交给 IP 层。

一个网络接口可能由一个设备驱动器组成,也可能是一个子系统,这个子系统使用自己的链路协议。它是 TCP/IP 赖以存在的通信网络与 TCP/IP 之间的接口,是 TCP/IP 实现的基础。这些通信网络包括多种广域网、公用数据网以及各种局域网。

TCP/IP 协议分层模型如图 5.12 所示。

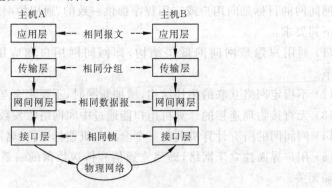

图 5.12 TCP/IP 协议分层模型

3. 因特网地址和域名系统

如果一个通信系统允许任何主机与任何其他主机进行通信,我们称这个通信系统提供了通用通信服务。为了识别这类通信系统上的计算机,需要建立一种普遍接受的标识方法。这如同通过邮局通信,必须有收信人地址,它包括国家、城市、街道、门牌号以及邮政编码等。因特网网间网就是能够提供通用通信服务的系统,它定义了两种方法来标识网上的计算机,它们分别是因特网地址和域名系统。

(1) 因特网地址

因特网地址又称为 IP 地址,共 32 位,常常写成 4 个十进制数,相互之间以"."符号分隔开,称作点分十进制计数法。如:10100110 01101111 00011001 00101001 便可写成 166.111.25.41。IP 地址可以有 5 种格式,相应地对应 5 类网络地址,即 A,B,C,D,E 5 类,其中 D 类和 E 类地址用于特殊用途,一般只使用前三类地址,如图 5.13 所示。

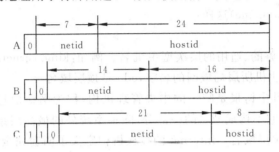

图 5.13 IP 地址的 4 种格式

IP 地址分为网络号(netid)和主机号(hostid)两部分。

A 类地址分配给少量大型网络使用,地址的最高位为"0",随后 7 位为 netid,最后 3 个字节为网内主机的 hostid。因此 A 类地址网络数最多为 2^7 个,网内主机数最多可达 2^{24} 台。

B 类地址用于中等规模网络,地址的最高两位为"10",随后 14 位为 netid,后两个字节为 hostid。这样 B 类网络最多 2^{14} 个,网内主机数为 $2^8 \sim 2^{14}$ 之间。

C 类地址用于大量的小型网,地址的最高 3 位为"110",随后 21 位用作 netid,后 8 位用作 hostid。因此 C 类网络最多为 2^{21},每个网络只能容纳 2^8 台主机。

每一个 IP 地址指定唯一的一台主机,而一台主机可以有不止一个地址。例如对一台多接口主机,它可以连接到两个或两个以上的网络上,这就意味着它必须有两个或两个以上的 IP 地址。因为一个 IP 地址由一个 netid 和一个 hostid 组成,网关可以很容易地从 32 位地址的 netid 域中提取网络标识符,并以此 netid 为基础选择路由。

(2) 域名系统

IP 地址在网间网内部提供了一种全局性的通用地址,这样网间网上任意一对主机的上层软件才能相互通信,所以 IP 地位为上层软件设计实现提供了极大的方便。然而对于一般用户来说,IP 地址还是太抽象,难于记忆也难于理解。为了向一般用户提供一种直观的主机标识符,TCP/IP 专门设计了一种字符型的主机名字机制,即域名系统。

对主机名字有三点要求:首先要求是全局唯一性,即能在整个网间网通用;其次要便于管理，它包括名字的分配或确认、名字回收等；第三要便于映射，即便于名字与 IP 地址之间的映射。基于"结构化"思想的层次型命名机制，很好地满足了日益增长的网间网中主机名字管理的需求。层次型名字空间是将名字分成若干部分，每一部分授权给某个机构管理，授权管理机构可以再将其所管辖的名字空间进一步划分，再授权给若干子机构管理。如此下去，名字空间管理组织形成一种层次型树形结构，其中每一结点都有一个相应的标识符，主机的名字就是从树叶到树根路径上各结点标识符的有序序列。只要同一子树下每层结点的标识符不冲突，那么主机名绝对不会冲突。

一般情况下，最高一级的名字空间划分是基于"网点名"(site name)。一个网点是整个网间网的一部分，由若干网络组成，这些网络在地理位置或组织关系上联系非常紧密，网间网把它们抽象成一个"点"来处理。各网点内又可能分为若干个"管理组"(administrative group)，因此第二级名字空间划分基于"组名"(group name)进行。在组名下是各主机的"本地名"(local name)这样：

local. group. site

三部分便构成一个完整的、通用的层次型主机名。例如：king. cernet. edu 其中 king 是主机名，cernet 是 king 主机所属局域网的名字，edu 是顶层域名。

在域名系统中，其中树根是唯一的中央管理机构，称为网络信息中心 NIC(network information center)，它不构成域名的一部分，除根系统外的最高层系统的域被称为顶层域，相应的域名称为顶层域名。Internet 的授权机构定义了两套完全不同的顶层域名：一套是按组织机构划分的，另一套是按地理划分的。

按组织机构划分的顶层域名为

COM：商业组织

EDU：教育机构

NET：主要网络支持中心

ORG：其他机构

INT：国际组织和国际数据库

随着因特网变成一个国际性的网间网后，为标识各国网络，开始采用 ISO—3166 标准的两字符国家码作为顶层域名。如 US 表示美国，CN 表示中国，JP 表示日本，UK 表示英国等等。

名字—地址的映射是由一组既独立又协作的名字服务器组成，这组服务器是解析系统的核心。名字服务器实际上是一个服务器软件，运行在指定的机器上，完成名字—地址的映射。对应于域名结构，网间网名字服务器也构成一定的层次结构，如图 5.14 所示。

我们以查询主机 borax. lcs. mit. edu 的 IP 地址为例，说明在这样的结构系统中，地址查询工作是怎样进行的。首先向根服务器询问. edu 服务器的地址，根服务器给出. edu 服务器的名字和 IP 地址，再由. edu 服务器查询 mit. edu 服务器地址，如此下找，最后即为 borax. lcs. mit. edu 的 IP 地址。

4. 因特网的信息服务和未来

因特网所提供的信息服务大致有：电子邮件服务、文件传送服务、远程登录服务和信息查询服务等几类，前三类已在 5.1.3 节中介绍，它们是因特网提供的三项基本服务。在

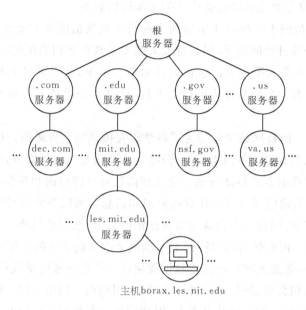

主机borax.les.nit.edu

图 5.14　网间网名字服务器

此基础上,为了帮助用户更容易获取希望得到的信息,近年来又开发了一些功能完善用户接口友好的信息查询工具,如 Archic,Gopher,WAIS 和 WWW。

（1）Archic

可自动并定期地查询大量的因特网 FTP 服务器,将其中的文件索引创建到一个单一的、可搜索的数据库中。由于 Archic 定期扫描这些服务器,因此该数据库可被定时更新。除了接受联机查询外,许多 Archic 服务器还受理用户电子邮件发来的查询。

（2）Gopher

它可将用户的请求自动转换成 FTP 或 Telnet 命令。在菜单的引导下,用户可以对因特网上的远程联机信息系统进行实时访问。

（3）WAIS(wide area information server)

广域信息服务器 WAIS,又称为数据库的数据库,是供用户查询分布在 Internet 上各类数据库的一个通用接口软件,用户只要在 WAIS 给出的数据库列表中用光标选取希望查询的数据库并键入查询关键字,系统就能自动进行远程查询,帮助读出相应的数据库中含有该查询词的所有记录。用户可以进一步选择是否读取感兴趣的记录内容。

（4）WWW(world wide web)

WWW 含义是"全球信息网",有人将它译为"万维网"或"Web 网"。它是一个基于超文本方式的信息查询工具,将位于全世界因特网上不同地点的相关数据信息有机地编织在一起。WWW 提供一种友好的信息查询接口,即用户仅需提出查询要求,而到什么地方查询及如何查询则由 WWW 自动完成。WWW 除了可浏览文本信息外,还可以通过相应软件(Mosaic)显示与文本内容相配合的图像、影视和声音等信息。

由于世界上各个国家都认识到因特网的重要性,其未来的发展将深入到社会的各个阶层和各个方面,将会为未来的社会生活带来深远的影响。

(1) 教育 因特网不但拥有从小学到当前科学最前沿的所有知识资源,它还提供了学生和教师进行公共讨论的场所,同时也大大缩短了教育之间的距离。

(2) 图书馆 人类文明大都记录在世界的图书馆中,如果世界上所有图书馆的资源可以共享并且又具有十分容易使用的检索工具,这是十分激动人心的事。因特网恰好可以做到这一点。

(3) 科学研究 因特网最初就是为了科学研究提供共享资源的。尽管传统方式的学术通信、会议报告、期刊论文等尚未消失,但已远不能满足当前的需要,因特网以一种具有无限灵活性和实时性的方式传播信息。论文和信息可立即讨论和共享。

(4) 商业化 当前已经有不少计算机公司和信息咨询服务公司利用因特网进行业务工作。在不久的将来,因特网也会成为商业经销的渠道、谈判的场所。

(5) 进入家庭 商业化后的因特网下一步就是进入世界上的千家万户。随着技术的进步,到 21 世纪,一条送入家庭的高速数据线路决不会比普通电话线更贵。

因特网作为认识世界、通信的一种方式,其作用刚被人们所认识。随着因特网通信能力的提高,逐渐将形成一种新的社会形态,因特网将会在世界范围内改变社会。

5.4 信息高速公路

5.4.1 背景

当今世界时代的特征是由工业化社会向信息化社会发展,21 世纪将是一个全面发展的信息化时代,信息技术和信息产业将成为世界各国国力竞争的一个制高点。因此各国需要一个强大的信息基础设施,以便推动和支持经济信息化、科教信息化、国防信息化、家庭信息化和社会信息化。出于这种全球竞争的需要,美国首先于 1993 年 3 月提出"国家信息基础结构"NII(National Information Infrastructure),进而于 1994 年 3 月又提出"全球信息基础设施"GII(Global Information Infrastructure)。计划提出后得到世界各国的响应,欧洲、日本以至亚洲四小龙等国家和地区纷纷提出各自的计划。

NII 又称"信息高速公路",它期望的目标是将宽带、高速的网络进入社会机构、团体和每个家庭,能为每个公民提供丰富多彩的信息,开展多样化的高级信息服务,从而全面满足人们在生产、工作、生活和交往中的信息交互和需求,提高生产和工作效率,改善生活质量,驱动新技术的创新和应用。所以信息高速公路是指覆盖国家、地区以至全球的一个高速、综合、交互式的信息网络,以及为使这样一个网络能有效运行的各项配套设施与环境。

5.4.2 构成要素与关键技术

近年来电子与信息技术的突破性进展,使得建设 NII 不仅成为"可能",而且成为"必然",它们是构成 NII 的技术基础。

1. 电子技术

其中最突出的是以硅为基础的集成电路技术。90 年代初,集成度已达到 1 千万件/片,并以每年集成度提高一倍的速度进展。预计 15～20 年后到达成熟期,最终能达到集成度 500 亿个元件/片。而同样大小规模的芯片,性能将提高50 倍。

2. 通信技术

最基本、最重要的当推光通信技术。光通信技术在 80～90 年代获得巨大突破,光放大器及其他相关技术的出现可以实现信号跨太平洋不需中继设备而无畸变传输,而且能实现在今后 10～15 年中保持(传输速率)×(无中断传输距离)的乘积每年翻一番的发展速度。

3. 计算机技术

开放系统的巨大成功、客户机/服务器这一网络计算模式的主流地位的确定,使计算机工业走向高水平竞争时代,保证了各项技术的高速发展。多处理技术(SMP)、大规模并行处理技术(MPP)在今后 5～10 年将会成熟,计算机的处理能力将大大提高。

4. 多媒体技术与数字式高清晰度电视

90 年代初,由于动态图像压缩—解压缩算法的突破和半导体技术的进展,使得数字式高清晰度电视(DHD TV)各方面都优于模拟式电视。而动态图像处理是多媒体技术的突破口。它们最终将为信息高速公路的用户提供一个无所不包的应用界面。

5. 因特网的巨大成功

因特网是传统的计算机联网技术所能达到的成就顶峰的唯一实例。它向所有人雄辩地表明,一个覆盖整个国家、地区其至全球的信息网络基础设施,具有多么诱人的广阔应用前景。但从因特网的技术基础来说,它不是信息高速公路的原型,后者需要更高速、高容量、高处理能力的通信与计算机硬软件设施。

但要实现 NII 仍有很多技术难点需要解决,其中最关键的或者称为 NII 基本特征的是交互(双向)、高速(动态图像传输)和广域(国家或地区),且三者缺一不可。

1. 交互性

NII 是一个交互网络,或者说是双向信息服务,而当前电视网都是非交互式的单向服务。双向与单向有一个本质的差别:电视播放,不论多少个用户,一个节目只占一个"频道"(带宽);但双向服务时,每个用户都要占有一个"频道"。这样要在当前的有线电视网上开成千上万个"频道"是不可能的,因此想在现有的有线电视网的技术基础上建信息高速公路是不可能的。

2. 高速性

NII 是一个高速网。现有的电话网是双向语言信息网络,现有的计算机网络是双向数据文字信息网络,但 NII 是包括双向动态图像(电视、电影等)的信息网络。语音信息与动态图像要求的传输速度相差很大,因此若要 NII 开放双向动态图像服务,则网络的传输速率要成千上万倍地提高才行。

3. 广域性

仅在局域网或个别计算机之间实现交互高速信息服务,不能称为"信息高速公路",因为局域网与广域网需要的技术基础是有本质差别的,它考虑的是一个地区或国家的数以百万计的用户。

从上述的讨论可以看出，NII 的实现还需要一定时间。专家们估计，对美国这样先进的发达国家，建设 NII 要用 20 年以上的时间。

5.4.3 问题与展望

信息高速公路以它宏伟目标和令人振奋的前景，给人以美好的向往，但是由于它规模巨大，在技术上和社会上涉及的广度和深度是空前的，因此将带来技术上和行业上深层次的变革，必将要求克服重重困难，甚至要付出代价。所以在看到光明的同时也要冷静地研究它的难点和问题，以便尽量克服或减少它带来的负面影响。

1. NII 对未来经济、社会、生活的影响

（1）对经济的影响

当代各国的经济，离不开与国际市场的信息、技术、资源和产品的交换，各国经济也如同一个巨大的网络，每一个结点都相互联系和作用。信息高速公路的建成，将极大地提高这个网络的灵敏度和功能，使全球各国经济更有秩序、更高效地向前发展。

信息的及时传输和处理技术已变成当代社会生产力、竞争力和发展成功的关键。信息高速公路将为宏观经济信息的采集、传输、存储、共享、处理、分析和综合提供全新的技术可能性，使市场经济的宏观调控建立在及时、准确和科学的基础之上。

信息高速公路将能帮助企业根据市场行情作出适时有效的调整，增大经营的灵活性，并使企业经营与管理方式发生根本性变化，极大地提高劳动生产率，并推动原有产业结构的合理调整，从而极大地增强国家整体经济实力。

（2）对社会和生活的影响

信息高速公路的建成，将使人们的工作方式、学习方式和生活方式发生深刻的变化。

在教育方式上，学校可进行远距离教学。多媒体、交互性、图形显示及音频和视频功能，将使教育体制和方式多样化，为教师和学生提供更丰富的教学资源。终身教育将成为生活中不可或缺的部分。

信息高速公路的建成将推动科学技术的发展。知识和成果将成为"国际的财产"，被及时应用于新产品的研制上，同时通过国际协作不断创造和积累新知识。

信息高速公路的建成将使家庭获得多种新型服务，如直接点播和收看电影，阅读交互式报刊，数百个电视频道，电视电话等各种服务都可借助信息高速公路直接或间接获得。

高速信息网络将把整个社会结构紧密结合在一起，形成一种新的主流文化现象。各级领导者获取公众的意见要求以及对履行决定情况的反馈将愈益迅速便利，这将有助于扩大民主，便于控制社会政治秩序，保持社会稳定。

2. NII 带来的问题

（1）技术关键尚待攻关，不可预见的技术问题将会逐步暴露，如"系统信息阻塞"、"系统的脆弱性"可能成为重大的技术障碍。

（2）知识产权保护在完全开放的环境中将面临巨大的挑战，如何正确处理信息活动中的知识产权和利益分配，已成为信息技术持续发展的一个极待解决的问题。

（3）信息流的多渠道交叉反馈，使信息封锁十分困难，偷获别国政治、经济、军事和技术情报的信息犯罪会愈演愈烈,信息安全将成为突出问题。

(4) 信息社会中,谁拥有信息,谁就成为财富的中心。由于发达国家与发展中国家在信息资源占有和信息处理能力等方面差距很大,它将导致新的贫富悬殊。同时个别大国可能借助于手中的信息工具实施文化和政治渗透,威胁别国的稳定与安全。

(5) 信息高速公路建成后,人们将频繁地与电子设备打交道,而电磁波的干扰,形成"电子污染"给人类身心健康带来威胁。同时人们终日与终端打交道,会导致人与人之间关系的疏远而产生紧张、孤僻、冷漠等生理与心理问题。

5.4.4 如何发展中国国家信息基础结构(CNII)

对于 CNII 的建设问题,应认识到这是一个巨大的挑战和机遇,必须主动积极又实事求是地从中国实际情况出发考虑。为此各方面专家纷纷提出各种建议,大致为

(1) CNII 是一件长期、艰难的战略性建设项目,是一个长期渐进的过程。它不仅包括对现有信息网络基础设施的逐步建设,大力开发各类信息资源的信息服务,用信息技术改造国民经济和社会生活的各方面。更要解决好如何培养出一大批能适应 CNII 的建设、开发、运行、经营和应用需要的人才。所有这些,都必须只争朝夕,但又不能一哄而起,造成巨大的浪费。

(2) 长远与当前相结合,尽可能研究采用与 CNII 建设可兼容的技术。如涉及应用软件系统以及与应用系统相联系的大量信息数据资源,应该考虑可兼容问题。在可能的条件下,尽量采用开放系统。

(3) 大力开发建设基于数据通信网络上的各项重要应用信息系统,建立各种信息服务,这既是 CNII 建设所必需,又是促进国家经济信息化,为我国经济在 21 世纪顺利稳定发展的必需。

(4) 积极跟踪与 CNII 建设有关的技术发展前沿,在条件具备时,可以发挥"后发制人"的优势。跳跃式发展,逐项突破,是一条有效的发展道路。

此外,国家要制定一系列的政策和策略,发挥各方面积极性,才能使 CNII 顺利实施。

习　题

5.1　计算机网络的发展分几个阶段?各有什么特点?

5.2　何谓通信子网、资源子网?它们相互间有何关系?

5.3　分组交换的要点是什么?有何优点?

5.4　计算机网络分类方式有几种?试说明其中两种分类方式。

5.5　什么是网络拓扑结构?试说明几种常用拓扑结构的特点。

5.6　何谓广播式传输与点到点传输?各有什么特点?

5.7　何谓客户机/服务器模式?有何优点?

5.8　网络协议分层处理的优点是什么?简单说明 OSI 各层协议的功能。

5.9　网络互联有何实际意义?有哪些共同的问题需要解决?

5.10　中继系统有哪几类?请进行比较。

5.11　何谓因特网?你在因特网上是否工作过?

5.12 何谓 TCP/IP? 它与 OSI 的异同是什么?

5.13 因特网地址与域名系统的区别是什么? 两者有什么关系?

5.14 试叙述你了解的信息高速公路含义,它与因特网的关系是什么?

参 考 文 献

1. 谢希仁,陈鸣,张兴元.计算机网络.北京:电子工业出版社,1998

2. 郭宗桂.计算机局部网络.上海:上海交通大学出版社,1988

3. 周明天,汪文勇.TCP/IP 网络原理与技术.北京:清华大学出版社,1995

4. 严程,王卫,郝杰.Internet 资源与网络多媒体——使用指南.北京:清华大学出版社,1996

5. 赵军,郝伟诚.现代企业建网技术指南.北京:北京大学出版社,1994

6. 郑衍德,徐良贤.操作系统高等教程.上海:上海交通大学出版社,1991

7. 王安耕.国家信息基础结构面面观.中国计算机报.1995.7.4

8. 曲成义.国家信息基础结构与实施.中国计算机报.1995.7.4

9. 项国雄.信息高速公路的意义及其引起的问题.中国计算机报.1995.7.11

第6章 软件工程技术基础

在计算机发展早期,软件开发过程没有统一的、公认的方法或指导规范。参加人员各行其事,程序设计被看作纯粹个人行为。随着计算机应用的普及和深化,计算机软件以惊人速度急剧膨胀,规模越来越大,复杂程度越来越高,牵涉的人员越来越多,在软件的开发和维护过程中出现了一系列严重问题。这就是从 20 世纪 60 年代末开始出现的"软件危机"。它的主要表现是:软件质量难以保证;成本增长难以控制,极少有在预定的成本预算内完成的;软件开发进度难以控制,周期拖得很长;软件的维护很困难,维护人员和费用不断增加等等。

软件工程正是在这个时期,为了解决这种"软件危机"而提出来的。"软件工程"这个词第一次正式提出是在 1968 年北约组织的一次学术讨论会上,主要思想是按工程化的原则和方法来组织和规范软件开发过程,解决软件研制中面临的困难和混乱,从而根本上解决软件危机。因此,所谓软件工程,就是研究大规模程序设计的方法、工具和管理的一门工程科学。

6.1 软件工程的基本原则

软件工程,作为一门工程学科,除了具有一般工程的共性外,还有它的特殊性,即软件开发是非实物性的,是人的逻辑思维过程,具有不可见性、抽象性和知识密集性。因此,软件生产规范、软件开发工具、软件工程管理等,既要以工程科学为基础,又要适应软件开发的特殊性。我们知道,"工程化"的基本原则包括:分解(将复杂的、难操作的事物分解为较简单的、易处理的事物,然后一一加以解决)、计划(统筹安排要解决问题的时间、费用等等,严格按计划组织工程实施)、规范(工程实施过程中,严格按照各种规范、技术文件进行)等等。相应地,软件工程的基本原则包括:

- 划分软件生命期 在时间上进行分解,将软件开发过程分解为一系列的分阶段的任务。
- 进行计划评审 和一般工程项目一样,软件开发要严格按计划管理,坚持进行阶段评审。
- 编制软件文档 在软件工程每一阶段都要编制完整、精确的文档。

6.1.1 软件生命期

一般说来,软件从产生、发展到淘汰要经历定义、开发和维护三大阶段。更详细划分,又可分为六个或七个阶段。具体来说,即定义阶段的可行性论证与开发计划、需求分析,开发阶段的概要设计、详细设计和编码,维护阶段的测试、运行维护。

6.1.2 计划与评审

计划与评审是软件工程的主要原则之一。调查结果表明,不成功的软件项目中,有50％以上是由于计划不周造成的。因此,建立周密的计划,并在生产活动中严格按计划进行管理,是软件项目取得成功的先决条件。

软件工程按软件开发活动步骤应该制定以下计划:

- 项目实施总计划
- 软件配置管理计划
- 软件质量保证计划
- 测试计划
- 安全保密计划
- 系统安装计划
- 运行和维护管理计划

这些计划要面向开发过程的各个阶段。参与各阶段工作的技术人员必须严格按计划行事。必要的计划修改,必须经过严格的审批手续才能生效。

6.1.3 编制软件文档

文档编写与管理是软件开发过程的一个重要部分,文档对软件工程来说具有非常重要的意义。为了实现对软件开发过程的管理,在开发工作的每一阶段,都需按照规定的格式编写完整精确的文档资料。文档具有如下主要作用:

(1) 作为开发人员在一定阶段内承担任务的工作结果和结束标志。

(2) 向管理人员提供软件开发工作的进展情况,把软件开发过程中的一些"不可见"的事物转换成"可见"的文字资料,以便管理人员在各个阶段检查开发计划的实施情况,使之能够对工作结果进行清晰的审计。

(3) 记录开发过程中的技术信息,以便协调工作,并作为下一阶段工作的基础。

(4) 提供有关软件维护、培训、流通和运行信息,有助于管理人员、开发人员、操作人员和用户之间工作的了解。

(5) 向未来用户介绍软件的功能和能力,使之能判断该软件能否适合使用者的需要。

6.2 软件开发过程

本节首先介绍用于描述软件开发过程的两个主要模型,然后详细介绍软件开发过程中各个阶段,即软件生命周期,包括所要完成的工作内容、要产生的文档以及指导该阶段工作的有关原理、方法或工具等。

6.2.1 软件开发过程模型

软件开发的目标就是在规定的投资和时间限制内,开发出符合用户需求的高质量软件。软件开发是一种高智力的活动,必须用软件工程的方法和技术来指导软件开发的全过程。软件开发过程模型对软件工程的发展和软件产业的进步,起到了不可估量的积极作用。软件开发过程模型主要有两类。

1. 瀑布模型

瀑布型开发方法遵循软件生命期的划分,明确规定每个阶段的任务。瀑布型开发方法的阶段划分和开发过程如图 6.1 所示。这个模型表明,在生存期中,对应于下落流线,任何一个软件都要按顺序经历 6 个步骤,如同瀑布流水,逐级下落。同时,为了确保软件产品的质量,每个步骤完成以后都要进行复查,如果发现了问题就应返回到上一级修改。这就构成了图中向上流线。

瀑布型开发方法适合于在软件需求比较明确、开发技术比较成熟、工程管理比较严格的场合下使用。各种应用软件的开发均可使用此法。

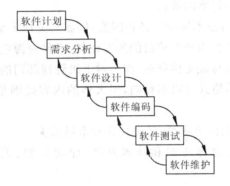

图 6.1　软件开发过程的瀑布模型

2. 渐增模型

与瀑布型方法不同,渐增型开发方法不要求从一开始就有一个完整的软件需求定义。常常是用户自己对软件需求的理解还不甚明确,或者讲不清楚。渐增型开发方法允许从部分需求定义出发,先建立一个不完全的系统,通过测试运行整个系统取得经验和反馈,加深对软件需求的理解,进一步使系统扩充和完善。如此反复进行,直至软件人员和用户对所设计完成的软件系统满意为止,如图 6.2 所示。

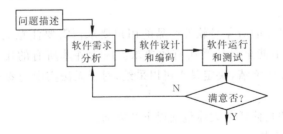

图 6.2　软件开发过程的渐增模型

因为渐增型开发的软件系统是逐渐增长和完善的,所以软件从总体结构上不如瀑布模型开发的软件那样清晰。但是,由于渐增型软件开发的过程自始至终都是在软件人员和用户的共同参与下进行的,所以一旦发现正在开发的软件与用户要求不符,就可以立即进行修改。使用这种方法开发出来的软件系统可以很好地满足用户的需求。

渐增型开发方法适合于那些用户需求不太明确，而是要在开发过程中不断认识、不断获取新的知识去丰富和完善的系统。对于研究性质的实验软件，一般采用此法。

6.2.2 可行性论证

可行性论证是软件生存周期中的第一个阶段，它对新开发系统的基本思想和过程进行阐述与论证，即对系统的整个生命周期中开发的时间与期限、人员安排、投资情况等作出客观的分析与评价。

可行性研究主要集中在如下两个方面：

- 经济可行性 这是对经济合理性进行评价，包括对项目进行成本效益分析，比较项目开发的成本与预期将得到的效益。
- 技术可行性 分析技术风险的各种因素，例如有关技术是否成熟？有没有胜任开发该系统的熟练技术人员？为开发项目的所有硬件、软件资源能否按期得到等等。

可行性论证的结果应写成文件资料，作为对上级管理部门的报告，并作为软件文档的基础材料。可行性报告的格式可以不相同，但大体的内容提纲是一致的。它应包括以下几个方面：

- 背景情况 包括国内外水平、历史现状和市场需求。
- 系统描述 包括总体方案和技术路线、课题分解、关键技术、计划目标和阶段目标。
- 成本效益分析 即经济可行性，包括经费概算和预期经济效益。
- 技术风险评价 即技术可行性，包括技术实力、设备条件和已有工作基础。
- 其他与项目有关的问题 如法律问题，确定由于系统开发可能引起的侵权或法律责任等。

6.2.3 需求分析

在需求分析阶段，要对可行性论证与开发计划中制定出的系统目标和功能进行进一步的详细论证；对系统环境，包括用户需求、硬件需求、软件需求进行更深入的分析；对开发计划进一步细化。

需求分析阶段研究的对象是软件产品的用户要求。需要注意的是，必须全面理解用户的各项需求，但又不能全盘接受所有的要求。因为并非所有的用户要求都是合理的。对其中模糊的要求需要澄清，决定是否可以采纳；对于无法实现的要求应向用户做充分的解释，并求得谅解。

需求分析阶段的具体任务大体包括以下几方面。

1. 确定系统的要求

- 系统功能要求 系统必须完成的所有功能，这是最主要的需求。
- 系统性能要求 与具体系统的实现有关。一般包括系统的响应时间（系统的反应速度）、系统所需的存储空间、系统的可靠性（平均无故障时间）等等。
- 系统运行要求 即系统运行时所处环境的要求。包括支持系统运行的系统软件是什么,采用哪种数据库管理系统,采用什么样的数据通信接口等等。

· 系统未来可能提出的要求 明确地列出那些虽然目前不属于当前系统开发范畴,但是据分析将来很可能会提出来的要求。这样做的目的是在设计过程中对系统将来可能的扩充和修改作准备,以便需要时能比较容易地进行这种扩充和修改。

2. 分析系统的数据要求

任何一个软件系统本质上都是信息处理系统,系统必须处理的信息和系统应该产生的信息在很大程度上决定了系统的面貌,对软件设计有深远的影响。因此,分析系统的数据要求是软件需求分析的一个重要任务。

数据流图(data flow diagram,简称DFD)是描述数据处理过程的有力工具。DFD从数据传递和加工的角度,以图形的方式描述数据处理系统的工作情况。数据词典(data dictionary,简称DD)是分析数据处理的另一常用工具,通常与DFD图配合使用。数据词典的任务是对DFD中出现的所有数据元素给出明确定义,使DFD中的数据流名字、加工名字和文件名字具有确切的解释。所有名字按词条给出定义。全体定义构成数据词典。DD和DFD密切配合,能清楚表达数据处理的要求。对此将在6.3节作具体介绍。

3. 修正开发计划

在可行性研究阶段,曾经形成过一份开发计划。通过需求分析阶段的工作,分析员对目标系统有了更深入更具体的认识,因此可以对系统的成本和进度作出更准确的估计,在此基础上对开发计划进行修正。

4. 编写文档

经过分析确定了系统必须具有的功能和性能,定义了系统中的数据并且简略地描述了数据处理的主要算法,接着就要把分析的结果用正式的文档记录下来,作为最终软件配置的一个组成部分。这阶段主要要完成两份文档:软件需求规格说明书和初步用户手册。

6.2.4 概要设计

经过需求分析阶段的工作,系统必须"做什么"已经清楚了,接下来就是决定"怎么做"。概要设计也称总体设计。它的主要任务有两个:一是设计软件系统结构,也就是要确定系统中每个程序是由哪些模块组成的,以及这些模块相互间的关系;二是设计主要数据结构。

1. 概要设计的过程

(1) 选取最佳实现方案 开发一个软件系统通常有多种不同的实现方案。在概要设计阶段,分析员应该考虑各种可能的实现方案,并且从中选出一个最佳的方案来实施。通常选取低成本、中成本和高成本三种方案,对每个合理方案,都应该进行成本效益分析,分别制定进度计划。然后,分析员通过综合分析对比各种合理方案的利弊,推荐一个最佳的方案,并且为最佳方案制定详细的实现计划。用户和有关技术专家应该认真审查分析员所推荐的最佳方案。

(2) 设计软件总体结构 通过对系统进行功能分解,来划分功能模块。应该把模块组织成良好的层次系统。上层模块调用下层模块,最下层的模块完成最基本、最具体的功能。软件结构一般用层次图或结构图来描述。应用结构化设计方法可从需求分析阶段得到的 DFD 中产生出系统结构图。具体方法将在 6.3 节中介绍。

（3）设计主要数据结构　决定主要算法的数据结构、文件结构或数据库模式。尤其是对于需要使用数据库的应用领域，分析员应该对数据库作进一步设计，包括模式、子模式、完整性、安全性设计。

（4）完成用户手册　对需求分析阶段编写的初步用户手册进行重新审定、完善，在概要设计的基础上确定用户使用的要求。

（5）制定初步测试计划　在软件开发的早期阶段考虑测试问题，能促使软件设计人员在设计时注意提高软件的可测试性。完成概要设计以后，应对测试的策略、方法和步骤等提出明确的要求。尽管整个测试计划尚不完善，但它将是今后测试工作的重要依据。

（6）概要设计评审　在上述工作完成以后，应对概要设计阶段的工作进行评审。评审时特别要着重以下几个方面：软件的整体结构和各子系统的结构、各部分之间的联系、用户接口等等。

2. 模块化软件设计的基本概念和原理

（1）模块化

模块化就是把程序划分成若干个模块，每个模块完成一个子功能，把这些模块集中起来组成一个整体，从而完成指定的功能，满足问题的要求。

模块化是开发复杂的大型软件系统必须采用的方法。采用模块化原理可以使软件结构清晰，不仅容易设计也容易阅读和理解。但是，"模块化"并不意味着模块越多，划分得越细越好。模块越多，模块之间的接口就会越复杂，从而增加成本，降低效率。因此模块数要适中。事实上，模块数目与成本存在图 6.3 所示的关系。

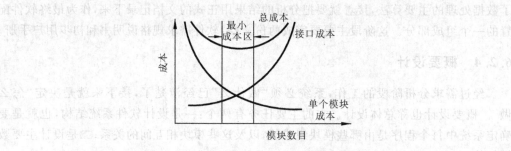

图 6.3　软件成本与模块的关系

（2）信息隐蔽和局部化

应用模块化原理时，涉及到如何来划分模块以便得到最佳的程序结构。信息隐蔽指的是，在设计模块时，应让一个模块内包含的信息（过程和数据）对于其他不需要这些信息的模块来说，是不能访问的。所谓局部化是把一些关系密切的软件元素尽可能地放在一起。局部化和信息隐蔽的概念是密切相关的，局部化有助于实现信息隐蔽。

（3）模块独立

模块独立指的是，每个模块完成一个相对独立的特定子功能，与其他模块之间的关系尽量简单。模块独立的程度由两个标准——耦合和内聚来衡量。

耦合是对一个软件结构内不同模块之间互联程度的度量。耦合强弱取决于模块间接口的复杂程度。在软件设计时应该追求尽可能松散耦合的系统。由于模块间联系简单，发生在一处的错误传播到整个系统的可能性很小，因此，模块间的耦合程度对系统的可理解性、可测试性、可靠性和可维护性有很重要的影响。内聚是对模块内各个元素彼此结合的紧密程度的度量。

（4）模块划分的原则

在进行模块划分时，应遵循以下原则：

· 改进软件结构提高模块独立性，降低模块接口的复杂程度。

· 模块规模应该适中。经验表明，一个模块的规模不应过大，最好能写在一页纸内（一般不超过 60 行）。

· 深度、宽度、扇出和扇入都应适当。深度表示软件结构中控制的层数，它往往能粗略标志一个系统的大小和复杂程度。如果层数过多则应考虑模块能否合并。宽度是软件结构同一层次上的模块总数的最大值。一般说来，宽度越大系统越复杂。扇出是一个模块直接控制（调用）的模块数目。扇出过大意味着模块过分复杂，过小也不好。在设计得好的系统中，通常模块扇出是 3 或 4。一个模块的扇入表明有多少个上级模块直接调用它。

· 设计单入口单出口的模块。

3. 软件结构的表示

采用一种好的图形表达工具对清晰地描述软件结构非常有帮助。通常在概要设计时，采用层次图来描述软件的层次结构，它很适合在自顶向下设计软件的过程中使用。此外，还有其他一些图形表达方法，如 Yourdon 结构图等等。图 6.4 为层次图的一个实例。

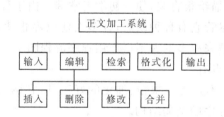

图 6.4　软件结构表示方法

6.2.5　详细设计

详细设计阶段的根本目标是确定应该怎样具体地实现所要求的系统。也就是说，经过整个阶段的设计工作，应该得出对目标系统的精确描述，从而在编码阶段可以把整个描述直接翻译成用某种程序设计语言书写的程序。详细设计的结果基本上决定了最终的程序代码的质量。

描述程序处理过程的工具称为详细设计的工具，它们可以分为图形、表格和语言三类。不论是哪类工具，对它们的基本要求都是能提供对设计的无歧义的描述，也就是应该能指明控制流程、处理功能、数据组织以及其他方面的实现细节，从而在编码阶段能把对设计的描述直接翻译成程序代码。

下面介绍几种常用的表示工具。

1. 程序流程图

程序流程图又称为程序框图,如图 6.5 所示。它是历史最悠久、使用最广泛的描述软件设计的方法,然而它也是用得最混乱的一种方法。

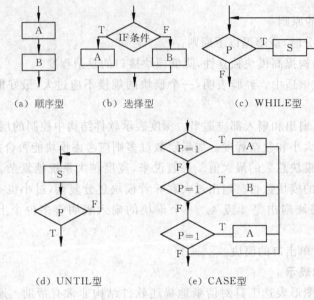

图 6.5　流程图的基本符号

从 20 世纪 40 年代末到 70 年代中期,程序流程图一直是软件设计的主要工具。它的主要优点是对控制流程的描绘很直观,便于初学者掌握。由于程序流程图历史悠久,并为广泛的设计人员所熟悉,尽管它有种种缺点,许多人建议停止使用它,但至今仍在广泛使用着。不过,总的趋势是越来越多的人不再使用程序流程图了。

程序流程图的主要缺点有:

· 程序流程图本质上不是逐步求精、细化的好工具,它诱使程序员过早地考虑程序的控制流程,而不去考虑程序的全局结构。

· 程序流程图中用箭头代表控制流,因此程序员不受任何约束,可以完全不顾结构程序设计的精神,随意转移控制。

· 程序流程图不易表示数据结构。

2. 盒图(NS 图)

Nassi 和 Shneiderman 提出了 NS 图,又称为盒图。它有下述特点:

· 功能域(即一个特定控制结构的作用域)明确,可以从盒图上一眼就看出来。

· 不可能任意转移控制。

· 很容易确定局部和全程数据的作用域。

· 很容易表现嵌套关系,也可以表示模块的层次结构。

图 6.6 给出了结构化控制结构的盒图表示方法。盒图没有箭头,因此不允许随意转移控制。坚持使用盒图作为详细设计的工具,可以使程序员逐步养成用结构化的方式思考问题和解决问题的习惯。

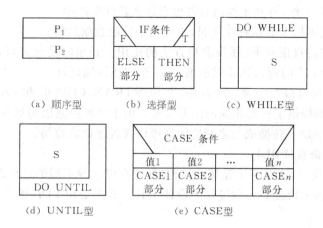

(a) 顺序型 (b) 选择型 (c) WHILE型

(d) UNTIL型 (e) CASE型

图 6.6　盒图的基本符号

3. PAD 图

PAD 是问题分析图（problem analysis diagram）的英文缩写，自 1973 年由日本日立公司发明以后得到一定程度的推广。它用二维树形结构图来表示程序的控制流，将这种图翻译成程序代码比较容易。图 6.7 给出了 PAD 图的基本符号。

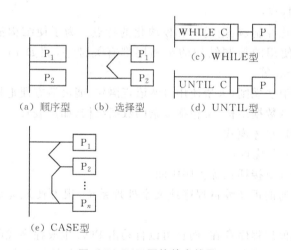

(a) 顺序型　(b) 选择型　　(c) WHILE型　　(d) UNTIL型

(e) CASE型

图 6.7　PAD 图的基本符号

PAD 图的主要优点如下：

· 使用 PAD 符号所设计出来的程序必然是结构化程序。

· PAD 图所描绘的程序结构十分清晰。图中最左面的竖线是程序的主线，即第一层结构。随着程序层次的增加，PAD 图逐渐向右延伸，每增加一个层次，图形向右扩展一条竖线。PAD 图中竖线的总条数就是程序的层次数。

· 用 PAD 图表现程序逻辑，易读、易懂、易记。PAD 图是二维树形结构的图形，程序从图中最左竖线上端的结点开始执行，自上而下，从左向右顺序执行，遍历所有结点。

· 容易将 PAD 图转换成高级语言源程序。这种转换可用软件工具自动完成，从而可省去人工编码的工作,有利于提高软件可靠性和软件生产率。

· PAD 图既可用于表示程序逻辑,也可用于描绘数据结构。

· PAD 图支持自顶向下、逐步求精方法的使用。开始时设计者可以定义一个抽象的程序,随着设计工作的深入逐步增加细节,直至完成详细设计。

PAD 图是面向高级程序设计语言的,为 FORTRAN,COBOL 和 PASCAL 等常用高级程序设计语言都提供了一套相应的图形符号。由于每种控制语句都有一个图形符号与之对应,显然将 PAD 图转换成与之对应的高级语言程序比较容易。

4. 过程设计语言(PDL)

PDL 也称为伪码,这是一个笼统的名称,现在有许多种不同的过程设计语言在使用。它是用正文形式表示数据和处理过程的设计工具。下面是用 PDL 语言设计一个查找错拼单词程序的例子。

```
Procedure        查找错拼单词        is
begin
        把整个文件分离成单词;
        查字典;
        显示字典中查不到的单词
end
```

PDL 具有下述特点:

· 它具有结构化控制、数据说明和模块化的特点。为了使结构清晰和可读性好,通常在所有可能嵌套使用的控制结构的头和尾都有关键字,例如 Procedure,begin,end,loop,if,then,else,exit 等。

· 仅有少量的语法规则,大量使用自然语言语句,能灵活方便地描述程序算法。

· 既包括简单的数据结构,又包括复杂的数据结构(如链表)。

· 提供各种接口描述模式。

PDL 具有如下一些优点:

· 可以作为注释直接插在源程序中间。

· 可以使用普通的正文编辑程序或文字处理系统,很方便地完成 PDL 的书写和编辑工作。

· 已经有自动处理程序存在,而且可以自动由 PDL 生成程序代码。

PDL 的缺点是不如图形工具形象直观,描述复杂的条件组合与动作的对应关系时,不够简单。

6.2.6　软件编码

编码是设计的自然结果,也就是把软件设计的结果翻译成用某种程序设计语言书写的程序。程序的质量主要取决于软件设计的质量。但是,程序设计语言的特性和编码风格也会对程序的可靠性、可读性、可测试性和可维护性产生深远的影响。

源程序代码的逻辑简明清晰、易读易懂是好程序的一个重要标准。编写程序时主要应注意以下几个方面:

(1) 程序内部文档:包括恰当的标识符、适当的注释和程序代码的布局等等。选取含义鲜明的名字,使它能正确地提示程序对象所代表的实体。如果使用缩写,那么缩写规则应该一致。注释是程序员和程序读者通信的重要手段,正确的注释有助于对程序的理解。程序清单的布局对于程序的可读性也有很大的影响,利用适当的缩进方式可使程序的层次结构清晰明显。

(2)语句构造:每个语句都应该简单而直接,不能为了提高效率而使程序变得过分复杂;不要为了节省空间而把多个语句写在同一行;应尽量避免对复杂条件的测试;尽量避免使用否定的逻辑条件,如 IF(NOT(A>B));避免大量使用循环嵌套和条件嵌套;利用括号使逻辑表达式或算术表达式的运算次序清晰直观。

(3)输入输出:在设计和编写程序时应该考虑有关输入输出的规则:对所有输入数据都进行校验;检查输入项重要组合的合法性;保持输入格式简单;使用数据结束标志,不要求用户指定数据的数目;明确提示交互式输入的请求,详细说明可用的选择和边界值;设计良好的输出报表。

(4)效率:包括时间效率和空间效率(存储效率)。源程序的效率直接由详细设计阶段确定的算法的效率决定,但是,编码风格也能对程序的执行速度和存储效率产生影响。为了提高程序的时间效率,可以考虑:写程序之前先简化算术和逻辑表达式;仔细研究嵌套的循环,以确定是否有语句可以从内层往外移;尽量避免使用指针和复杂的表;使用执行时间短的算术运算;不要混合使用不同的数据类型;尽量使用整数运算和布尔表达式;使用有良好优化特性的编译程序,以自动生成高效的目标代码等。为提高存储效率,可选用有紧缩存储特性的编译程序,在非常必要时,也可以使用汇编语言。

6.2.7 软件测试

测试工作在软件生存期中占有重要位置。这不仅是因为测试阶段占用的时间、花费的人力和成本的开销占软件生存期很大的比重(测试工作量通常占软件开发工作量的40%～50%),而且测试工作完成情况直接影响到软件的质量。软件测试是保证软件质量的关键,也是对需求、设计和编码的最终评审。

1. 软件测试的目标
- 测试的目的是找出错误。
- 成功的测试是一种能暴露出尚未发现的错误的测试。

2. 软件测试的原则
- 测试工作不应由开发软件的个人或小组承担。
- 在计划测试时,不应默认不会找到错误。
- 测试文件必须说明预期的测试结果。
- 对合法的和非法的输入条件都要进行测试。

3. 软件测试的方法
软件测试有黑盒测试和白盒测试两类方法。

黑盒测试也称为功能测试或数据驱动测试。它把程序看成是一个黑盒子,完全不考虑程序的内部结构和处理过程,只对程序的接口进行测试,即检查程序是否能适当地接收输入数据并产生正确的输出信息。

白盒测试是把程序看成是一个透明的白盒子,也就是完全了解程序的结构和处理过程。这种方法按照程序内部的逻辑来测试,检验程序中的每条通路是否都能正确工作。因此,白盒测试又称为结构测试或逻辑驱动测试。

4. 设计测试方案

设计测试方案是测试阶段的关键技术问题。测试方案包括预定测试的功能、应该输入的测试数据和预期结果。其中最困难的问题是设计测试用的输入数据,即测试用例。

不同的测试数据发现程序错误的能力差别很大,为了提高测试效率,降低测试成本,应该选用高效的测试数据。因为不可能进行穷尽的测试,选用少量的却最有效的测试数据,做到尽可能完备的测试就更重要了。

设计测试方案的基本目标是,确定一组最可能发现某个错误或某类错误的测试数据。主要设计技术有适用于黑盒测试的等价划分、边界值分析和错误推测法等等,以及适用于白盒测试的逻辑覆盖法。通常的做法是,用黑盒法设计基本的测试方案,再用白盒法补充一些方案。具体测试用例的设计技术可参见文献[1]和[2]。

5. 软件测试的步骤

一般分为单元测试、组装测试、确认测试三步。

(1) 单元测试(模块测试) 主要测试模块的五个特性:模块接口、模块的内部数据结构、重要的执行路径、错误处理路径、边缘条件。

(2) 组装测试 主要任务是按照选定的策略,采用系统化的方法,将经过单元测试的模块按预先制定的计划逐步进行组装和测试,测试的目的在于发现与模块接口有关的问题,并将各个模块构成一个设计所要求的软件系统。在组装测试时,可以自顶向下,也可以自底向上来进行。

(3) 确认测试 组装测试以后,分散开发的模块被连接起来,构成完整的软件系统。其中各模块间接口存在的种种问题都已消除。确认测试的任务是检验所开发的软件,看它是否能按顾客提出的要求运行,也就是是否符合软件规格说明书中确定的软件技术指标。

经过确认测试,应该为已开发的软件作出结论性评价。如果软件的功能、性能、软件文档以及其他要求均已满足软件规格说明书的规定,则被认为是合格的软件。

6.2.8 软件维护

软件维护是软件生存周期的最后一个阶段。它是指已完成开发工作,交付使用以后,对软件产品所进行的一些软件工程活动。软件维护的工作量非常大,与人们的直觉相反,大型软件的维护成本通常高达开发成本的 4 倍左右。

但是,人们对软件维护的认识和重视程度远远不如软件开发,因此必须重视软件工程的这最后一个环节。

1. 软件维护的必要性

软件维护的必要性,主要体现在以下几方面。

· 改正在运行中新发现的软件错误和设计上的缺陷。这些错误和缺陷是在开发后期测试阶段未能发现的。

· 适应功能需求变化,增强软件的功能,并提高软件的性能。

- 要求已运行的软件能适应特定的硬件、软件的工作环境或是要求适应已变动的数据或文件。
- 使投入运行的软件与其他相关的程序有良好的接口,利于协同工作。
- 使运行软件的应用范围得到必要的扩充。

实践表明,任何一个软件在通过验收测试后,并不能保证软件内部的所有隐错完全排除了。随着对它的频繁使用,某些隐错会逐渐暴露出来,用户还会发现一些使用不便之处。为解决这些问题,必须投入一定数量的人力和资源,开展软件维护工作。

2. 软件维护的内容

主要包括三个方面:改正性维护、适应性维护和完善性维护。

(1) 改正性维护是在软件运行中发生异常或故障时进行的。这种故障常常是由于遇到了从未用过的输入数据组合情况或是与其他软件或硬件的接口出现问题。

(2) 适应性维护是为了使该软件能适应外部环境的变动,例如,新的操作系统和新的版本不断涌现。此外,"数据环境"的变动也要求进行适应性维护。例如,数据库、数据格式、数据输入输出方式以及数据存储介质等的变动都会直接影响到软件的正常工作。

(3) 完善性维护是为了扩充软件的功能,提高原有软件性能而开展的软件工程活动。例如,用户在使用了一段时间以后,提出了新的要求,希望在已开发的软件基础上加以扩充。

6.3 软件开发中的系统分析与设计方法

软件工程发展的三十多年来,人们在实际工作中提出了许多系统化的分析设计方法。从早期(20 世纪六七十年代)的结构化系统分析与设计方法,到 80 年代初期的快速原型方法,以及 90 年代兴起的面向对象方法,虽然各自有不同的特点、不同的应用背景,但都得到了广泛的、成功的应用。

结构化的系统分析与设计方法是软件工程领域的经典方法,为软件工程的产生与兴起发挥了重要的作用,是目前最成熟的,也是应用得最多、最广的方法。许多方法都是源于对它的改进或扩充,如快速原型方法。面向对象的系统分析与设计方法在 90 年代开始逐渐走向成熟,表现了蓬勃的生命力,为软件工程的发展注入了新的活力。毫无疑问,面向对象方法将是未来最有发展前途的软件工程技术。

在这一节,首先介绍结构化方法,它包括一个自成体系的方法集(结构化分析方法 SA,结构化设计方法 SD 以及结构化编程方法 SP);然后介绍快速原型方法的基本概念和思想;最后将简单介绍面向对象的分析和设计方法(OOA,OOD)。

6.3.1 结构化系统方法

1. 结构化分析方法

结构化分析方法(structured analysis)简称 SA 方法,是面向数据流进行需求分析的方法。自从 20 世纪 70 年代提出,至今已得到广泛的应用。

结构化分析方法适合于数据处理类型软件的需求分析。由于利用图形来表达需求,显得清晰、简明,避免了冗长、重复、难于阅读和修改等缺点,易于学习和掌握。

一般来说,结构化分析方法包括:

- 判定表
- 判定树
- 数据流图
- 数据词典
- 结构化语言

其中数据流图用以表达系统内数据的运动情况,是 SA 的最主要部分;数据词典定义系统中的数据;结构化语言、判定表和判定树用来描述数据流的加工。这里主要介绍数据流图和数据词典,其他三种可参见文献[1]和[2]。

(1) 数据流图

数据流图简称 DFD,它是描述数据处理过程的有力工具。数据流图从数据传递和加工的角度,以图形的方式刻画数据处理系统的工作情况。在数据流图中有四种基本符号:

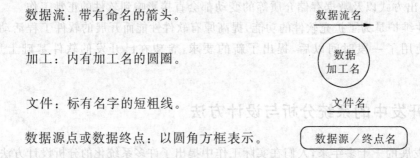

数据流:带有命名的箭头。　　　　　　　　　　　数据流名

加工:内有加工名的圆圈。　　　　　　　　　　　数据加工名

文件:标有名字的短粗线。　　　　　　　　　　　文件名

数据源点或数据终点:以圆角方框表示。　　　　　数据源/终点名

数据流是沿箭头指向传送数据的通道,它们大多是在加工之间传输被加工数据的命名通道。同一数据流图上不能有两个数据流同名。多个数据流可以指向一个加工,也可从某个加工散发出多个数据流。

加工以数据结构或数据内容为加工对象。加工的名字常可写为一个动宾结构,因而简明扼要地表明了完成的是什么功能。

文件在数据流图中起着暂时保存数据的作用,所以也被称作数据存储,它可以是数据库或任何形式的数据组织。指向文件的数据流可理解为写入文件,从文件引出的数据流理解为自文件读出。

数据流图上的第 4 种元素是数据源点或终点,它表示图中所出现数据的始发点或终止点,是数据流图的外围环境部分。在实际问题中它可能是人员、计算机外部设备或传感装置。

图 6.8 是一个具体的数据流图。这个例子描述了读者在图书馆借书的业务流程。

(2) 数据词典

数据词典(data dictionary,简称 DD)是结构化分析方法的另一有力工具。它和数据流图密切配合,能清楚地表达数据处理的要求。数据流图给出了系统的组成及其相互的关系,但未说明数据元素的含义。数据词典的任务就是对数据流图中出现的所有数据元素给出明确定义。它使数据流图上的数据流名字、加工名字和文件名字具有确切的解释。

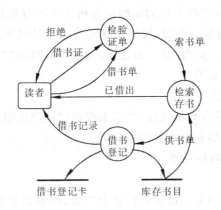

图 6.8 一个具体的数据流图

所有名字按词条给出定义。全体定义式就构成了数据词典。

通常在数据词典的定义式中,出现的符号可能有以下几个:

符 号	含 义	例 子	说 明
=	被定义为		
+	与	X=a+b	X 由 a 和 b 组成
..	连接符	X=a..b	X 可取 a 至 b 的任一值
[......,...]	或	X=[a,b]	X 由 a 或 b 组成
[...|...]	或	X=[a|b]	X 由 a 或 b 组成
{...}	花括号内元素可重复出现	X={a}	X 由零次或多次重复的 a 组成
(...)	圆括号内元素可出现也可不出现	X=(a)	a 可在 X 中出现,也可能不出现
"..."	引号内为基本数据元素	X="a"	X 为值 a 的基本数据元素,即 a 无需进一步定义

对应图 6.8 的数据词典如下:

借书证=证号+单位+姓名+年龄+职务+[证章|密码]

借书单=证号+姓名+1{书号+书名}5

索书单=借书单+可借标记

拒绝=[非法证|不合格单|证单不符]

已借出=索书单+已借出标记

供书单=证号+姓名+1{书号+书名+[可供标记|已借出标记]}5

借书记录=借书单+还书日期

库存书目={书号+书名+作者+出版社+出版年代+库存总数+借出册数}

借书登记卡={借书日期+供书单}

如果需要,应对以上 9 个定义式中右端名字进一步给出第二层定义词条,直到基本元素。

2. 结构化设计方法

结构化设计方法(structured design,简称 SD)最早由 IBM 公司提出,是由自顶向下的软件系统总体设计思想发展而成的。利用该方法可以从数据流图向系统结构图进行转换,因而可以和需求分析阶段所采用的结构化分析方法很好地衔接。在概要设计阶段划分程序模块时,根据 SD 的基本思想,使用试探的方法解决块间联系和块内联系的问题,可以逐步取得较好的结果。此外,这一方法还能和编码阶段的"结构化程序设计"相适应,因而受到软件开发人员的欢迎。

（1）结构化设计方法的步骤

首先研究、分析以及审查数据流图,然后根据数据流图决定问题的类型。数据处理问题的典型程序结构有变换型和事务处理型两类。

（2）数据处理问题的两种类型

① 变换型

变换型数据处理问题的工作过程大致分为三步,即取得数据、变换数据和给出数据。其中变换数据是数据处理过程的核心,整个处理基本上围绕它来进行(图 6.9)。

图 6.9　变换型问题示意图

相应地,这类系统的典型软件结构如图 6.10 所示。

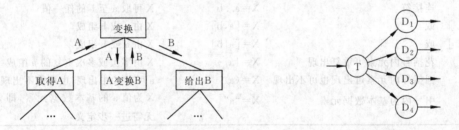

图 6.10　变换型问题的系统结构图　　**图 6.11　事务处理型问题示意图**

② 事务处理型

事务处理型问题通常是在接受一项事务后,根据该事务的特点和性质,选择分派给一个适当的处理单元,然后给出结果。完成选择分派的这部分常称为事务中心,或分派部件,这种事务型数据处理问题的数据流图可用图 6.11 来表示。其中,输入数据在事务中心 T 处作出选择,$D_1 \sim D_4$ 是并列的、供选择的事务处理加工。

对应于事务处理型问题的程序结构如图 6.12 所示。第二层的最左和最右模块分别负责数据的输入和输出,中间的 n 个模块是并列的,依赖于一定的选择条件,分别完成不同的事务处理。

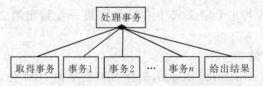

图 6.12　事务型问题的系统结构图

（3）从数据流图导出初始结构图

利用结构化设计方法，可以从数据流图导出结构图。

① 变换型问题

对变换型问题数据流图的分析，主要是找到其中心变换，这是从数据流图导出结构图的关键。

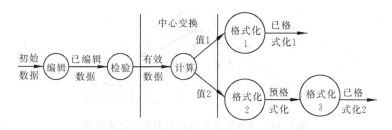

图 6.13　变换型问题的数据流图示例

分析图 6.13 这个数据流图我们看到，其中的"计算"是数据处理的核心部分。它左边的"编辑"和"检验"均为给"计算"作准备的预变换。中心变换以右的部分均为给计算值作格式化处理的后变换。找到中心变换，便可确定结构图的顶层模块，接着继续分析数据流图的其他部分，逐步地自顶向下建立结构图的其他模块，如图 6.14 所示。

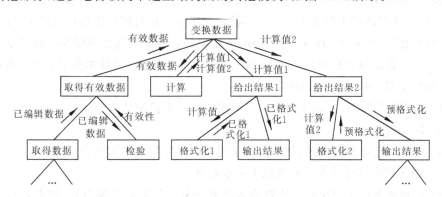

图 6.14　变换型问题数据流图的相应系统结构图

② 事务处理型问题

与变换型问题类似，导出结构图也需从分析数据流图开始，自顶向下地设计结构图。以图 6.15 的数据流图为例。图中取得事务 A 后，按某一条件将其分派，完成 L,M 或 N 的处理，最后经 O 输出。

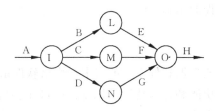

图 6.15　事务处理型问题的数据流图示例

在设计结构图时，首先建立主模块 P 代表整个加工，然后考虑第二层模块。第二层模块只能是三类：取得事务(S)、变换事务(T)及给出结果(S)。该数据流图的三个加工 L，M 和 N 是并列的，它们的工作应由变换事务的模块来完成，因而在主模块的下沿以菱形引出三模块，分别完成 L，M 和 N 的工作，在它们的左右两边则是对应于加工 I 和 O 的"取得 A"模块和"给出 H"模块，如图 6.16 所示。

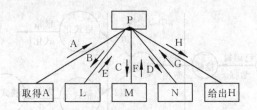

图 6.16　事务处理型问题的相应系统结构图

有些实际问题也许不完全属于变换型或是事务处理型的，而很可能是两者结合。对这样的问题，可以结合使用变换型和事务处理型的处理方法。

3. 结构化编程方法

在 20 世纪五六十年代，软件人员在编程时常常大量使用 GOTO 语句，使得程序结构非常混乱。结构化程序设计的概念最早由荷兰科学家 E. W. Dijkstra 提出。1965 年他就指出"可以从高级语言中取消 GOTO 语句"，"程序的质量与程序中所包含的 GOTO 语句的数量成反比"。1966 年，Bohm 和 Jacopini 证明，只用顺序、选择和循环三种基本的控制结构就能实现任何单入口单出口的程序。这为结构化程序设计技术奠定了理论基础。

结构化编程(SP)主要包括两个方面：

(1) 在代码编写时，强调采用单入口单出口的基本控制结构(顺序、选择、循环)，避免使用 GOTO 语句。

(2) 在软件设计和实现过程中，提倡采用自顶向下和逐步细化的原则。

使用结构程序设计技术主要有以下一些好处：

(1) 自顶向下逐步细化的方法符合人类解决复杂问题的普遍规律，因此可以显著提高软件开发工程的成功率和生产率。

(2) 结构化程序有清晰的层次结构，易于阅读和理解。

(3) 使用单入口单出口的控制结构而不使用 GOTO 语句，使得程序逻辑结构清晰，易读易懂易测试，容易保证程序的正确性。

早期的程序设计语言都是非结构化的，而现在几乎所有的程序设计语言都是结构化的语言。它们是结构化编程的基础。

6.3.2　快速原型方法

快速原型方法是迅速地根据软件系统的需求产生出软件系统的一个原型的过程。该原型要表现出目标系统的功能和行为特性。原型法打破了传统的自顶向下开发模式，是目前比较流行的实用开发模式之一。

1. 为什么采用原型法

原因 1：并非所有需求都能预先定义

用户对其目标和需求最初只有模糊笼统的认识，许多细节并不清楚。为了证实和细化他们的设想，往往需要经过在某个已有系统上持续不断的学习和实践的过程。当人们实地观察和使用了目标系统以后，常会改变原来的某些想法，对系统提出一些新的需求，以便使系统更加符合他们的需要。因此，最好的预先定义技术也会经历反复。然而按照传统的自顶向下开发模式，后期需求变化的代价极高，甚至可能导致失败。

原因 2：项目参加者之间存在通信障碍

大型软件的开发需要系统分析员、软件工程师、程序员、经理、用户等众多的各类人员的协同配合和一致努力，因此良好的通信和相互理解对于保证工程成功至关重要。传统的预先定义方法使用适当的文档，可以做到项目参加者之间清晰、准确、有效的沟通，但是，各种文档本质上都是被动、静止的通信工具，要通过它们来深刻理解一个动态系统是有困难的。

原因 3：目前存在建造快速原型的工具

通用的超高级语言是快速建造大型软件系统的基本工具，此外还有一些通用的软件工具，以及能把某种形式的需求说明转变成可执行程序的专用软件工具。虽然建造原型要额外花费一些成本，但是，利用原型可以尽早获得更正确更完整的需求，从而可提高软件质量，减少测试和调试的工作量。因此，快速原型法如果使用得当，反而能减少软件的总成本。

2. 实现原型的一般途径

建立原型的目的不同，实现原型的途径也有所不同。通常有下述三种类型：

（1）用于验证软件需求的原型

系统分析员确定了软件需求之后，从中选出某些应着重验证的功能（或性能），用适当的工具快速构造出可运行的原型系统，由用户来试用和评估。

通常，这类原型所实现的功能与最终产品的功能是有差别的，这类原型往往用后就丢掉，因此构造它们所用的工具不必与目标系统的生产环境集成在一起，通常使用简洁而易于修改的超高级语言对原型进行编码。

（2）用于验证设计方案的原型

在总体设计或详细设计的过程中，用原型来验证总体结构或某些关键算法。如果验证完设计方案之后就弃掉，则构造原型所用的工具不必与目标系统的生产环境集成在一起。

（3）用于演进成目标系统的原型

经过初步分析获得一组基本的需求后，就快速地用原型加以实现，作为沟通各方的基础和实践的场所。随着用户和开发人员对系统的理解逐渐加深，不断对原型进行修改和扩充，直到用户满意为止。这种方法力图用正常的迭代来避免不正常的反复。

6.3.3　面向对象方法（OO）

自 20 世纪 80 年代以来，面向对象的方法与技术已受到计算机领域的专家、学者、研究人员和工程技术人员越来越广泛的重视。80 年代中期相继出现了一系列描述能力较强、执行效率较高的面向对象的编程语言,标志着面向对象的方法与技术开始走向实用。90年代,一个意义更为深远的动向是:面向对象的方法与技术向着软件生命期的前期阶段发展,即人们对面向对象方法的研究与运用,不再局限于编程阶段,而是从系统分析和系统设计阶段就开始采用面向对象方法,先后产生了面向对象编程(OOP)、面向对象分析(OOA)和面向对象设计(OOD),这标志着面向对象方法已经发展成一种完整的方法论和系统化的技术体系。

1. 面向对象方法的产生

传统的结构化分析设计方法,从SA,SD到SP,虽然经过二三十年的使用和改进证明是成功的,但是它并不总是有效的,在系统需求多变的情况下,甚至难以实行。事实上,系统的需求总是处于不断变化之中。传统的方法需要在一个特定的时间点上人为地强行冻结系统需求,但是真正的需求,即所需要的系统,将不断变化。因此,需要设计对变化有弹性的系统。

传统的方法主要是面向过程的,也就是在分析设计时更多地从过程处理的角度进行。系统框架结构,系统模块的划分、设计都是基于系统所实现的功能,而功能是系统中最易变的部分。这样,如果系统需求发生一些变化(例如需要改进某些功能或者扩充某些新的功能),系统的结构就会受到破坏。

在实际系统中,最稳定的部分是系统对象,它们直接描述问题域。例如,对一个航空控制系统,无论它是简单的或是复杂的,人们都是用同样的一些基本对象来进行分析,如"飞机"、"航线"、"交通控制"等,只不过对象的属性或功能不同而已。较复杂的系统将为每个对象类定义一些更复杂的功能(如"飞机"对象类中增加自动跟踪功能)或者增加一些新的对象类(如"雷达"),但是系统的核心部分(问题域中的对象)即使在系统功能范围发生重大变化的情况下,仍保持不变。所以,面向对象的系统能够有效提高系统结构的稳定性。

此外,传统的结构化分析和设计方法中存在迥然不同的表示方法。例如在分析阶段采用DFD表示,而在设计阶段采用结构图的表示方法。多年以来,专业人员在分析和设计过程中一直受到基本表示法变换的困扰。而在面向对象方法中,从分析(OOA)、设计(OOD)到编程实现(OOP)采用的都是同样的表示方法。

2. 面向对象方法的优点

与传统的结构化方法相比,面向对象方法有比较明显的优点,表现在:

(1) 可重用性 继承是面向对象方法的一个重要机制。用面向对象方法设计的系统的基本对象类可以被其他新系统重用。通常这是通过一个包含类和子类层次结构的类库来实现的。面向对象方法通过从一个项目向另一个项目提供一些重用类而能显著提高生产率。

(2) 可维护性 通过面向对象方法构造的系统由于建立在系统对象类的基础上,结构比较稳定。当系统的功能要求扩充或改善时,可以在保持系统结构不变的情况下进行维护。因此,系统的可维护性比传统方法开发的系统要好。

(3) 表示方法的一致性 面向对象方法在系统的整个开发过程中,从OOA到OOD,直到OOP,采用一致的表示方法,从而加强了分析、设计和编程之间的内在一致性,并且改善了用户、分析员、设计员以及程序员之间的信息交流。此外,这种一致的表示方法,使得分析、设计的结果很容易向编程转换,对计算机辅助软件工程(CASE)的发展具有重要影响。

3. 面向对象方法的基本概念

面向对象的方法给软件工程带来了蓬勃生机,不啻是一次革命。面向对象方法的本质,是强调从客观世界中固有的事物出发来构造系统;用人类在现实生活中常用的思维方式来认识、理解和描述客观事物;强调最终建立的系统能够反映问题域,即系统中的对象以及对象之间的关系能如实反映问题域中固有事物及其联系。面向对象方法主要包括面向对象分析(OOA)、面向对象设计(OOD)和面向对象编程(OOP)。

面向对象方法采用统一的基本表示框架,它既可用于分析,也可用于设计和编程。下面是面向对象的一些基本概念。

对象(object): 客观世界是由实体及实体间的联系组成的。我们把客观世界的实体称为问题空间的对象。例如一本书,一辆车都是一个对象,在 OO 方法中,问题空间的对象被映射为计算机实体(称为解空间的对象)。解空间的对象由数据和其上的操作组成,分别称为属性和方法。

类(class): 类描述的是具有相似性质的一组对象。例如,每本具体的书是一个对象,而这些具体的书都有共同的性质(功能、形状等),它们都属于更一般的概念"书"这一类对象。一个具体对象则称为类的实例(instance)。

方法(method): 允许作用于某个对象上的各种操作。

消息(message): 用来请求对象执行某一处理或回答某些信息的要求。

继承(inheritance): 表示类之间的相似性的机制。如果类 X 继承类 Y,则 X 为 Y 的子类,Y 为 X 的父类(超类)。例如,"车"是一类对象,"小轿车"、"卡车"、"大客车"都继承了"车"类的性质,因而是"车"的子类。

封装(encapsulation): 是一种信息隐蔽技术,目的在于将对象的使用者和对象的设计者分开。用户只能见到对象封装界面上的信息,不必知道实现的细节。封装一方面通过数据抽象,把相关的信息结合在一起,另一方面简化了接口。

4. 面向对象的分析和设计方法简介

从 20 世纪 80 年代末期开始,国际上许多学者提出了不少面向对象的系统模型和表示方法,彼此有相同的地方,同时又存在差异。目前对面向对象的研究逐渐形成了三大主要流派,即 Peter Coad 和 Edward Yourdon 提出的面向对象的分析与设计"OOA&OOD",James Rumbaugh 等提出的对象建模技术"OMT"以及 Booch 提出的面向对象设计"OOD"。其中 Coad 和 Yourdon 的"OOA&OOD"被认为是比较有影响的方法。其主要优点是:理论体系比较完善,具有坚实的实践基础;系统模型结构合理;表示方法和实施策略简明清晰,具有很强的可操作性。

下面简要介绍 Coad 和 Yourdon 的 OOA 和 OOD 方法。

OOA 是针对问题域和系统责任的,不考虑与系统实现有关的因素。OOA 模型由 5 个层次构成,即类及对象层、结构层、主题层、属性层和服务层。构造 OOA 模型的方法是:

(1) 发现对象及类 首先找出问题域中的对象及类。

(2) 识别结构 结构指的是类之间的关系,可分为一般-特殊结构和整体-部分结构。

一般-特殊结构反映的是类之间的继承关系,例如一般类"机动车"和特殊类"货车";整体-部分结构反映的是类之间的集合关系,例如整辆机动车和发动机。

(3) 区分主题 主题表示的是类的划分。不同的类属于不同的主题。主题的划分在于方便读者(分析员或用户)了解一个大的、复杂的模型机制,有助于组织工作分工。

(4) 定义属性 属性是一些数据,类中的每个对象都有它自己的属性值。要为所有的类定义它们的属性。实例连接表示一个对象需要其他对象的某些状态信息。

(5) 定义服务 服务就是对象提供的或所能完成的操作(在一般的 OO 术语中,称之为方法)。与服务有关的一个概念就是消息连接。消息连接表示一个对象为了完成服务需要什么信息。

图 6.17 是 OOA&OOD 的表示符号。

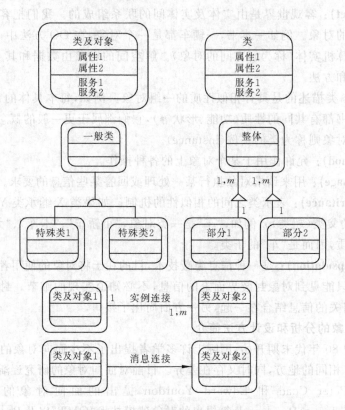

图 6.17 OOA/OOD 模型基本符号

OOA 活动识别并且定义直接反映问题域的类和对象。OOD 活动则识别并且定义为实现这个系统所需添加的类和对象,它们反映系统需求的一个具体实现。OOD 模型由问题域、人机交互、任务管理和数据管理四个部分构成。OOD 模型中的问题域部分就是OOA 的分析结果。图 6.18 描述了 OOD 模型结构。

在 OOD 模型中,人机交互部分包括有效的人机交互所需的显示和输入对象和类。例如,类应该包括"窗口"、"菜单"、"图标"和"工具条"等图形界面类。

任务管理部分包括任务的定义、通信和协调。在实际系统中,经常需要多任务并行处

图 6.18　OOD 模型

理,设立一个有效的任务管理部分往往有助于简化系统设计和代码。

数据管理部分提供了存储和检索对象的基本结构,旨在隔离具体的数据管理方案,无论是基于文件的管理、关系型数据库或是面向对象的数据库管理。

在 OOD 模型的每个部分同样分为 5 个层次,即识别类和对象、识别结构、区分主题、定义属性和定义服务。每个部分都是按类似 OOA 的活动步骤进行,这样,OOD 和 OOA 的表示法完全统一起来。

关于 OOA&OOD 的详细论述,请参考文献[4]。限于篇幅,这里不作具体介绍。

6.4　软件开发管理技术

6.4.1　质量管理

不论什么产品,质量都是极端重要的。软件与其他任何产品一样,产品的价值取决于它的质量。软件产品生产周期长,耗资巨大,更要特别注意保证质量,确保系统开发成功。那么,什么是软件产品的质量呢? 如何在开发过程中保证软件的质量呢?

1. 软件质量

目前人们对软件开发项目提出的要求,往往只强调系统必须完成的功能、应该遵循的进度计划以及生产这个系统花费的成本,却很少注意在整个生存周期中软件系统应该具备的其他一些质量标准,例如可维护性等。这种做法的后果是,许多系统的维护费用非常高,为了把系统移植到另外的环境中,或者使系统和其他系统配合使用(接口),都必须付出很高的代价。虽然软件质量是难于定量度量的软件属性,但是仍然能够提出许多重要的软件质量指标(其中绝大多数目前还处于定性度量阶段)。

国际标准化组织(ISO)于 1985 年提出了一个质量度量模型。它由高、中、低三个层次组成,并对高、中层建立了国际标准,低层由用户自行制定。下面简要介绍其高层模型。在这个高层模型中,质量因素由 8 个元素组成,即

- 正确性:程序满足规范书及完成用户目标的程度。
- 可靠性:程序在所需精度下完成其功能的期望程度。
- 效率:软件完成其功能所需的资源。
- 安全性:对未经许可人员接近软件或数据所施加的控制程度。
- 可使用性:人员学习操作软件、准备输入和解释输出所需的努力。
- 可维护性:在需求变更时,更改软件或弥补软件缺陷的容易程度。
- 灵活性:改变一个操作程序所需的努力。

- 连接性：与其他系统耦合所需的努力。

2．质量保证

为了在软件开发过程中保证软件的质量，主要采取下述措施：

（1）技术审查

审查就是在软件生存周期每个阶段结束之前，都正式使用结束标准对该阶段生产出的软件配置成分进行严格的技术审查。审查小组通常由四人组成，包括组长、作者和两名评审员。组长负责组织和领导技术审查；作者是开发文档或程序的人；两名评审员提出技术评论。建议评审员由和评审结果利害攸关的人担任（例如，承担生存周期下一阶段开发任务的小组的成员）。

一般说来，至少在生存周期每个阶段结束之前，应该进行一次正式的审查，某些阶段可能需要进行多次审查。有时还需要复查。复查即是检查已有的材料，以断定特定阶段的工作是否能够开始或继续。每个阶段开始时的复查，是为了肯定前一个阶段结束时确实进行了认真的审查，已经具备了开始当前阶段工作所必需的条件。

（2）管理复审

管理复审指的是向开发组织或使用部门的管理人员，提供有关项目的总体状况、成本和进度等方面的情况，以便他们从管理角度对开发工作进行审查。

（3）测试

正如我们在软件生存期中强调软件测试一样，测试是保证软件质量的一个主要手段。有效的测试能发现软件中的隐藏错误。

6.4.2　计划管理

对软件项目的有效管理取决于对项目的全面的精心计划。根据美国联邦政府的调查统计，因软件计划不周而造成的项目失败数占失败总数的一半以上。制订计划时应该预见到可能发生的问题，并且预先准备好可能的解决办法。下面讨论的计划适用于大型软件系统，这样的系统需要多个小组同时参加工作，在给定的时间内完成项目开发任务。

为大型软件开发项目所制定的计划应包括下列基本内容：

（1）阶段计划　详细说明每个阶段应该完成的日期，并且指出不同阶段可以互相重叠的时间等等。

（2）组织计划　规定从事这个开发项目的每个小组的具体责任。

（3）测试计划　概述应进行的测试和需要的工具，以及完成系统测试的过程和分工。

（4）变动控制计划　确定在系统开发过程中需求变动时的管理控制机制。

（5）文档计划　目的是定义和管理与项目有关的文档。

（6）培训计划　培训从事开发工作的程序员和使用系统的用户的计划。

（7）复审和报告计划　讨论如何报告项目的状况，并且确定对项目进展情况进行正式复审的计划。

（8）安装和运行计划　描述在用户现场安装该系统的过程。

（9）资源和配置计划　概述按开发进度、阶段和合同规定应该交付的系统配置成分。

软件开发的组织工作非常复杂，对大型的软件开发项目来说，更是如此。如何控制项目的开发进度,是项目管理的重要内容。一般采用图式方法来表示项目计划的进度,如甘特图和 PERT 图(项目计划评审方法)。

6.4.3 人员管理

参加软件开发的人员如何组织起来,使他们发挥最大的工作效率,对成功地完成软件项目极为重要。开发组织采取的形式要针对开发项目的特点来决定,同时也和参加工作的人员素质有关。

1. 组织原则

(1) 尽早落实责任 在软件开发项目工作的开始,就要尽早指定专人负责,使其有权进行管理,并对任务的完成负责。

(2) 减少接口 开发过程中,人员之间的联系是必不可少的。但是,如果人际联系太多,很多时间和人力将会花在人员联系上,从而导致工作效率降低。

2. 组织结构模式

通常有三种组织结构的模式可供选择:

(1) 按课题划分 把软件开发人员按课题组成小组,小组成员自始至终完成课题的全部任务。

(2) 按职能划分 参加工作的软件开发人员按任务的工作阶段分成若干专业小组,如分别建立计划组、需求分析组、软件设计组、实现组、系统测试组、质量保证组和维护组。采用这种模式,使小组之间的联系接口要比第一种模式多,但有利于软件人员熟悉小组的工作,进而成为这方面的专家。

(3) 矩阵模式 将上述两种结构结合起来就成为矩阵模式,即一方面按工作性质成立一些专门组,另一方面每个项目又有它的管理人员负责管理。

3. 开发小组内部形式

小组内部人员的不同组织形式对工作也会带来影响。有两种主要形式:

(1) 民主制 小组成员处于平等地位,组员之间平等地相互交换意见。在这种组织形式内,成员能互相学习,并形成一个良好的工作合作气氛。但有时也会因此削弱个人责任心和必要的权威作用。有人认为这种组织形式适合于研制周期长、难度较大的项目。日本大多采用这种形式的开发小组,取得较好效果。

(2) 主程序员制 主程序员制的小组设主程序员 1 人,程序员 3~5 人,有时还有资料员和其他人员。主程序员负责设计并实现项目中的关键部分,对主要的技术问题作出决定,并给程序员分配工作;程序员承担编写代码和文档资料,完成单元测试工作;资料员负责维护程序清单、文档资料、测试计划等。

主程序员制突出了主程序员的领导作用。主程序员的技术水平和管理能力对小组工作效果具有决定性影响。主程序员制最早由美国 IBM 公司在 20 世纪 70 年代初期开始采用,后来取得巨大成功,从而引起了人们的普遍重视。

6.4.4 文档管理

文档是软件工程中的一个重要概念。文档编写是软件开发过程中的一项重要工作。

没有文档的软件，谈不上为软件产品。软件文档的编制在软件开发工作中占有突出的地位和相当的工作量。

文档在软件开发人员、软件管理人员、维护人员、用户以及计算机之间起着桥梁的作用。软件开发人员在各个阶段以文档作为前阶段工作成果的体现和后阶段工作的依据；软件开发过程中，软件开发人员需制定一些工作计划或工作报告，这些计划和报告都要提供给管理人员，以得到必要的支持；管理人员则可通过这些文档了解软件开发项目安排、进度、资源使用和阶段成果等；软件开发人员需为用户提供软件使用、维护的详细资料。

1. 软件文档类型

软件文档大体包括以下十种：

（1）可行性研究报告　说明该软件开发项目的实现在技术上、经济上和社会因素上的可行性，评述为了合理地达到开发目标可供选择的各种方案，说明并论证所选方案的理由。

（2）项目开发计划　为软件项目实施方案制定出具体的计划，应该包括各部分工作的负责人员、开发的进度、经费预算、所需的硬件和软件资源等。项目开发计划应提供给管理部门，并作为开发阶段评审的参考。

（3）软件需求说明书　对预计开发软件的功能、性能、用户界面及运行环境等作出详细的说明。它是用户与开发人员双方对软件需求取得共同理解基础上达成的协议，也是实施开发工作的基础。

（4）概要设计说明书　它是概要设计阶段的工作成果。应说明功能分配、模块划分、程序的总体结构、输入输出以及接口设计、运行设计、主要数据结构设计和错误处理设计，为详细设计奠定基础。

（5）详细设计说明书　着重描述每一个模块是怎样实现的，包括实现算法和逻辑流程等。

（6）用户操作手册　详细描述软件的功能、性能和用户界面，如何使用软件等具体细节。

（7）测试计划　应包括测试的内容、进度、条件、人员、测试用例的选择原则、测试结构允许的偏差等。

（8）测试报告　对测试结构加以分析，并提出测试的结论意见。

（9）开发进度月报　软件人员按月向管理部门提交项目进展情况报告。报告应包括进度计划与实际执行情况的比较、阶段成果、遇到的问题和解决的办法以及下个月的打算等。

（10）项目开发总结报告　软件项目开发完成以后，应与项目实施计划对照，总结实际执行的情况，如进度、成果、资源利用、成本和投入的人力。此外还需对开发工作作出评价，总结出经验和教训。

2. 文档编制的质量要求

高质量的文档应当具备：

· 针对性　文档编制应分清读者对象，按不同的类型、不同层次的读者，决定怎样适应它们的要求。

- 精确性 文档的行文应当十分确切，不能出现多义性的描述。
- 清晰性 文档编写应力求简明，有时配以合适的图表可增强清晰性。
- 完整性 任何一个文档都应当是完整的、独立的，它应自成体系。例如，前言部分应作一般性介绍，正文给出中心内容，必要时还有附录。

3. 文档的管理和维护

在整个软件生存期中，各种文档会不断生成、修改或补充。为了得到高质量的产品，必须加强对文档的管理。

软件开发小组应设一位文档保管人员，负责集中保管本项目已有文档的两套主文本。在新文档取代了旧文档时，管理人员应及时注销旧文档。在文档内容有变动时，管理人员应随时修订主文本，使其及时反映更新了的内容。

习　题

6.1　简要回答下列问题：

(1) 软件生存周期为什么要划分成阶段？应怎样来划分阶段？在软件开发过程中，为什么要强调文档编写？

(2) 什么是模块的内聚和耦合？它们与软件的可移植性、软件结构有什么关系？

(3) 什么是黑盒测试和白盒测试？应该由软件开发者还是用户来进行确认测试？为什么？

(4) 软件的可维护性与哪些因素有关？在软件开发过程中应采取什么措施才能提高软件产品的可维护性？

(5) 软件质量与哪些因素有关？怎样保证软件产品质量？

(6) 面向对象方法与结构化生命周期法有什么区别？面向对象方法的基本原则是什么？

6.2　某航空公司拟开发一个机票预定系统。只要把预定机票的旅客信息（姓名、性别、身份证号、联系电话、旅行时间、旅行目的地等）输入到系统中，系统将为旅客安排航班，并输出取票通知和账单。旅客在飞机起飞前 48 小时凭取票通知和账单交款取票，系统校对无误即印出机票给旅客。请按软件工程方法设计该系统，要求：

(1) 写出系统可行性分析报告；

(2) 写出系统需求分析说明书，用数据流图描绘系统功能需求；

(3) 用结构化设计方法设计系统的软件结构，并用层次图表示；

(4) 完成系统详细设计，用盒图、PAD 图或 PDL 语言表达设计结果。

6.3　某大学拟开发一个住房管理系统。要求具有分房、调房、退房和查询统计等功能。房产科把用户申请表输入到系统以后，系统首先检查申请表的合法性，对不合法的申请系统拒绝接受；对合法申请则根据类型分别进行处理。

如果是分房申请，则根据申请者的情况（年龄、工龄、职称、职务、学历、家庭人口等）计算其分数，当分数高于阈值分数时，按分数高低将申请单插入到分房队列中。每月进行一次住房分配。首先从空房文件中读入空房信息（房号、面积、等级、房租等），把空房优先分配给分房队列前面的符合该等级住房条件的申请者。从空房文件中删除这个房号信息,从分房队列中删除该申请单,并将此房号信息和住户信息登记到住房文件中。最后输出住房分配单给住户。

如果是退房申请,则从住房文件中删除该信息,并把该房号信息写到空房文件中。

如果是调房申请,则根据申请者的情况确定其住房等级,然后在空房文件中查找属于该等级的空房,如果有该类空房,则先退掉原住房,再进行与分房类似的处理;如果目前没有该类空房,则暂缓处理。

住户可向系统询问目前分房的阈值分数,居住某类房屋的条件,自己的分数等等。系统可以输出住房情况的统计表,或更改某类房屋的居住条件、房租等。

请按软件工程方法设计该系统。要求同习题 6.2。

参 考 文 献

1. 郑人杰. 实用软件工程. 北京:清华大学出版社,1991
2. 张海藩. 软件工程导论(修订版). 北京:清华大学出版社,1992
3. 何培民. 软件开发指南. 北京:清华大学出版社,1991
4. Peter Coad,Edward Yourdon 著,邵维忠等译. 面向对象设计. 北京:北京大学出版社,1994
5. 罗晓沛等. 系统分析员教程. 北京:清华大学出版社,1992

第7章 管理信息系统

7.1 概述

7.1.1 什么是管理信息系统

在社会高度信息化的今天,在国内外市场经济的激烈竞争中,各类企事业单位如何高效地收集和利用信息资源,将是它们获得生存的关键。因此需要建立一个理想的、实用的信息管理系统,能及时、准确和全面地收集、管理和提供各类有用信息,支持各个层次管理人员作出正确的决策,寻求在竞争中取得优势,以达到提高经济效益的目的。

随着计算机应用的高速发展,管理信息系统(management information systems,简称MIS)作为经济管理工具已是目前国民经济领域中最基本的计算机应用系统。它为进一步开展以宏观经济管理决策为目标的决策支持系统提供了充分的技术基础。

对管理信息系统较完整的定义出现于 20 世纪 80 年代,由美国明尼苏达大学 Gordon B. Davis 提出:"它是一个利用计算机硬件和软件,手工作业,分析、计划、控制和决策模型,以及数据库的人机系统。它能提供信息,支持企业或组织的运行、管理和决策功能。"这一定义说明计算机只是管理信息系统的一种工具。并且说明它不只是一个技术系统,而是把人包括在内的人机系统,因而它是个社会系统。

图 7.1 是管理信息系统的示意图。由图可见,它的最下层是业务处理系统;信息报告

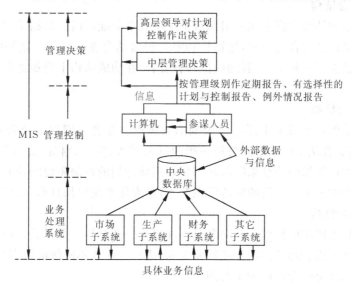

图 7.1 管理信息系统示意图

系统从业务处理系统的数据库中提取数据,按管理级别作出定期报告和例外报告,起管理控制作用;决策支持系统为管理的各个层次提供决策支持。

管理信息系统的特点可以归纳为:

(1) 具有集中统一的数据库。

(2) 利用数学模型分析数据、辅助决策。

(3) 有预测和控制能力。

(4) 面向决策。

管理信息系统是一门新的学科,它引用其他学科如管理科学与工程、经济理论、统计学、运筹学以及计算机科学等许多学科的概念和方法,成为一门综合性、边缘性学科。这一学科的三要素是:系统的观点、数学的方法和计算机的应用。

7.1.2 管理信息系统的结构

管理信息系统的结构是指管理信息系统各个组成部分之间相互关系的总和,是信息收集和加工的体系。

管理信息系统的结构通常有以下几种构成原则。

1. 职能式结构

按照职能结构原则来组织管理信息系统,其每一个子系统一般只实现一种管理职能。这是一种最简单的结构形式。常见的管理职能有生产计划、供应、库存、销售、财务、人事、劳资和档案资料管理等。这种结构的特点是与管理职能平行,结构简明,子系统功能单一,容易与组织中的部门职能相对应,在管理信息系统发展的初始阶段,很受用户欢迎。其缺点是各个功能的优化常常导致整个系统总目标的劣化,而且当组织机构发生变化时,这种结构往往不容易调整。

2. 横向综合结构

横向综合结构是指把属于同一组织级别上的几个职能部门的数据予以综合。例如把工资和一般人事记录结合在一起,把销售和财务记录结合在一起等。这种结构的特点是组织结构和信息需要互相交织,管理职能有分有合,在功能结构上更加适合实际管理模式的需要。

3. 纵向综合结构

纵向综合结构是把属于不同组织级别的数据进行综合。例如一个公司下属几个工厂,这个系统可综合从工厂一级到公司一级的有关销售、生产、财务、物资等方面的数据,它使从事处理生产数据的信息系统与从事处理策略计划的控制系统结合起来。这种结构的特点是把组织中上下级部门的职能联系起来,从而使系统更加具有综合性和系统性。

4. 总的综合结构

这是一种把组织中的数据按横向和纵向加以综合的结构。如果系统的功能是把组织中某些同级或上下级管理部门的职能联系起来,进行同级或不同级的数据综合,则应采用综合结构。图 7.2 是综合结构的示意图。

一般说来,下层的系统数据处理量大,上层的系统数据处理量小,所以就组成了纵横交织的金字塔结构。

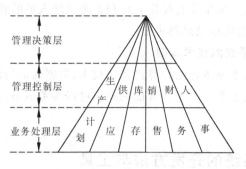

图 7.2 综合结构示意图

图 7.3 是一个由 8 个子系统组成的管理信息系统,其功能和数据关系复杂,涉及全厂各主要生产经营管理部门,是典型的综合结构形式。

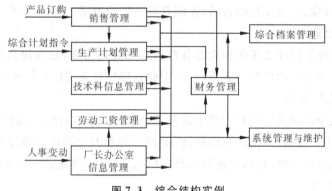

图 7.3 综合结构实例

7.1.3 建立管理信息系统的基础

建设(开发、管理、使用)管理信息系统是一项复杂的系统工程,要想在较短的时间内回收建设投资并取得较好的经济效益,更不是一件简单的事。这里不仅有系统设计、实施方面的技术因素,而且还有众多的社会因素,即认识问题和人才问题。

1. 建立管理信息系统的组织基础

(1) 关于认识问题 建立管理信息系统是为组织的管理服务的,其根本目的是要创造企业的经济效益。而经济效益应包括直接的经济效益和间接的经济效益两个方面,后者是指使管理体制趋于合理,管理手段现代化,提高管理方法效率,促进管理标准化以及引起管理劳动性质的变化等。因此间接的经济效益是获取长远直接经济效益的基础。

(2) 关于科学管理基础 为了建立管理信息系统,在组织中首先应有一定的科学管理基础。特别应通过组织内部的机制改革,明确组织管理模式,做到管理工作程序化,管理业务标准化,报表文件统一化和数据资料完整化、代码化。

(3) 关于人才问题 管理信息系统是一个人机系统,人的因素非常重要。人才问题反映在两个队伍的建设上。一个是系统开发队伍,另一个是系统管理队伍。目前系统开发任务还是由少数专业软件工作者完成,而系统管理队伍是指从事系统日常管理与维护的技术人员和管理人员。如果没有操作人员和系统管理人员的熟练技术和坚持不懈的努力,则将导致系统半途而废以及最终失败。

2. 建立管理信息系统的技术基础

管理信息系统的技术基础包括计算机系统技术、数据通信与计算机网络技术、文字信息处理技术和数据库技术等。关于这方面的知识可以参考本书前面的有关章节以及相应的参考文献。

7.2 管理信息系统的开发方法与工具

7.2.1 管理信息系统的开发原则

管理信息系统的开发是面向企事业管理的一项应用软件工程,为使开发工作顺利进行,并达到实用可靠、高效先进的目的,系统开发一般应遵循以下的原则。

1. 效益驱动原则

管理信息系统是以计算机代替大部分数据信息处理工作,从而提高信息利用率和工作效率。效益是企事业的生命与活力所在,因此管理信息系统应向管理要效益。

2. 实用可靠的原则

管理信息系统必须满足用户管理上的要求,既保证系统功能的正确可靠,又要方便实用,例如友好的用户界面,灵活的功能调度,简便的操作和完善的系统维护措施等。由于它是系统正常运转的基础,任何差错都将导致巨大的损失,因此必须稳定可靠。

3. 系统的原则

管理信息系统是一个综合信息管理的软件系统,它的整体功能是由许多子功能的有序组合而成的,它与管理活动和组织职能相互联系,相互协调。因此管理信息系统的开发过程中,必须十分注重其功能和数据上的整体性、系统性。在系统结构合理、可靠的前提下考虑系统的先进性。

4. 逐步完善、逐步发展开放性的原则

管理信息系统的建立不可能一开始就十分完善与先进。贪大求全,试图一步到位反而使系统研制周期过长,影响信心,增大风险。因此开发工作应先有一个总体规划,然后分步实施,在系统的功能结构及设备配置方案上,都要考虑到日后的扩充和可兼容性,以保证系统能平稳适应企事业发展变化出现的新需求。

5. 符合软件工程规范的原则

由于管理信息系统的开发是一项复杂的应用软件工程,因此必须按照软件工程的理论、方法和规范去组织和实施。无论采用哪一种开发方法,都必须注重软件工具的运用、文档资料的整理、阶段评审及项目管理工作。

7.2.2 管理信息系统的开发方法

目前管理信息系统开发的方法很多,在这里介绍较流行的生命周期法、原型法和生成法。

1. 生命周期法

生命周期法的依据是软件生存期的概念。一个管理信息系统从它的提出、开发应用到系统的更新，经历了从生长到消亡的过程，这个过程周而复始。

和其他应用软件一样，管理信息系统的生命周期包括 4 个阶段：

（1）系统调查与分析　对用户提出的初始要求进行调查、可行性分析、详细调查以及在分析的基础上建立系统的逻辑模型。

（2）系统设计　在系统调查与分析的基础上，对系统进行物理设计、总体设计、代码设计、输入输出设计、数据存储设计，并制定系统实施方案。

（3）系统实施与转换　按照实施方案对系统进行环境的配置、程序设计、调试、转换和系统验收，最后交付用户使用。

（4）系统管理与维护　包括系统投入正常运行后的管理、维护与评价。

图 7.4 表示系统生命周期各阶段的名称及它们之间的关系。

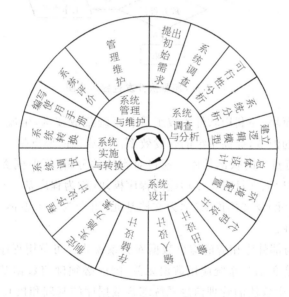

图 7.4　系统生命周期图

2. 原型法

由于人们对自己从事的工作以及计算机应用的认识有一个过程，随着系统开发的不断深入，会不断提出新的要求，这种需求的动态变化，用传统的生命周期法很难适应。原型法是从基本需求入手，快速构筑系统原型，通过原型确认需求并对原型进行改进，最终达到建立系统的目的。

图 7.5 是原型法的过程示意图。

3. 生成法

管理信息系统在不同的企事业单位应用，有很大的差别，但大量的开发实践经验表明，它们之中可以找到许多共同之处，把这些具有共同特征的事务管理加以综合，开发出

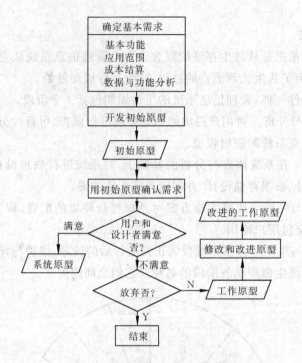

图 7.5 原型法开发过程示意图

一些可重用的程序模块,并利用软件生成工具和系统集成技术,生成一个新的系统,可以减少重复开发造成的浪费,提高系统的开发效率。生成法的要点是:

(1) 建立一个可重用的软部件库。通过对实体的分析,提取同类管理事务上的共同特征,编制一批通用性强又具有独立功能的程序模块(称为程序基元),再把它们与其相关的数据(称为数据基元)及文档说明(称为文档基元)组合为一个整体(部件),从而构成一个可重用的软部件库。

(2) 建立一个与部件库相应的综合数据库关系模式。可重用程序模块的特点是程序只和它的数据基元有关而与系统应用数据无关,因此必须确定数据基元与应用数据之间的关系,这也是基于生成法的管理信息系统综合数据库的基础和核心。

(3) 系统生成的机制。在以可重用软部件库和系统的综合数据库为后援的情况下,一个系统的生成必须经历系统描述、部件选取和系统集成的过程。这个过程通常是开发人员借助先进的开发方法、软件工具和生成系统去完成,其示意图见图 7.6。

系统的生成机制保证系统描述的准确性、无二义性、部件合成的一致性和完整性,并且允许用户自行开发程序模块并将它们合成在一起的灵活性。

生成法具有软件质量可靠、开发效率高、修改灵活性强的优点,但它要求对实体的理解和正确描述,需要有丰富的系统开发经验,因此要求开发人员有较高的思想、技术素质。

上述介绍的几种方法有各自的特点与使用场合,应根据实际情况选择合适的方法。这里提供几点参考意见:

(1) 系统的规模大、功能与数据关系复杂、开发周期比较长、适宜采用生命周期法;系

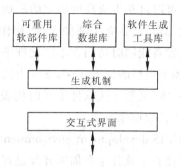

图 7.6　生成法示意图

统规模适中、需求的不确定性高,适宜采用原型法;系统规模小、复杂程度不高,适宜采用生成法。

（2）初次参与开发工作,开发经验不足的人员,适宜采用生命周期法;开发经验丰富的人员,可以考虑采用原型法;具有较好工作基础,并已有了一批开发实例的可采用生成法。

（3）用户人才队伍的技术水平、科学管理的基础、领导的重视程度等的各种环境条件都会影响到方法选择。

在实际开发中往往将各种方法互相渗透,综合使用。

7.2.3　管理信息系统的开发工具

随着经济建设的发展,社会对管理信息系统的需求越来越大,为提高管理信息系统的开发效率和质量,必须提高开发人员的素质、完善和发展软件工程方法学,并运用各种开发工具来建立良好的开发环境。近年来,不少数据库语言和程序设计语言系统都增加了系统开发和程序设计的工具集,以及商品化的管理信息系统生成器,这些极大地推动了管理信息系统的应用和发展。

管理信息系统的开发工具是为支持管理信息系统开发过程中各个阶段而研制的。它包括系统分析、设计、编码、测试、维护等工具和项目管理工具,一般可以分为三大类:

（1）各种文本或图形的编辑工具　例如各类文字编辑器、功能结构图编辑器、数据流图和数据字典编辑器等。

（2）生成型工具　例如协助开发人员生成编码、屏幕画面、菜单、报表格式以及文档资料的各类生成器。

（3）管理型工具　例如支持开发人员对项目进行管理的计划评审工具、进度管理工具、版本管理工具等。

随着计算机技术的发展和应用的需要,管理信息系统的开发工具正向着集成化、交互式图形表示、可视化和商品化方向发展。在这里我们着重提出基于第 4 代语言的开发工具。

第 4 代语言是非过程化语言,它使计算机操作人员不必过问怎样去编写程序,而是直接去描述所要完成的任务,至于怎么做,由计算机自动完成,因此第 4 代语言又称为"用户驱动语言"。应用第 4 代语言可以自动生成高度独立的模块,方便地从软件库中检索可用的模块,支持软件的可重用性,而且它独立于硬件平台、操作系统、网络环境、用户界面以及不同的数据源,使用户和开发者能同时访问在不同硬件平台、操作系统和网络环境上的多种数据库和文件。目前市场上销售的以 Lotus-1-2-3 为代表的电子表格软件包,集数据处理、表格统计、图形绘制为一体,是第 4 代软件工具的代表。Foxbase/Foxpro 等微机上流行的数据库语言已接近第 4 代数据库语言。

管理信息系统开发环境(MIS development environment,简称 MISDE)是近年来发展起来的一门技术,其目标在于使整个软件生命周期开发过程自动化。

MISDE 的构成见图 7.7。它主要由信息数据库、软部件库、工具库和交互式的人机界面组成。

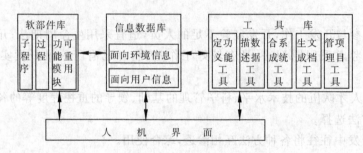

图 7.7 MISDE 的构成

1. 信息数据库

它由两类信息构成,一类是面向用户的信息,包括供用户参考用的知识性信息(如各种软件规范说明、文档格式、图示符号解释等)和为开发环境配置的服务信息(如软部件库目录、工具库清单等)。这些信息可以由用户通过人机界面直接存取与修改。另一类是面向环境的信息,包括支持各种软部件、工具和环境本身工作的基础信息,例如驱动软部件和工具运行的基础数据。这些信息由软部件库和工具库控制存取。

2. 软部件库

是指具有某种完整功能的程序段。它们可以是子程序、过程,或者是一个功能模块或相对固定的子系统。

软部件通常是面向用户的,但同时又包含对工具库的支持。它可以由用户根据需要进行调用、装载、组合等操作。

3. 工具库

它是一个实用程序库,由支持管理信息系统开发各阶段的单个工具组成(例如各种程序生成器、文档编辑器、报表格式生成器、菜单生成器和测试数据发生器等)。

4. 交互式人机界面

它是管理信息系统开发人员与开发环境之间的接口部件。它充分运用终端设备和具有强有力交互功能的屏幕显示技术、图形处理技术、窗口技术和菜单技术等,向用户提供一个友好的、以三库为基础的统一界面。

7.3 管理信息系统的开发步骤

7.3.1 管理信息系统开发应遵循的基本原则

管理信息系统的开发是一个长期而复杂的工作过程,它的各个工作环节,前后之间都存在内在的联系。不同的开发策略与方法对应的开发过程及侧重面也有所不同,例如生命周期法严格划分不同的阶段,强调阶段的完整性和开发的顺序性,而原型法则把它们溶合在开发周期的一个循环中反复进行。但不论采用哪种开发方法,都有其共同遵循的原则,在这里应强调下列几点:

(1) 开发过程必须划分阶段,规定各个阶段的任务、工作起点和终点以及应得到的结果。

(2) 开发过程中各个阶段首先要考虑全局的问题,即组成系统各大部分之间的联系,然后再考虑以下各层的问题,并遵守下层服从上层,局部服从整体的原则。

(3) 工作成果要成文,资料格式要标准化。

(4) 开发人员对系统的目标、功能、环境、费用、效益等重大问题必须进行充分的调查研究和判断,以获得最佳方案。

把上述观点集中到一起就是结构化系统分析和设计以及系统工程思想。它强调开发过程的阶段化、层次化和工程化。

管理信息系统既是一个复杂的应用软件系统,则必须遵照软件工程的开发规范和步骤。因此在后面具体步骤的介绍中,我们只着重介绍与开发管理信息系统有关的部分,其他与软件工程规定的要求、规范以及实现方法一致的部分,读者可参考第 6 章的相关部分。

管理信息系统的开发步骤主要分为:系统定义、系统设计和系统实施三个阶段。

7.3.2 系统定义

系统定义是从逻辑上对管理信息系统进行描述,是面向高层次、面向全局的系统需求分析。它着眼于高层次,也考虑控制层与操作层。系统定义的结果是得出整个系统的逻辑模型。

系统定义就是把管理信息系统的环境、目标、任务、资源及开发策略和方案等加以规定,并进行格式化描述。它又分为系统规划与系统分析两步。

1. 系统规划

系统规划要求在一个比较短的时间内对整个管理信息系统作出一个规划,包括定义系统的环境、目标、基本结构框架,给出系统可行性分析,在系统开发策略上作出决策。因此系统规划可看作高层次的系统分析。

(1) 定义系统环境

即调查并分析组织的概貌,确定管理信息系统是在什么环境下运行。它包括职能机构的调查,主要为了了解管理层次上职能部门的隶属关系。最后应绘制一张组织结构图,例如一个工厂的组织结构图如图7.8所示。

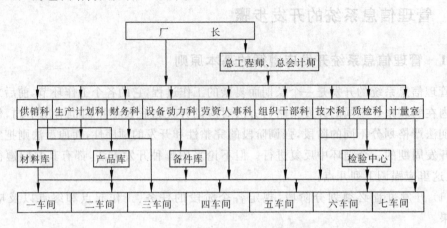

图7.8 某工厂的组织结构图

此外还应调查组织的资源情况,它包括地理资源、人员资源、生产过程的物料资源、物资供应与备品资源、设备资源及财务资金资源。通过对上述资源的调查可以掌握一个组织的主要生产经营和管理活动及对管理信息系统的主要功能与信息处理的要求,了解各职能部门及各管理层次之间的信息交换,各种基础数据种类,以确定管理信息系统资源分配策略。

(2)可行性研究

开发管理信息系统必须要有一定基础,在系统规划中应进行可行性研究,它包括:

① 系统可行性 从管理水平、人员素质、基础数据管理、计算机技术人员队伍等方面确定开发管理信息系统是否具备条件。

② 技术可行性 调查使用现有技术在现有系统环境下能否实现管理信息系统的目标要求。这些技术应包括管理信息系统开发方法与技术、网络技术、数据库技术及决策技术等。

除了应用现有技术来研究技术可行性外,还应根据系统长远目标与技术发展预测来评价上述技术可行性研究。

③ 经济可行性 主要包括系统费用估计、效益估计与效益/费用比分析。在效益估算中,从数量上估计经济效益不很容易,一般采用对比法或统计法,就是参考规模类似的成功系统的统计数字去估计,或用统计方法大致估算。在另一方面还需阐明管理信息系统在哪些方面改善决策环境,缩短决策周期,这是提高经济效益的巨大潜力所在。

系统规划结果应整理成书面形式,即可行性报告,它应包括下列内容:

(1)开发任务的提出,包括建立系统的背景、必要性和意义。

(2)系统的目标、功能和开发的进度要求。

(3)初步调查情况,包括系统的组织、现行系统概况、用户认识基础和资源条件等。

(4)初步实施方案,包括系统规模、组成和结构、投资数量与来源、人力投入及培训计划等。

(5)可行性研究,包括系统、技术、经济可行性分析。

2. 系统分析

系统规划是最高层次上的系统分析,而系统分析是从高到低各管理层次上的系统需求分析,是要具体回答系统干什么的问题。

项目的可行性一旦认定,系统开发就进入实质性阶段,要对系统进行详细调查,主要了解组织内部信息的处理和流通情况。它包括组织结构调查、事务处理调查和信息流程调查。系统分析为建立一个符合实际要求的逻辑模型并为系统设计工作打下良好基础。合理地运用图表工具对完成这部分工作十分重要。

系统分析主要由系统功能分析(子系统划分)、数据分析(数据逻辑模型)以及管理模型建立三部分工作组成。

(1) 功能分析

功能分析的主要任务是给出管理信息系统的结构框架。子系统的划分是在高层次上给出系统的结构设计,是系统自顶向下进行结构化分析的第一步,只有合理地划分子系统,进一步的系统分析才有基础,系统开发人员才能进行分工,从而进一步进行系统设计与开发。

在进行子系统划分工作前,要进行信息需求分析和过程需求分析工作。

① 信息需求分析

信息需求分析是识别系统中数据类及建立数据与职能部门之间的关系。

系统中的信息资源是与系统中的资源密不可分的。因为系统中各层管理都要涉及到资源管理。例如策略管理层是为系统的目标制定资源分配使用的策略规划;管理控制层的任务是确保资源的有效使用,而操作层则是具体实现数据资源的转换。

识别资源种类对于识别系统中数据类起着重要作用。系统的资源可以分为关键性资源与支持性资源两大类。关键性资源是指产品及服务资源(如产品销售)。支持性资源是为实现系统目标所必须使用或消耗的资源,如原材料、资金、人员等。对于一个工厂来讲,关键性信息资源是指有关生产管理的数据和信息,而支持性信息资源主要包括资金、劳资人事、设备材料等管理。对应图 7.8 所示工厂的信息资源分类如图 7.9 所示。

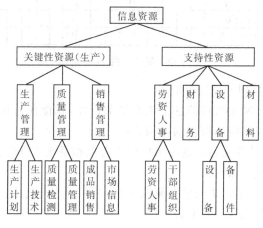

图 7.9 某工厂的资源分类

由图可以看出，如果把信息资源分类，再层层细分就可以得出数据的类别。

② 过程需求分析

过程是使数据转换状态或变为信息的操作。过程需求分析是要查明系统需要哪些处理过程，查明过程之间的数据流动，查明过程与使用这些过程的职能部门之间的关系，最后建立过程与职能部门之间的联系。

通过上述数据—职能部门与过程—职能部门的关系，可以得到数据—过程间的关系，称为数据类—过程类关联矩阵，又称 U/C 矩阵，例如一个工厂的 U/C 矩阵如图 7.10 所示。

过程 \ 数据类	客户	订货	产品	操作顺序	材料表	成本	零件规格	原材料库存	成品库存	职工	销售区域	财务	计划	机器负荷	材料供应	工作令
经营计划						U						U	C			
财务规划						U				U		U	U			
资产规模												C				
产品预测	C		U									U	U			
产品设计开发	U		C		C		C									
产品工艺			U		C		U	U								
库存控制								C	C						U	U
调度			U											U		C
生产能力计划				U										C	U	
材料需求			U		U										C	
操作顺序				C										U	U	U
销售区域管理	C	U	U													
销售	U	U	U								C					
订货服务	U	C	U													
发运		U	U							U						
通用会计	U		U									U				
成本会计		U				C										
人员计划										C						
人员招聘、考核										U						

图 7.10　某工厂的 U/C 矩阵

U/C 矩阵为子系统划分作好了准备。

划分子系统是为了减小管理信息系统的复杂程度，就像在系统工程中对大系统进行解耦分解一样。划分子系统应遵循的准则是：

· 适应性　每个子系统必须适应用户整体需求和系统条件变化能力，对某一个子系统的修改不会影响其他子系统。

· 可分离性　每个子系统的成分是唯一的，它同其他子系统是可分离的，这样使每个子系统可以独立进行系统分析和设计。

· 可理解性　每个子系统包含的过程类总数适宜，以确保子系统大小适宜、容易理解、开发和维护。

· 整体性　每个子系统都能独立完整地实现所要求的功能,这要求从整体角度为各子系统规定系统目标和各子系统之间的接口。

划分子系统的方法很多,这里介绍用 BSP 方法划分子系统。

BSP(business system planning)由 IBM 公司提出。它利用已建立的 U/C 矩阵识别出系统中主要的应用系统,确定应用系统间数据流结构,从而建立信息系统结构。识别一个应用系统的方法为:

① 在 U/C 矩阵中,C 表示一个数据类是由某一个过程类所产生的,U 表示数据类被某些过程类使用。调整矩阵,使 C 尽量落在对角线上或附近。

② 把不产生数据类的过程(仅有 U 的过程类)适当调整其排列。

③ 把对角线上 U,C 比较集中的部分用方框勾划出来,得出应用系统轮廓,如图 7.11所示。

数据类 / 过程	计划	财务	产品	零件规格	材料表	原材料库存	成品库存	工作令	机器负荷	材料供应	操作顺序	客户	销售区域	订货	成本	职工
经营计划	C	U											U			
财务规划	U	U													U	U
资产规模		C														
产品预测	U		U									U	U			
产品设计开发			C	C	U							U				
产品工艺			U	U	C	U										
库存控制						C	C	U		U						
调度			U					C	U							
生产能力计划									C	U	U					
材料需求			U		U					C						
操作顺序								U	U	U	C					
销售区域管理			U									C		U		
销售			U									U	C	U		
订货服务			U									U		C		
发运			U			U								U		
通用会计			U									U				U
成本会计													U		C	
人员计划																C
人员招聘、考核																U

图 7.11　调整后 U/C 矩阵

④ 落于各应用系统方框外的 U 符号,正好是一个应用系统使用另外一个应用系统的标识,从而可以得出应用系统各子系统之间的数据流结构图,如图 7.12 所示。

(2) 数据分析

数据分析是对组织的信息流程的调查分析,目的为了解组织中数据的流动与存储情况,对数据及其处理情况进行分析综合。数据分析结果应给出组织的信息流程图及数据

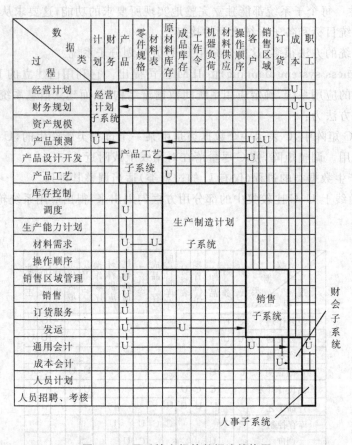

图 7.12 子系统之间的数据流结构图

库的逻辑模型。数据分析一般由以下几个步骤组成：

① 收集进行分析所需的资料

收集原系统中全部输入单据、凭证、输出报表和数据存储介质(如账本、清单)。弄清各环节上的处理方法和计算方法,注明各项数据的类型(数字、字符)、长度、取值范围。

② 绘制原系统的数据流图

数据流图是一种全面地描述信息系统逻辑模型的主要工具。它由数据流、加工、文件及数据源点或终点四种基本符号组成。图 7.13 为一个订货处理的数据流图,整个订货处理分解为五个"加工":

· 验收订货单:不合格的订货单退回顾客,合格的订货单送下一个"加工"。

· 确定发货量:查库存台账,根据库存情况将订货单分为两类,分别送至下一个"加工"。

· 开发货单,修改库存。

· 填写暂存订货单:对暂时无货的订货单填写暂存订货单。

· 对照暂存发货单:接到采购部门到货通知后,对照暂存订货单,如可发货,执行"开发货单","修改库存"工作。

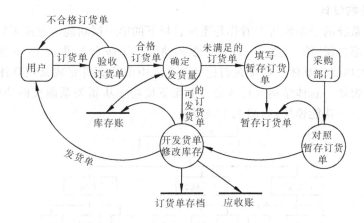

图 7.13 订货处理数据流图

③ 数据存储分析

数据存储分析包括分析存储的内容和数据之间的关系。它是在收集各种单据、账册，结合数据流图基础上，利用规范化理论进行数据存储的逻辑设计以建立概念数据模型。数据存储分析，即数据库的逻辑设计，可以采用基于 3NF 的方法和实体—联系（E-R）方法。有关这部分的详细内容，读者可参考第 4 章关系数据库的设计。

④ 编写数据词典

建立数据词典是为了对数据流图上各个元素作出详细的定义和说明。数据流图配以数据词典，就可以从图形和文字两个方面对系统的逻辑模型进行描述，从而形成一个完整的说明。有关数据流图及数据词典的实现方法可参考第 6 章 6.3 节。

（3）管理模型的建立

在管理信息系统的开发中，管理模型对于系统的结构和确定具体管理环节上的处理功能有直接的影响，一般来说，分析人员在系统调查分析时，就有必要根据管理科学的知识，对新系统的管理模式和各个具体管理环节上的数量关系模型进行深入的考虑和优化。这些模型有些需要在实践中抽象出来，有些需要改进或引入新的模型。新系统的管理模型大致有：

· 成本管理模型
· 库存管理模型
· 生产计划管理模型
· 财会管理模型
· 经营管理决策模型

有关模型的具体分析使用情况可参考文献[3]有关部分。

7.3.3 系统设计

系统设计的任务是在系统分析的基础上，按照逻辑模型的要求，进行新系统的设计，也就是要在物理上确定系统"如何去做"的问题。系统设计包括总体结构设计、代码设计、系统物理配置方案设计以及输入、输出设计几部分。

1. 总体结构设计

管理信息系统的子系统可以看作是系统目标下的第一层功能。它还可以按其每项功能继续分解为第二层、第三层……以至更多的功能。从概念上讲,上层功能包括下层功能,愈到下层的功能愈具体。通常我们把复杂系统中由计算机完成某项具体工作的部分称作一个功能模块。总体结构设计就是自上而下按功能从属关系画成的功能结构图,图中每一框称为一个功能模块,如图 7.14 所示。

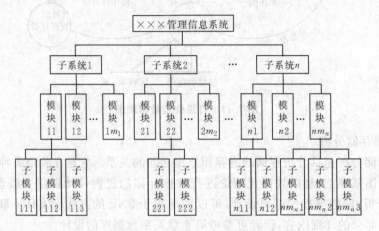

图 7.14 系统的功能结构图

2. 代码设计

代码是给系统中某些实体及其属性以相应的编码,是人和计算机对实体及其属性进行识别、记载和处理的共同语言。它是人和机器交换信息的有力工具,同时也能便于数据的存储与检索,提高数据处理的效率。

(1) 代码设计的原则

① 唯一性、确定性 每一个被表示的实体只有一个确定的代码。

② 标准化、通用性 应尽量采用上级部门规定的编码标准。

③ 可扩充性、稳定性 代码结构和编码规则应在一段时期内不变,尽量避免由于代码体系变动引起数据存储结构及程序系统的大修改。

④ 便于识别和记忆。

⑤ 力求短小、格式统一。

⑥ 容易修改。

(2) 代码结构的类型

代码结构的类型即各种编码的分类形式,常用的结构类型有:

① 顺序码

它是用连续数字代表编码对象,例如用 01 代表数学系,02 代表物理系……等。顺序码的优点是位数少,简单明了,便于按顺序定位和查找,但没有逻辑含义,缺乏分类特征,通常与其他形式分类编码结合在一起使用。

② 区间码

把数据项分成若干组,每一区间代表一个组,码中数字的值和位置都代表一定意义。

例如学生学号 95034 表示 95 级学生编码,前两位为入学年号,后三位为本年级学生编号。

区间码中数字的值和位置都代表一定的意义,因而使排序、分类、检索等操作容易进行,但每个区间码的长度与分类属性的数量有关,有时为使各区间留有足够的空间,会使码比较长。

③ 助记码

用文字、数字结合起来描述,可以通过联想帮助记忆。例如 TV—B—12 代表 12 寸黑白电视,TV—C—20 代表 20 寸彩色电视。

④ 缩写码

把惯用的缩写字用作代码,例如用 Amt 代表总额(amount),No 代表序号(number)等。

一些重要的代码常有意识地在原来的代码基础上另加上一个检验位,通过事先设定的数学方法计算校验位的值,并将它与输入的校验位进行比较,以证实输入是否有错。

3. 系统物理配置方案设计

系统物理配置方案设计包括机器设备的选择和软件配置方案的确定。这项工作要花费大量的资金,它为系统奠定实现的物理基础。通常从以下几方面进行:

(1)确定系统设备配置的拓扑结构

应根据系统调查与分析的结果,从系统的功能、规模、主要的处理方式和用户的需要和条件来考虑,充分运用计算机系统技术、通信技术和网络技术等,构筑一个机器设备的总体方案。例如系统是采用集中式还是分布式方案,是多用户联机方式还是网络方式,是总线型网络结构还是星型网络结构等。

(2)机器选型

包括主机结构、CPU 型号、处理速度、内存大小、I/O 通道、外存容量和性能价格指标、外设的型号及性能指标以及配件的性能指标与兼容性等。

(3)软件配置

主要是系统软件与工具软件的配置,包括:操作系统、网络管理软件、中文系统、数据库管理系统、程序语言以及应用系统开发环境与工具。

4. 输出设计

输出是向用户提供信息处理结果的唯一手段,也是评价一个信息管理系统的重要依据之一。输出包括输出的内容与格式是否符合系统功能和用户要求。

确定输出内容的原则是首先满足上级部门的要求,凡是上级需要的文件和报表,应优先给予保证,再根据不同管理层次和业务性质,提供本单位管理人员所需的输出。

输出的方式是指实现输出需要采用哪些设备和介质。目前可供选择的输出设备和介质有终端显示器、打印机、磁盘、绘图仪等。应根据信息的用途、信息量的大小、软硬件资源能力和用户要求来考虑。

不同的输出方式有不同的输出格式。在显示输出和打印输出中常用的格式有表格式、多窗口关联式和坐标图式,见图 7.15。

5. 输入设计

将机外的信息通过某种介质输入到计算机内,这种过程称为信息的输入设计。信息输入是用户和计算机联系的关键部分,工作量大,手工作业多,容易出错。因此输入设计

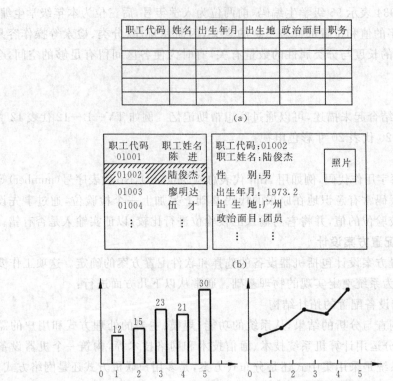

职工代码	姓名	出生年月	出生地	政治面目	职务

(a)

职工代码	职工姓名
01001	陈　进
01002	陆俊杰
01003	廖明达
01004	伍　才
⋮	⋮

职工代码:01002
职工姓名:陆俊杰
性　　别:男　　　　　　照片
出生年月:1973.2
出　生　地:广州
政治面目:团员
⋮　　⋮

(b)

直方图

折线图

(c)

图 7.15　输出格式

应遵循的原则是:输入量尽可能少,输入过程尽量简单方便,对输入数据尽早进行检验。

　　输入设备通常为终端键盘,大量数据输入可用磁盘机,图形图像输入可用扫描仪。通过终端屏幕以人机对话方式输入数据是目前广泛使用的输入方式,通常采用菜单式、填表法和应答式三种方式。图 7.16 为填表法输入的示例。

职工人事信息卡录入

职工代码	☐☐☐☐☐	姓名	☐☐☐☐☐	性别	☐☐	籍贯	☐☐☐☐
出生年月	☐☐☐☐☐	政治面目	☐☐☐	文化程度	☐☐☐	职务	☐☐☐
所属部门	☐☐☐	工人／干部	☐☐☐	参加工作时间	☐☐☐☐☐		
标准工资	☐☐☐☐	技术职称	☐☐☐☐	离退时间	☐☐☐☐☐		
联系地址	☐☐☐☐☐☐☐☐☐☐☐☐☐						
电话	☐☐☐☐☐☐☐			邮码	☐☐☐☐☐		

图 7.16　填表法输入示例

输入数据可能由于原始数据抄写或录入时出错,或是由于数据收集过程中产生多余或不足出现错误,因此必须对输入数据进行出错校验。校验的方法有人工直接检查、由计算机程序校验等多种方法,具体方法可参考文献[1][2]。

7.3.4 系统实施

系统实施是新系统付诸实现的阶段,本阶段将分别完成系统环境的实施、程序设计和调试、系统转换以及系统的管理维护和评价。

1. 系统环境的实施

在系统设计阶段,我们已经为系统环境考虑了一套完整的配置方案,现在的工作是需要把方案付诸实施。其主要任务是设备的购置、连接、软件安装及系统环境调试。系统环境还包括机房、恒温防尘、电力供应等问题,因此它也是一项工程,是管理信息系统实施过程中的一项重要工作,必须按规章制度办理。

2. 程序设计与调试

这是系统实施中工作量最大、耗时最多的工作,是开发应用软件的主要环节。对于大型软件,人们首先强调程序的可维护性、可靠性和可理解性,然后才是效率。

编写程序应符合软件工程的规范,否则会给系统的维护、扩充、推广带来不可逾越的障碍。软件工程方法之一就是结构化程序设计方法。近年来人们开始研制各种软件开发工具,利用它们可以减少、甚至避免编程,提高开发效率,例如:

(1)电子表格软件

如 Lotus1-2-3 中设定了许多统计和财会中常用的函数和模型,可以接受多种语言建立的数据文件,并把它们转换成工作表文件。

(2)数据库语言

现在的 DBMS 不仅用于管理数据,而且具备了一定的生成功能。例如 ORACLE 数据库管理系统中,利用 SQL＊FORMS 可以通过选择一些菜单和相应功能键方便地进行库操作。利用 SQL＊REPORT 和 SQL＊GRAPH 为生成报表、图形提供方便。又例如 FoxPro 和 Windows 具有功能很强的菜单生成器、屏幕编辑器、报表编写器、应用生成器和跟踪调试工具,可以快速地生成各种菜单、程序、输入输出屏幕、报表和应用程序。

(3)套装软件

它将流行的若干软件集成起来形成一套软件,如美国微软公司套装软件 Office 就是将文字处理软件(Word)、电子表格软件(Excel)、数据库管理软件(Access)和绘图软件(Power Point)融合在一起,其中 Excel 还具备一定规模的生成模型函数的功能。

(4)可视 BASIC 编程工具(Visual BASIC)

它是一种可编程的应用软件,提供给用户一种可以跨越多个软件平台(如电子表格软件、FoxPro 数据库、字处理软件、绘图软件)的通用宏语言,开发人员只要掌握一种核心的宏语言,就可方便地与其他软件连接。

程序调试的目的是发现程序和系统中的错误并及时予以纠正。在调试前要设计测试数据,测试数据除采用正常数据外,还应设计一些异常数据和错误数据,用来考验程序的正确性。程序调试包括分调和总调两步,每步都应按照软件工程关于软件测试的要求进行。

3. 系统转换、运行及维护

（1）系统转换

由新系统取代旧系统通常采用平行转换的方法，即新旧两系统同时运行，对照两者的输出，利用原系统来检验新系统。一般分两步走，第一步以原系统的作业为正式作业，新系统的处理作校核用；第二步以新系统处理为正式作业，原系统作业作校核用。并行处理时间短则 2～3 个月，长则半年至一年。转换不仅是机器的转换、程序的转换，更难的是人工的转换，因此转换工作不能急于求成。

（2）系统运行管理及维护

为使系统长期高效地工作，必须进行日常管理工作，这主要由系统值班人员完成。

① 系统日常维护

包括数据采集、整理、录入及处理结果的整理与分发以及硬件设备的简单维护。

② 系统运行情况记录

及时、准确、完整地记录正常运行情况，（如处理效率、文件存取率等），还要及时记录各种意外情况。

③ 程序、文件、代码的维护

要修改程序、文件、代码必须填写修改登记表，这样有助于明确职责，防止和及时订正错误。

4. 系统的评价

管理信息系统投入运行后，要定期地对其运行状况进行集中评价，通过对新系统运行过程和成效的审查，来检查新系统是否达到了预期的目的。

系统评价的主要依据是系统日常运行记录和现场实际监测数据。一般新系统的第一次评价与系统的验收同时进行，以后每隔半年或一年进行一次。系统评价的内容为：

（1）系统性能评价

它包括系统平均无故障时间、联机响应时间、数据吞吐量和处理速度、操作方便性与灵活性、可扩充性等。

（2）经济效益评价

它包括系统费用、系统收益、投资回收期、系统维护与扩充的费用估计。

（3）系统管理水平的评价

包括各级人员对系统的认识水平、使用者对系统的态度、管理制度的建立与执行情况等。

至此，对管理信息系统开发过程与一般性方法的讨论告一段落。

7.4 管理信息系统的新进展

管理信息系统经历了二十多年的发展，至今已具有相当高的水平，这都是与新的思想和新的技术分不开的。新的开发方法和模型的出现，使其概念结构和物理结构不断得到完善，应用领域不断扩大和深入。计算机硬软件技术和数字通信技术的最新成就给管理信息系统提供了有力的技术支持。同时随着应用领域的扩大也造就了大批系统开发、应用、管理和维护人员,培养了一批懂得现代管理思想、掌握先进管理手段的管理人才,这些都是推动管理信息系统向更深更广层次发展的动力。下面介绍几种有代表性的技术研究及其成果。

7.4.1 制造资源计划 MRPⅡ

MRPⅡ(manufacturing resource planning)是用于企业管理的商品化管理软件。它的基本思想是把企业作为一个有机的整体,从整体优化的角度出发,运用科学的方法把企业的各种制造资源与产、供、销、财等各个环节实行合理而有效的计划、组织、控制和调整,使它们在生产经营过程中能协调有序,充分发挥作用,其最终目的是既要保证连续均衡地进行生产,又要根据实际情况,最大限度地降低物料的库存量,消除生产过程中一切无效的劳动和资源,提高企业的管理水平和经济效益。

MRPⅡ系统原理图如图7.17所示。它的入口是订单和预测,由它们产生预测与生产要求,通过主生产计划(main production schedule,简称 MPS)建立生产计划和资源需求计划信息。主生产计划与制造标准数据中的物料清单和库存管理中的库存状况信息等同时输至物料需求计划(material requirement planning,简称 MRP),通过计算产生零部件生产计划及原材料、外购件的采购计划。

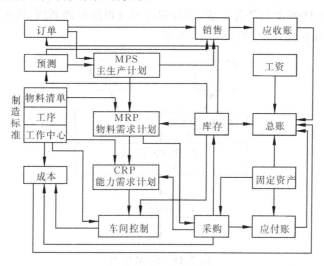

图 7.17 MRPⅡ 系统原理图

能力需求计划(capacity requirement planning,简称 CRP)把来自零部件生产计划和制造标准中的工序和工作中心数据及采购信息,经过处理产生能力需求计划信息。

车间控制根据能力需求计划信息、入出库信息、外加工信息等产生派工单、作业指令,产生生产实绩报告及生产进度报告。成本管理接受车间控制所提供的实绩报告、采购和物料计划管理提供的信息来进行实际成本和管理成本的差异分析。库存管理接受来自采购的收料入库信息,为 MRP 和订单及预测提供库存状况,并为车间控制提供委托外加工订单信息。销售管理接受 MPS 的发货计划进行发货处理和应收账处理。订单及预测则根据库存信息进行订单处理及报价。

销售管理的销售发票为应收账提供信息。采购提供的订货发票为应付账提供信息。应收账、应付账、固定资产、工资的处理结果均直接进入总账。

综上所述 MRP Ⅱ 系统包含了分销、制造和财务三大部分,由十几个模块组成,是一个集成度相当高的信息系统。

7.4.2 决策支持系统 DSS

决策支持系统(decision support system,简称 DSS)是旨在帮助决策者提高决策能力和水平的新的管理信息技术。它是管理信息系统的高层部分,可以作为单独的系统存在,也可作为一个子系统存在于 MIS 的高层。它被认为是管理信息系统的一种发展和自然延伸。

决策支持系统辅助、支持中高级决策者迅速而准确地提供决策所需的数据、信息和背景资料,帮助决策者明确决策目标,提供可选择的方案,并对各种方案进行评价和优选。这里要强调 DSS 对决策者只能起"支持"和"辅助"作用,它永远不能代替决策者的重要思维和最终判断。因此必须通过人机对话,充分发挥决策者的分析、判断和智慧能力。

DSS 的结构模式有多种,这里介绍基于数据模型的 DDM 模式和智能管理信息系统 IMIS。

1. DDM 模式

DDM 模式的 DSS 由三部分组成,即数据库和数据库管理系统、模型库和模型库管理系统以及对话生成管理系统,如图 7.18 所示。

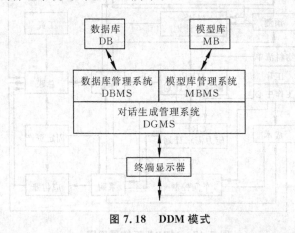

图 7.18　DDM 模式

图中数据库和数据库管理系统存储和管理决策者所需的内部数据;模型库和模型库管理系统为决策者提供充分的分析问题的能力,是 DSS 的核心;对话生成管理系统是用户与系统之间的通信联系。

2. 智能管理信息系统 IMIS

带有知识库和引入推理机制的管理信息系统 IMIS(intelligent MIS)在传统的管理信息系统中引入专家知识以及利用专家推理方法来解决管理上较复杂的分析和判断问题。近年来由于人工智能技术的普及,IMIS 受到越来越多的企业,特别是高层管理与决策机构的重视,IMIS 的构成可以描述为图 7.19 的形式。

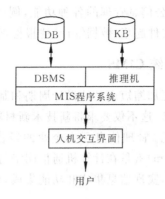

图 7.19　IMIS 原理图

图中知识库(KB)存储某个领域的专门知识,知识以某种方式表达并组织起来,存储在计算机里,并且具有知识的管理与维护机制。推理机具有从知识库中搜索知识和推导结论的推理能力,能使用户在 MIS 的功能模块中通过对话来实现问题的求解过程。

7.4.3　管理信息系统与办公自动化

办公自动化(office automation,简称 OA)是利用先进的科学技术,不断地使人的一部分办公业务活动物化于人以外的各种设备中,并将设备与办公人员构成服务于某种目标的人机信息处理系统,以提高生产、工作效率与质量。

办公自动化系统的一般结构由四层组成,如图 7.20 所示。

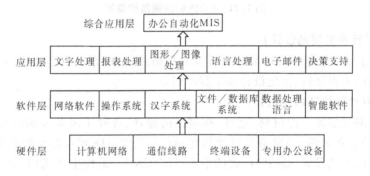

图 7.20　办公自动化系统的一般结构

1. 硬件层

包括计算机、计算机网络、终端设备及各类专用办公设备。

2. 软件层

包括网络软件、操作系统、文件/数据库系统、数据处理语言、智能软件等。

3. 应用层

包括文字处理、报表处理、语音处理、图形/图像处理、电子邮件与决策支持系统等。

4. 综合应用层

它是基于 OA 的 MIS,是 OA 中完成办公自动化信息管理的重要组成部分。它向行政领导或办公人员提供日常办公信息管理的各种功能,例如日程安排、电子笔记、档案管理、人事资料管理、会务管理、文件起草、数据统计、情报检索和事务决策等。

7.4.4 计算机集成制造系统 CIMS

近代制造业的发展,要求更加缩短产品的设计周期和制造周期,提高产品的设计和制造质量,减少在制品,压缩库存。这不仅要求将新技术新材料及时引入到企业的工程设计部门,而且要求随时将市场信息、管理信息引入企业的经营管理部门。CIMS(computer integrated manufacturing system)就是在计算机通信网络与分布式数据库的支持下,把各种局部自动化子系统集成起来,实现信息集成和功能集成,从而充分发挥各种技术的综合优势,求得企业的全局优化。

一般来说,CIMS 由三大单元技术 MIS,CAD 和 CAM 组成,它们与企业经营生产活动中的管理、设计和制造三大环节相对应,形成一个集管理、设计和制造于一体的集成化系统。CIMS 的逻辑结构模型如图 7.21 所示。

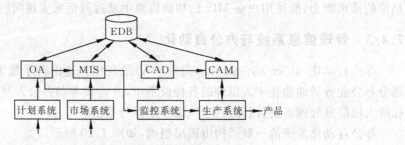

图 7.21　CIMS 的逻辑结构模型

1. CAD(计算机辅助设计)

CAD 的主要功能包括设计需求分析及数据格式转换、设计方案生成与选择、产品结构与工程计算、工程分析、优化设计和工程绘图等。

2. CAM(计算机辅助制造)

CAM 有利于实现从原材料、毛胚、在制品的输送、各种工序及成品输出等整个过程的自动化。功能强大的 CAM 系统还可以包括高架仓库(HRW)、资源调度及自动送料系统、计算机辅助工艺设计(CAPP)、数控中心(NC/CNC)、柔性生产线(FMC/FMS)、工业机器人(robot)及质量检测系统(CAQ)等。

3. 基于 CIMS 的 MIS

它是以 MRPⅡ 为核心,集资源计划管理和 CAD/CAM 之信息于一体的 MIS。它的特点为:

(1) 开放性　它以市场系统和客户的经营计划为系统的入口。

(2) 管理与工程的集成　CAD 提供的一套完整的设计结构数据,是 MIS 中产品工艺结构数据管理的输入。

(3) 管理与制造自动化的集成　MRPⅡ 输出的生产作业计划作为 FMS 单元控制的计算机输入。

(4) 管理与工艺过程的集成　CAPP 输出的工艺规程、加工线路及资源需求等作为

MIS 的输入。

（5）生产过程管理与质量管理的集成　MIS 的物料与生产管理信息为质量管理系统所共享。

7.4.5　基于 Intranet 的新一代管理信息系统

进入 20 世纪 90 年代以来，当因特网（Internet）在全球迅速发展的时候，计算机工业界人士开始把因特网从教育和科研领域转移到集团企业的办公和商务管理上，并把这项技术命名为 Intranet，意思为内部 Internet。它是一种企业内部信息管理和交换的基础设施，采用因特网的 TCP/IP 和 WWW 技术实现组织的应用要求，而不一定进行因特网外部连接的网络应用系统，因而也称内联网。由于 Intranet 采用因特网的 TCP/IP 协议网络互联技术，因此 Intranet 中任何个人或部门都能实现网络互联，并可以进一步和因特网互联并使用因特网的文件传输（FTP）、电子邮件（E-mail）、Web 技术。

Intranet 作为自成体系的一项技术，已具有自己的开发工具、开发标准和方法。由于 Intranet 系统的设计和开发建立在成熟的因特网技术之上，因此软件开发周期短、系统生命周期长，最大限度地降低了系统开发和运营成本。

基于 Intranet 的 MIS 体系结构由四大平台组成，见图 7.22。

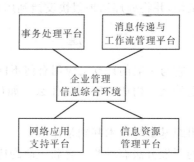

图 7.22　基于 Intranet 的 MIS 体系结构

1. 网络应用支持平台

采用 TCP/IP 协议，结合广域网互连、路由、网管、防火墙等现代网络核心技术，建立安全稳固的开放网络应用平台。

2. 信息资源管理平台

Intranet 融合了因特网，Web 和超文本信息、图文声像的多媒体文档体系结构，可以快速实现信息的搜索和获取，使用户方便地查询到任何所需的信息。

3. 消息传递与工作流管理平台

运用先进的消息传递、分布式目录管理、用户事务处理等功能，及时掌握信息的流向和反馈，提高工作效率。

4. 事务处理平台

吸收商业化 client/server 的技术特点，采用分布式处理结构和先进的数据库管理系统技术，建立具有各种分析、预测等辅助决策功能的事务处理平台。

中国科技咨询系统就是由国内若干咨询机构的网络互连形成的管理信息系统。该系统有两大功能：面向社会的咨询服务和内部的管理信息系统。具体功能有：

（1）专家/机构系统

根据各个部委推荐上来的专家和科研机构，按不同的学科门类进行分类，用户可以根据自己的需要进行查询。这是面向社会服务的功能。

（2）管理中心

根据实际工作中管理中心的事务流程，实现基于 TCP/IP 技术的自动化办公系统，用户可以在网络上进行联机的科研经费申请、汇报项目进展情况，管理中心可以用 E-mail 或 WWW 等方式及时将处理意见和结果通知用户，这是一个互连网办公系统。

（3）讨论组

根据用户感兴趣的话题设立若干讨论组，用户可以在系统内对自己感兴趣的问题展开讨论，发表意见和看法，并及时阅读其他用户的反馈意见和观点。

（4）图书馆

用户可以按照不同查询方式，查询系统提供的各种数据信息。

（5）工具箱系统

充分利用网络计算能力，以友好的界面向用户提供数值计算、解方程、编程、统计分析、符号计算和图形处理等工作，并将处理结果很快反馈到用户。

习 题

7.1 什么是管理信息系统？它与一般的计算机应用有何不同？

7.2 管理信息系统的结构是什么？构成的原则是什么？如何在应用系统开发中运用这些原则？

7.3 建立管理信息系统的组织基础与技术基础是什么？

7.4 常用的管理信息系统的开发方法有哪些？它和一般的应用软件开发有何异同？

7.5 管理信息系统的开发需要哪些方面的软件工具？你在日常工作中使用过哪些软件工具，以此说明工具在开发工作中的作用。

7.6 系统开发分几个阶段？各阶段的主要工作内容是什么？要注意什么问题？

参 考 文 献

1. 王小铭. 管理信息系统及其开发技术. 北京:电子工业出版社,1997

2. 黄梯云. 管理信息系统. 北京:电子工业出版社,1995

3. 薛华成. 管理信息系统(第 2 版). 北京:清华大学出版社,1993

4. 王庆育,宁奎喜. 管理信息系统(MIS)的开发方法及实例. 北京:电子工业出版社,1996

5. 李昭原,刘瑞. 现代管理系统快速开发方法. 中国计算机报,1995.5.16

6. 张佳昆. 计算机管理信息系统的构筑——建立系统平台. 中国计算机报,1995.3.28

第8章　信息与计算机系统的安全保护

8.1　信息与计算机系统的安全问题

信息网络具有开放式、分布式的特点,因而在大规模计算、资源共享等方面有着无可匹敌的优势。但是,这一特点,亦使信息网络在安全性方面的问题更加突出。

8.1.1　信息和计算机系统安全的定义与内容

1. 信息安全

信息作为一种战略资源在社会和企业的经济发展中,已起着越来越重要的作用,因而信息本身的安全可靠也越来越重要。

信息安全是指保护信息财产,以防止偶然的或未授权者对信息的恶意泄漏、修改和破坏,从而导致信息不可靠或无法处理。

这个定义也隐含着要保护整个信息网络及其相关的资源。它的基本前提可以用 CIA 来表示,即机密性(confidentiality)、完整性(integrity)、可用性(availability)。机密性定义了哪些信息不能被窥探,哪些系统资源不能被未授权的用户访问;完整性决定了系统资源如何运转以及信息不能被未授权的来源所替代或遭到改变和破坏;可用性指防止非法独占资源,每当用户需要时,总能访问到合适的系统资源。

对信息系统的安全性可用 4A 的完善程度来衡量。即用户身份验证(authentication)、授权(authorisation)、审计(accountability)以及保证(assurance)。对用户身份进行验证,是指在用户获取信息、访问系统资源之前对其身份的标识进行确定和验证,以保证用户自身的合法性;针对不同的用户进行授权,可使用户能够以合适的权限合法地访问各种不同的信息及系统资源;审计是对各种安全性事件的检查、跟踪和记录,它提供了信息系统安全事件的证明和根据;保证的作用在于确保系统的安全策略和信息被完整、准确地理解和解释,以及在意外故障甚至灾难中,信息资源不被破坏与丢失。如果没有上述各项保护措施,任何未经授权的访问或故意侵入系统,窃取、篡改和破坏系统资源,将会导致削弱和破坏信息系统的能力、侵犯个人隐私、危及企业甚至国家的秘密和利益。

2. 计算机系统与网络的安全

在信息系统上的安全问题不仅仅涉及到计算机系统的安全。由于信息是在开放式和分布式的网络环境中存储、处理和传输,因而不安全因素极大地增加,信息安全问题比独立的计算机系统更为严重和复杂。信息网络的主要基础设施之一是计算机网络,网络的安全是计算机安全概念在网络环境下的扩展和延伸,因此解决信息安全问题首先可以从计算机开始。

（1）计算机系统的安全

国际标准化组织曾建议计算机安全的定义为:"计算机系统的保护,能使计算机系统的硬件、软件和数据不被偶然或故意地泄漏、更改和破坏。"美国国防部 1983 年公布的"可信计算机系统评估标准"中,对多用户计算机系统安全等级的划分进行了规定。其基本思想是:计算机安全即是指计算机系统有能力控制给定的主体(主动发出访问要求的人或进程)对给定的客体(被调用的程序或欲存取的数据和信息)的存取访问,根据不同的安全应用需求确定相应强度的控制水平,即确定不同的安全等级。

目前计算机系统在提高安全能力方面向可信计算机系统和容错计算机系统两个方向发展。可信计算机理论将安全保护归结为存取访问控制,一切主体欲对某一客体进行的访问都毫不例外地接受访问控制。容错计算机系统主要分软件容错和硬件容错两种类型。软件容错又称为"备份方式",由两台计算机组成,一台工作,一台备份。每隔一定时间备份工作记录相关数据。当工作计算机发生故障时,将工作转到备份机,从最近的保存点重新开始工作。硬件容错则采用冗余技术——多数表决方式。它是由多个处理器构成,可在多数表决方式下检测差错、判断正确值,使工作正常进行。

归纳起来,计算机系统的安全基本要求可以包括如下几条,即用户身份验证、访问控制、数据完整性和审计容错。但是,对不同用户的计算机系统,其安全措施可以有不同的侧重点,如政府机要部门、国防部门等,侧重信息的访问控制强度;交通、民航等部门侧重容错能力;金融证券行业则侧重于计算机系统的容错与审计能力。

(2) 计算机网络安全

信息系统最重要的基础是计算机网络,如前所述,网络的安全比独立的计算机系统要困难和复杂得多,主要的安全要求可以归纳成以下几点:

① 用户身份验证

在网络环境下,信息是在开放式和分布式环境中运作,如何识别用户的合法身份就变得极为重要和复杂。因为在网络上,大量"黑客"随时随地都可能尝试向网络渗透,截获合法用户的口令并冒名顶替,以合法身份入网。因此,在网络环境下,尤其在远程网络环境下,远程输入用户联机口令都应当加密,且口令密钥应经常变更,以防被人截获冒名顶替。同时,发方和收方应进行对等实体鉴别,即发方必须鉴别收方是否确实是他要发给信息的人,收方也必须判明所发来的信息是否确实是由发送者本人发来,防止第三者冒名顶替窃取或破坏资源。

② 访问控制

在网络环境下,不仅要保留独立主机系统上的存取访问控制,而且应当将访问控制扩展到通信子网资源上。例如:对网络用户名表的存取控制等,除了独立计算机系统上本地用户对本地资源的访问控制,还涉及哪些用户可以访问哪些本地资源以及哪些本地用户可以访问哪些网络资源的控制问题。

③ 数据完整性

在网络环境下,除应当全部保留单机环境下的数据完整性保障措施外,还应当解决网络环境下产生的新的安全要求。如防止信息的非法重发以及传送过程中信息被篡改、替换、删除等,要保障数据信息由一个主机送出,经过网络各链路到达另一个主机时数据信息完全相同,即数据完整性鉴别。

④ 加密

网络环境下防止信息被非法截获者认知的必要手段是加密。加密并不能防止秘密信息被人读取,其作用是保障信息被人截获后不能读懂其意义,所以它对存取访问控制是一个重要的补充。

⑤ 防抵赖

单机环境下,信息的收发方不存在抵赖问题。但在网络环境下,特别是远程网络环境下,收发双方都有防止对方抵赖的要求。收方收到一条信息,他要确保发方不能否认曾向他发过这条信息,并要确保发方不否认收方收到的信息是未被篡改过的原样信息,发方也会要求收方不能在收到信息后否认已经妥善收到信息。

⑥ 审计

网络环境下不但要审计用户对本地主机的使用,还应审计网络运行情况。为了便于对全网进行审计,审计记录不能完全分散于各个网络结点,而应当有整个网络集中的处理过程。

⑦ 容错

网络环境下的容错除了要考虑每个计算机系统自身的容错,还需要通过网络的路由器以及网络结点设备的冗余与备份来实现。

3. 信息安全的标准化问题

在信息网络的建设和运行时,随时都可能受到来自多方面的大量的公开或隐蔽的攻击、渗透甚至破坏,而信息安全对国家、企业事业单位以至家庭及个人的生命财产安全、经济发展都会有至关重要的影响。因此,如何保证信息安全是一个重要的研究课题。

正如信息技术及其应用要有统一标准,信息网络安全也必须有标准。目前,与信息安全有关的国际标准有两个系列,即 SNMP 系列和 OSI 系统管理。美国和欧洲还有他们各自的信息安全管理标准。

SNMP 系列是基于 TCP/IP 互连网络的标准推出的,1993 年版可运行在基于 OSI 和 TCP/IP 的网络上,它是一组网络管理标准。

OSI 系统管理标准除定义协议和管理信息库外,还包括系统管理功能 SMF 和系统管理功能域 SMFA 的定义,其中 SMFA 定义的 5 个网络管理应用领域已经被普遍引用,即故障管理、性能管理、配置管理、记账管理和安全管理。

信息网络系统建设正在我国全面展开,为保证我国信息系统的安全,其安全标准体系正在制定之中。《中华人民共和国计算机信息系统安全保护条例》规定,信息系统安全实行等级保护制度。安全等级保护制度的基础是信息安全标准,分为安全产品标准、信息系统安全建设标准和信息系统安全管理条例三类。

等级安全保护的基本标准有以下 12 项:

(1)计算机操作系统安全评估准则;

(2)网络管理系统安全评估准则;

(3)互连网络安全管理规范;

(4)应用系统安全评估准则;

(5)计算机设备电磁辐射信息安全检测与控制标准;

(6) 信息安全分类与系统安全保护等级划分准则；

(7) 信息系统安全审计指南；

(8) 信息中心安全管理规范；

(9) 信息系统资产评估准则；

(10) 灾变应急与恢复指南；

(11) 信息系统风险管理指南；

(12) 终端和用户鉴别方法。

在信息化建设与应用过程中同步考虑信息安全，是绝对必要的。

8.1.2 利用计算机犯罪与不道德行为

1. 利用计算机犯罪的严重性

随着计算机和网络技术的发展与普及，利用计算机的犯罪行为也随之发生，而且越来越严重，美国等西方国家的电脑网络经常遭到电脑“黑客”的侵扰。“黑客”是英文“Hacker”的音译，原意是热衷于电脑程序设计者。但是这些人不是普通的电脑迷，他们利用所掌握的高科技，专门窥视别人在网络上的秘密，如政府和军队的核心机密、企业的商业秘密以及个人隐私等，并利用窥视到的信息进行各种犯罪活动。如有的截取银行账号盗取巨额资金、用盗用的电话号码使电话公司和客户蒙受巨大损失、窃得他们认为有价值的信息后对被窃者进行威胁，讹诈钱财，扬言若不满足他的要求，被窃者的电脑资料将遭破坏。许多公司由于病毒、内外的入侵者而遭受了难以估计的经济损失。在一次较为广泛的调查中，54%的人表示近两年内曾因为信息安全和灾难修复而遭受损失。如果再加上计算机病毒，那么有损失的比例将达到78%。大约3/4的人承认，损失的数目无法估计。这是因为，财产、设备遭窃或被破坏的损失是可以计算出来的，但如果是国家的机密、公司的商业秘密或其他敏感信息被窃或遭到破坏以及网络中断，就很难估计出经济损失的价值。

根据调查统计，各种原因造成的损失大致比例（原因不唯一，故合计>100%）如下：

- 粗心大意导致错误而造成损失占 65%；
- 病毒占 63%；
- 系统失效，如网络关闭等占 51%；
- 公司内部人员蓄意破坏占 32%；
- 外部人员的蓄意破坏占 18%；
- 自然灾害占 25%；
- 原因不明占 15%；
- 工业间谍占 6%。

可以看到，利用计算机犯罪的问题已经到了很严重的程度，必须引起计算机从业人员的高度重视和警觉。

2. 利用计算机犯罪的主要形式

目前利用计算机犯罪的形式大体可以分为三类。

(1)“黑客”通过网络进行破坏，或称为网络犯罪。网络犯罪的特点是对社会造成的影响常常是又快又大，但是要找到肇事者却很困难。随着计算机网络进入千家万户，网络犯罪也日益猖獗。据美国电脑紧急反应中心的统计,1990年有正式记录的网络破坏是130次,1992年增加到800次,1993年是1 300次,1994年的记录是2 300次,平均每天就有6次以上的网络入侵。近两三年更是愈演愈烈,造成的损失也是巨大的。英国银行协会的统计资料表明,现在全球因电脑犯罪所导致的损失每年大约为80亿美元。电脑专家认为实际损失大概达到每年100亿美元左右。

(2) 通过计算机病毒造成系统瘫痪。病毒首先侵袭DOS和WINDOWS,然后通过文件传递、电子邮件、资料交换等操作广泛传播,无论计算机是否连网,都可能通过操作系统或拷贝与运行带毒软件而受到计算机病毒感染。

(3) 第三类犯罪是"监守自盗"。即由内部工作人员或是原来的工作人员由于心怀不满企图报复而窃走密码,盗走资料从事计算机犯罪活动。

3. 对计算机犯罪的预防

目前利用计算机进行的犯罪活动已经引起各国政府、安全部门和各单位的高度重视,纷纷采取各种措施、研制各种高新技术软硬件产品,预防和打击计算机犯罪活动。但是,这是一项投资巨大、收效不确定的事情,不可能在短期内得到解决。面对这种情况,我们必须采取必要的防治措施。

目前防范网络犯罪较为有效的措施是设置"防火墙"(firewall)。"防火墙"技术是通过对网络作拓扑结构和服务类型上的隔离来加强网络安全的手段,即通过在网络边境上建立相应的网络通信监控系统,用以限制对网络的非法入侵,还可以记录追踪网络的存取来达到保障网络安全的目的。这种方法属于被动防卫型。另外一种方法是建立在数据加密、用户授权确认机制上的开放型网络安全保障系统,其特征是通过对网络数据(包括用户数据和保证网络正常运行所需要的数据)的可靠加密和用户确认,在不影响网络开放性的前提下实现对网络的安全保障。

对于计算机病毒的防治办法只能从操作上尽量减少传染病毒的机会,有关问题我们将在8.2节中进行讨论。

对于监守自盗的计算机犯罪行为,由于作案者多是单位内部人员,他们对单位的计算机系统非常了解,因此,防止这种犯罪行为主要是要加强内部的检查与教育。对重要资料作定期备份与检查,一旦发现问题及早处理。

8.1.3 计算机从业人员应遵循的道德规范

计算机已经使人类的生产和生活方式发生了深刻变化,因特网(Internet)更使整个人类社会发生了巨大变革。正因为计算机对我们是如此重要,而计算机犯罪的不断发生将给人类活动的方方面面带来巨大的损失,所以要保证计算机领域的正常秩序必须逐步建立计算机从业人员应该共同遵守的法律法规。同时,计算机从业人员也应该自觉遵循行业道德规范。我国目前也正在酝酿建立计算机网络上的法律体系(简称网络法)和计算机从业人员应该遵循的道德规范。这里仅谈谈一些最基本的原则,供参考。

(1) 首先,作为使用计算机的工作人员应该遵守单位计算机使用规则,保证对计算机系统资源和网络资源实施有效的管理。

(2) 应该从正确渠道获得计算机硬件与软件资源,不得用不正当手段侵犯他人知识产权。随意拷贝和传播软件不仅侵犯知识产权,也是造成计算机病毒传播、泛滥和威胁计算机系统安全工作的重要原因。

（3）保护单位或个人的电子信箱不受侵害,禁止未经授权访问他人的电子邮箱并从中窃取、破坏他人的商业秘密,或从事其他不正当竞争。

（4）因特网上的防火墙是建立在企业网和外部网络之间的电子系统,用于实现访问控制,阻止外部入侵者进入企业网内部。它允许企业网内部用户有条件地访问外部网络,体现了国家或企业对网络资源的监护。禁止私自穿越防火墙窥视、偷窃或破坏他人的信息和网络资源。

（5）有义务保护被传输文件的完整性、真实性和机密性,防止文件传输失真。

（6）随着网络的迅速发展,越来越多的单位或个人可以方便地在计算机网络上查找信息,也可以建立和发布自己的信息资料,供他人浏览和利用。因此必须禁止发布虚假信息。

（7）严禁单位和个人私自进行国际连网,以保护国家安全和国家利益。

（8）私自解密和侵占网络资源是侵犯公共财产和私人财产的盗窃行为,它扰乱社会经济秩序,危害国家安全和利益,侵犯他人合法权益或知识产权,造成严重后果的要追究法律甚至刑事责任。

对网络本身进行攻击、利用网络或其他形式进行的犯罪活动等等,都属于计算机行业中的不道德行为,应该加以制止。

8.2　计算机病毒防治知识

随着信息与计算机技术的迅速发展和计算机的广泛应用与深入普及,计算机对人类社会发展的战略地位已经得到确认。但是,它在给人类带来巨大的社会效益和经济效益的同时,也带来了麻烦和问题。目前最令人们深恶痛绝的就是计算机病毒,这已经成为计算机应用领域的一大公害。因此,我们在使用计算机时,对于计算机病毒方面的基本知识和防治方法都应该有所了解。

8.2.1　什么是计算机病毒

什么是计算机病毒呢？简单地说,在计算机系统运行过程中,能对计算机系统及其资源实施侵害和传染功能的程序,称为计算机病毒。这一定义已经说明了计算机病毒的本质特征——程序、运行、侵害和传染。这里我们只是尽量采用已有的较为确切的提法,来说明计算机病毒的概念。

计算机病毒的特点可以归纳为以下几点：

（1）计算机病毒是一段程序,可以存储。但是,它是一种非法程序。

（2）计算机病毒具有潜伏性。它可以长期（几个月甚至几年）隐蔽在合法文件中,对其他系统进行传染而不被人们发现。

（3）计算机病毒程序是可以执行的,而且只有在执行的过程中,才产生其侵害计算机资源并进行传播的功能。因为计算机病毒一般都有一个触发条件,如日期或执行操作系统的读写功能等,都是最常见的触发条件。通常是在某一触发条件下激活一个病毒的传染机制使之进行传染,或在一定条件下激活计算机病毒的表现部分或破坏部分的程序使之运行,而产生相应的病毒效果。

(4) 计算机病毒具有侵害性。它可以破坏系统部分乃至全部数据信息资源、不断扩大挤占存储空间、争夺主机运控权、占用机时或干扰机器的工作,以至造成系统局部功能残缺、系统瘫痪,甚至崩溃。不同的病毒对计算机系统的危害程度不尽相同,如果病毒设计者的目的就是破坏系统正常运行,那么这种病毒对于计算机系统进行攻击所造成的后果更是难以预料的。

(5) 计算机病毒有广泛的传染性,即从一个程序体进入另一个程序体。其传染功能是在操作系统的支持下,由病毒本身的传染功能模块完成的,是病毒本身的特征之一。计算机病毒不仅可以通过传染破坏一个个人计算机系统,使之丧失正常运行能力,而且可以传染一个局部网络、一个大型计算机中心或一个多用户系统。传染性是病毒的最大危害所在,也是病毒泛滥成灾的根源。

8.2.2 计算机病毒的作用机制

计算机病毒具体的作用机制比较复杂,我们只介绍常见的三种模块的作用。一般计算机病毒包含三个模块:引导模块、传播模块和破坏模块(或表现模块)。

(1) 引导模块 其作用是将病毒从外存引入内存,使后两个模块处于激活期。

(2) 传播模块 其作用是将病毒传染到其他程序上去。

(3) 破坏(或表现)模块 其作用是实现病毒的破坏作用,如删除文件或格式化磁盘等。有些病毒中该模块没有明显的破坏作用,只是在显示屏和发声等方面作自我表现,此时,称其为表现模块,如"巴基斯坦病毒"等。

有的病毒并不完全具备三个模块,如"维也纳病毒"就没有引导模块。

8.2.3 病毒的传染途径

在程序运行或经第一次非授权加载后,其引导模块被执行,使病毒由静态到动态。静态病毒不能执行病毒的传染和破坏,动态病毒通过触发手段检查传染和硬破坏条件是否满足,如果满足,便去执行相应的传染和破坏功能。常见的触发条件是中断。病毒常见的传染途径如下:

(1) 利用磁介质(如磁带和磁盘)作为传染载体。病毒先隐藏在介质上,当使用带病毒的介质时,病毒便侵入系统。软盘是最主要的传染媒介。

(2) 染上病毒的硬盘可成为病毒的载体。若硬盘有病毒,则该硬盘上的程序都有染上病毒的可能。此时,在该机器上使用过的软盘等都将被染上病毒。

(3) 计算机网络可成为病毒的载体。网络通过通信或数据共享提供病毒的传染机会。如果网络上染上了病毒,则连网的机器都将会染上病毒。因此,网络上病毒的危害比单机更严重。

可见,病毒的传染是以操作系统加载机制和存储机制为基础的。而社会上由于知识产权观念淡漠,广泛存在的软件非法拷贝,又大大加剧了计算机病毒传播的速度和广度。

8.2.4　计算机病毒的分类

计算机病毒的分类方法很多,常见的有以下几种分类方法。

1. 按病毒危害程度分类

按病毒危害程度可以分为良性病毒和恶性病毒,以其是否销毁数据为定性分界线。前者危害不大,多为干扰作用;后者危害很大。

2. 按寄生方式分类

计算机病毒有依附于其他媒体而寄生的能力。按其寄生方式又可分为:

(1) 操作系统型　这种病毒是以病毒程序逐步取代操作系统的部分指令,在特定条件下发作和传播,具有很大危害性,如"小球病毒"、"大麻病毒"等。

(2) 文件型　又分为两种:

① 外壳型　每运行一次染毒文件就繁殖一次,占用大量 CPU 时间,最终造成系统"死机"。这种病毒将自身的复制品包围在主程序周围,故称为外壳型,如"耶路撒冷病毒"。

② 入侵型　病毒将自身复制品直接侵入现有的主程序中,对其进行修改和删除。

8.2.5　计算机病毒的危害

计算机病毒是由某些人故意制造出来,用以危害计算机系统的一种新手段,其产生的原因是多方面的,例如:

(1) 为表现自己的编程水平,达到恶作剧的目的;

(2) 实施计算机犯罪的企图;

(3) 心怀不满,利用计算机蓄意报复;

(4) 为保护自己的软件版权,欲追踪和惩罚非法的软件拷贝者等等。

计算机病毒对计算机系统的危害直接威胁到计算机用户各类资源的安全、可靠性,已经成为当前计算机使用中的一大公害。计算机病毒泛滥的客观效果是破坏计算机系统资源、中断或干扰计算机系统的正常运行。有些损失尚可挽回,但也要以时间和精力为代价;有些则根本无法挽回。特别是在计算机网络和实时控制系统中,病毒造成的故障往往会带来严重的破坏结果,以至给用户造成无法弥补的损失。因此,制造和故意传播计算机病毒都是计算机犯罪行为,应受到谴责和惩罚。

8.2.6　计算机病毒的防治

计算机病毒和其他利用计算机犯罪的行为,不仅给企事业单位和个人计算机用户带来很大危害,而且也常常对国家安全造成威胁。因此,各国国家安全部门与计算机业界正在联手严厉打击计算机病毒的制作、传播和利用计算机犯罪的行为。如针对已出现的病毒研制出来的各种检测和消除病毒的软件;防止病毒入侵计算机系统的硬件"防病毒卡";制定各种相应的法律条规,等等。

对于计算机病毒的防治,可以从以下几个方面着手。

1. 感知病毒

前面我们讲到,计算机病毒有寄生性、隐蔽性和潜伏性,所以当计算机传染上病毒时,人们一般不容易立即发现它。因此,当我们使用计算机时要注意一些反常现象,用来帮助我们感知和判断是否可能有病毒存在。例如:

(1) 文件的装入时间比正常情况要长。

(2) 执行文件无理由的加长(特别是不断加长)。

(3) 读盘时间变长。

(4) 系统空间突然变小,或没道理地越来越小。

(5) 某些文件突然消失(如可执行文件),而某些无用文件被用户删除后却又不断出现(如某些宏)。

(6) 某些功能不能正常使用。如在使用 WORD 中,要在本子目录下将一个文件使用"另存为"的功能,存到另一个文件名时,莫名其妙地改变了路径,被存到另外的子目录下了。

(7) 屏幕无端的出现小球飞来飞去、雪花、彩块、闪烁、提示等画面或无来由的一小段音乐。

(8) 系统出现经常性的"死机"或启动异常,等等。

出现上述现象或其他可疑情况,就应该考虑是否有病毒存在。

2. 病毒的检测与清除

当你怀疑计算机系统可能有病毒存在或对计算机系统作定期维护时,都应该对计算机系统作病毒检测。如果检测出有病毒存在,要立即予以清除,切不可任其存在继续泛滥。

对计算机系统中的病毒进行检测和清除时,往往涉及系统中原有信息的存取和修改。因此,要采取必要的措施,保护好主要信息免遭破坏,这一点必须给予足够的重视。

检测和清除计算机病毒,应该使用从正确渠道得到的查毒软件。检测和清除病毒的过程一般是:

(1) 先启动检测病毒软件,按硬盘或软盘编号(如:A,B,C,D…等)进行扫描和检测,由此查出计算机系统中是否有病毒存在,病毒在哪个盘号,寄生在哪个文件上,什么类型的病毒,有几个病毒……等等。

(2) 检测病毒软件运行结束,如果显示被检测的计算机系统中没有病毒存在,则可令计算机系统重新投入使用;如果显示有病毒存在,要进行下一步工作。

(3) 运行清除病毒软件,它可以逐个清除计算机系统中的病毒。

(4) 清除病毒软件运行结束后,一般应该再运行一次检测病毒软件,以确认计算机系统所感染的病毒都已清除干净。

还有一些检测和清除计算机病毒的软件,可以做到边检测边清除。

值得注意的是,有一些清除病毒软件在运行过程中可能影响执行文件(.EXE),因此在清除病毒后,可执行文件需要重新装入。

检测和清除计算机病毒的软件很多,目前在我国常用的有:KILL,CPAV,KV200/KV300 等等。要指出的是,检测和清除病毒软件并不能解决所有病毒的问题。因为已经发现的病毒被有效地遏制和清除后,还会有新的病毒被制造与释放到计算机系统中。因此,我们绝不能因为有了检测和清除病毒软件就对防治病毒的工作掉以轻心。

3. 病毒的防治

前面简要介绍了检测和清除病毒的方法。而对计算机系统病毒的防治,最关键的还是要以预防为主,把计算机病毒感染的可能降到最低。预防计算机病毒感染,可以采取以下措施:

(1) 加强对计算机从业人员的教育,讲述防治病毒的基本知识和具体技术措施;加强职业道德教育,自觉地与计算机犯罪行为作斗争,自觉地遵纪守法。

(2) 要制定防治病毒的措施,养成定期检查和清除病毒的习惯。

(3) 明确防治病毒的具体措施,如:

- 尽量做到专机专用。
- 不用非法渠道得到的软盘,不要非法拷贝软件。
- 定期建立备份,以减少损失。
- 对经常使用的存有信息的软盘尽量加写保护。
- 控制共享数据,及时发现和排除病毒。

(4) 防治病毒还可以使用硬件形式的防病毒卡。

习　　题

8.1　什么是信息安全、计算机系统的安全以及计算机网络系统的安全?

8.2　保证计算机或网络系统安全的主要措施有哪些?

8.3　你如何认识计算机安全的重要性?

8.4　利用计算机犯罪的形式有哪些? 请举例说明。

8.5　如何防止利用计算机的犯罪行为?

8.6　计算机从业人员应该遵守哪些规范?

8.7　什么是计算机病毒? 有哪些表现? 有哪些危害?

8.8　计算机病毒的作用机理是什么?

8.9　如何防治计算机病毒?

参 考 文 献

1. 当前电脑犯罪的三种形式及其预防. 计算机世界,1996.11.11

2. "黑客"问题令人担忧. 计算机世界,1996.8.19

3. 安全无保障 损失挡不住. 中国计算机报,1996.11.25

4. 李晓拓. 浅谈计算机网络上的法律体系. 计算机世界,1996.12.9